普通高等教育土木工程专业"十一五"规划教材

putong Gaodeng Jiaoyu

土木 Tumu
Gongcheng
Zhuanye "Shiyiwu" Guihua Jiaocai

工程建设监理概论

ONGCHENG JIANSHE JIANLI GAILUN

● 主编 束 拉 邢振贤

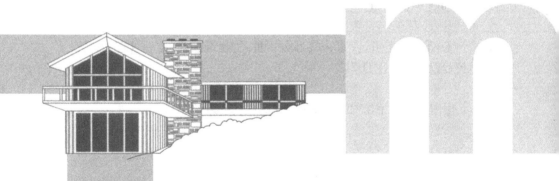

U0340345

郑州大学出版社
郑州

内容简介

全书共分 9 章,着重阐述了工程建设监理的基本概念,以及所涉及的相关法律法规。同时介绍了工程建设监理的过程控制和管理知识,监理工程师在现场监理时应遵守的工作程序。主要包括概论、工程建设监理的人力资源管理、工程建设监理的目标管理、工程项目的合同管理、工程建设监理的信息管理、工程建设监理的组织协调、工程建设监理的风险管理、工程管理的发展趋势等内容,全书最后还给出了监理规划的实际案例。

本书可供高等院校土木工程、工程管理等专业作为教材使用,也可供从事建设监理的工程技术人员参考。

图书在版编目(CIP)数据

工程建设监理概论/束拉,邢振贤主编. —郑州:郑州大学出版社,2010.3(2021.6 重印)

普通高等教育土木工程专业"十一五"规划教材

ISBN 978-7-5645-0187-7

Ⅰ.①工… Ⅱ.①束…②邢… Ⅲ.①建筑工程-监理管理-高等学校-教材 Ⅳ.①TU712

中国版本图书馆 CIP 数据核字(2010)第 005504 号

郑州大学出版社出版发行

郑州市大学路 40 号　　　　　　　邮政编码:450052

出版人:孙保菅　　　　　　　　　发行电话:0371-66966070

全国新华书店经销

郑州宁昌印务有限公司印制

开本:787 mm×1 092 mm　1/16

印张:18.25

字数:432 千字

版次:2010 年 3 月第 1 版　　　　　印次:2021 年 6 月第 5 次印刷

书号:ISBN 978-7-5645-0187-7　　　定价:29.00 元

编写指导委员会

The compilation directive committee

名誉主任　王光远

主　　任　高丹盈

委　　员　（以姓氏笔画为序）

丁永刚	王新武	关　罡	刘立新
刘希亮	孙成城	李文霞	李海涛
宋新生	杨国忠	杨建中	杨崇豪
张　伟	张　玲	张春丽	张新中
陈　淮	陈孝珍	陈秀云	赵　磊
赵顺波	祝彦知	贾　虎	夏锦红
原　方	原新生	徐树山	徐媛媛
高均昭	郭院成	姬程飞	阎　利
鲍　鹏	潘炳玉	薛　茹	

秘　　书　崔青峰　祁小冬

本书作者
Authors

···

主　　编　束　拉　邢振贤

副主编　董　颀　孙成城

编　　委　（以姓氏笔画为序）

　　　　　王　军　邢振贤　刘　弘

　　　　　孙成城　李　勇　束　拉

　　　　　董　颀

序

Preface

··

近年来,我国高等教育事业快速发展,取得了举世瞩目的成就。随着高等教育改革的不断深入,高等教育工作重心正在由规模发展向提高质量转移,教育部实施了高等学校教学质量与教学改革工程,进一步确立了人才培养是高等学校的根本任务,质量是高等学校的生命线,教学工作是高等学校各项工作的中心的指导思想,把深化教育教学改革,全面提高高等教育教学质量放在了更加突出的位置。

教材是体现教学内容和教学要求的知识载体,是进行教学的基本工具,是提高教学质量的重要保证。教材建设是教学质量与教学改革工程的重要组成部分。为加强教材建设,教育部提倡和鼓励学术水平高、教学经验丰富的教师,根据教学需要编写适应不同层次、不同类型院校,具有不同风格和特点的高质量教材。郑州大学出版社按照这样的要求和精神,组织土建学科专家,在全国范围内,对土木工程、建筑工程技术等专业的培养目标、规格标准、培养模式、课程体系、教学内容、教学大纲等,进行了广泛而深入的调研,在此基础上,分专业召开了教育教学研讨会、教材编写论证会、教学大纲审定会和主编人会议,确定了教材编写的指导思想、原则和要求。按照以培养目标和就业为导向,以素质教育和能力培养为根本的编写指导思想,科学性、先进性、系统性和适用性的编写原则,组织包括郑州大学在内的五十余所学校的学术水平高、教学经验丰富的一线教师,吸收了近年来土建教育教学经验和成果,编写了本、专科系列教材。

教育教学改革是一个不断深化的过程,教材建设是一个不断推陈出新、反复锤炼的过程,希望这些教材的出版对土建教育教学改革和提高教育教学质量起到积极的推动作用,也希望使用教材的师生多提意见和建议,以便及时修订、不断完善。

前　言
Preface

　　随着建设工程管理体制的不断发展,建设监理作为我国建设管理的一项基本制度已经得到了长足的发展。为了在高校土木工程、工程管理等专业普及建设监理的基本知识,加强工程管理人才的培养,我们编写了《工程建设监理概论》这本教材,以满足在校学生的教学需求。在教材的编写过程中,既注重了监理理论发展的过程,也结合了监理实践的技能培养。

　　本书突破了以往书刊对监理单位和监理工程师仅从资质管理的要求进行论述的局限性,而是更科学地从人力资源管理的角度对监理单位如何培养和配置监理工程师进行了更深刻的分析和论述,并且从目标管理的高度强调了监理工作在工程管理中的必要性和重要性。另外,本书将安全管理作为一节单独进行了阐述。

　　本书由郑州大学束拉、华北水利水电学院邢振贤任主编,全书共分9章。具体编写分工如下:河南工业大学王军编写第1、5章,黄淮学院李勇编写第2、6章,洛阳理工学院孙成城编写第3章3.1~3.3节,河南城建学院董颖编写第3章3.4~3.5节、第9章,邢振贤编写第4章,河南科技学院刘弘编写第7章,束拉编写第8章。

　　本书在编写过程中参考了FIDIC的最新资料以及中外学者和专家近年来的相关论文和著作,在此谨表谢意。

　　由于水平有限,书中不妥和谬误之处在所难免,敬请读者批评指正。

编　者

2009 年 10 月

目录 CONTENTS

第1章　概论 ……………………………………………………………………… 1

1.1　我国工程建设监理制度的产生及发展 ………………………………… 1

1.2　工程建设监理的基本内涵 …………………………………………… 7

1.3　工程建设监理的相关法律法规 ……………………………………… 13

1.4　国外工程建设监理概况 ……………………………………………… 14

1.5　FIDIC 简介 …………………………………………………………… 16

第2章　工程建设监理的人力资源管理 …………………………………… 18

2.1　监理工程师资质管理 ………………………………………………… 18

2.2　监理人员的素质 ……………………………………………………… 22

2.3　监理单位 ……………………………………………………………… 27

2.4　人力资源的协调 ……………………………………………………… 34

第3章　工程建设监理的目标管理 ………………………………………… 44

3.1　建设工程投资控制 …………………………………………………… 44

3.2　建设工程质量控制 …………………………………………………… 57

3.3　建设工程进度控制 …………………………………………………… 77

3.4　安全管理 ……………………………………………………………… 91

3.5　目标管理 ……………………………………………………………… 98

第4章　工程项目的合同管理 ……………………………………………… 108

4.1　合同的法律概念 ……………………………………………………… 108

4.2　合同的形式 …………………………………………………………… 122

4.3　建设工程委托监理合同管理 ………………………………………… 124

4.4　建设工程施工合同管理 ……………………………………………… 132

4.5　建设工程物资采购合同管理 ………………………………………… 147

第5章　工程建设监理的信息管理 ………………………………………… 156

5.1　信息管理 ……………………………………………………………… 156

5.2　建设工程监理信息及信息管理 ……………………………………… 158

5.3　计算机辅助监理的具体内容 ………………………………………… 163

5.4　建设工程监理信息系统管理 ………………………………………… 167

5.5　建设监理文档资料管理 ……………………………………………… 171

5.6　监理常用软件简介 …………………………………………………… 176

第6章　工程建设监理的组织协调…………………………………179
　6.1　组织的基本原理 …………………………………179
　6.2　项目监理组织机构形式及人员配备　　183
　6.3　项目监理组织协调 …………………………………187
第7章　工程建设监理的风险管理…………………………………194
　7.1　风险管理的基本概念 …………………………………194
　7.2　监理风险的产生 …………………………………196
　7.3　监理风险的分析 …………………………………199
　7.4　监理风险管理 …………………………………207
第8章　工程管理的发展趋势…………………………………217
　8.1　工程管理的范畴 …………………………………217
　8.2　工程建设监理在工程管理中的地位 …………221
　8.3　工程管理的发展趋势 …………………………………223
第9章　建设监理案例…………………………………226
　9.1　建设工程监理文件的构成 …………………………………226
　9.2　监理规划的编写与审核 …………………………………227
　9.3　工程建设监理实施细则 …………………………………229
　9.4　建设监理案例 …………………………………230
参考文献…………………………………279

第1章 概 论

1.1 我国工程建设监理制度的产生及发展

1.1.1 我国工程建设监理制度的产生背景

从中华人民共和国成立直到20世纪80年代,我国的工程建设基本上是国家统一安排、统一拨款建设,这与当时的经济条件和经济环境是密不可分的,这种计划经济条件下的工程建设管理方式在当时对于国家集中有限的财力、物力和人力进行经济建设以及监理我国的工业体系和国民经济体系都发挥了重要的作用。

20世纪70年代建筑市场混乱,出现了无证设计、无图施工、盲目蛮干的现象。此外,施工企业自评自报的工程质量合格率、优良率严重失准,水分很大。一般的建设工程都由建设单位自己组建临时机构负责工程的管理;重大建设工程由政府从相关单位抽调技术人员组建工程指挥部,由指挥部对工程进行管理。从本质上讲,这两种管理模式是一样的,建设单位或建设指挥部不需要承担任何经济责任和风险,这种管理模式造成了质量、进度和造价严重失控,这些都迫切需要建立严格的外部监督体制,形成企业内部保证和外部监督认证的双控体制。为适应这种要求,1982年11月我国开始实行工程质量监督制度。1984年国务院颁发了"关于改革建筑业和基本建设管理体制若干问题的暂行规定",明确提出了改变工程质量监督制度,建立有权威的工程质量监督机构。工程质量监督制度的建立,标志着我国的工程建设监督由原来的单向行政监督向政府专业质量监督转变,由仅仅依靠企业自检自评向第三方认证和企业内部保证相结合转变。

20世纪80年代以后,我国进入了改革开放的新时期,原有的工程建设管理方式和体制模式越来越不适应发展的要求。国家决定在基本建设和建筑业领域采取一系列重大改革措施,改革传统的工程建设管理模式,以适应我国的经济发展和改革开放新形势的要求。

1985年,全国建设体制改革会议提出,要借鉴国际工程项目管理的经验,走专业化、社会化和科学化的现代化管理道路。随着我国工程建设管理体制改革的深入,在借鉴国际惯例的基础上,1988年7月,建设部(现已更名为中华人民共和国住房和城乡建设部——编者注)提出建立有中国特色的工程建设监理制度,并在若干城市进行试点。从1996年开始,在建设领域全面推行工程建设监理制度。

从1988年以来的20多年中,党和国家领导人对工程监理工作的发展都高度重视,曾多次发表讲话强调实施工程建设监理制度的重要性,1998年12月朱镕基在视察长江三峡水利枢纽时指出:"为确保三峡工程质量,必须实行严格的工程监理制度,强化工程建设监理"。在 2003 年 8 月召开的南水北调工程建设委员会会议上,温家宝总理强调:"工程建设要按照政企分开的原则,严格实行项目法人责任制、招标投标制、建设监理制、合同管理制。"

1.1.2 我国工程建设监理制度的发展历程

我国的工程建设监理是通过世界银行贷款项目的实施开始的。1982 年,鲁布革电站引水工程是我国第一个实行工程建设监理的项目,随后大量的涉外项目也都实行了监理制。

1985 年,全国建设体制改革会议提出,要借鉴国际工程项目管理的经验,走专业化、社会化和科学化的现代化管理道路。

1988 年 7 月,建设部发布了《关于开展建设监理工作的通知》,发起建立有中国特色的工程建设监理制度。

1988 年 11 月 12 日,建设部发出《关于开展建设监理试点工作的若干意见》,确定北京、天津、上海、南京、宁波、沈阳、哈尔滨、深圳 8 个城市和交通部、能源部的公路、水电系统作为开展建设监理工作的试点单位,分别在设计院、研究所和科研院校的基础上组建监理公司,并对一些项目实施了工程监理。

1993～1995 年,我国的建设监理由试点阶段转入稳步发展阶段。

1996 年,建设监理制度开始在全国范围内全面推广,经过 10 多年的研究和发展,监理制度探索与实践已初具规模。到 1996 年底,全国 31 个省、自治区、直辖市和国务院的 44 个部委在不同程度上实施了建设监理制,先后成立了 2000 多家监理公司。

自 1996 年起,建设监理开始进入全面推行阶段,特别是 1998 年 3 月 1 日起施行的《中华人民共和国建筑法》确立了建设监理的法律地位,建设部及部分省、市也先后颁布了一些有关建设监理具体实施的法规,为建设监理事业的发展起到了指导作用。

2000 年,中华人民共和国国家标准 GB 50319—2000《工程建设监理规范》颁布实施,相关行业根据监理规范制定了行业规范标准,保证工程建设监理制度全面健康地推行。

2003 年,国务院第 28 次常务会议通过了《建设工程安全生产条例》。

2004 年建设部制定了《建筑施工企业安全生产管理机构设置及专职安全生产管理人员配备办法》和《危险性较大工程安全专项施工方案编制及专家论证审查办法》,标志着我国监理制度在全国得到了全面的推广,在制度化、规范化和科学化方面都上了新台阶,并向国际监理水准迈进。

2006 年,建设部出台了《建设工程安全生产监理责任划分若干意见》,对施工安全生产过程中监理的责任进行划分。

2007 年,《工程建设监理与相关服务收费管理规定》宣告了实行 16 年之久的旧收费标准退出了历史舞台,这对监理行业的发展具有重要意义。

随着市场经济的发展,目前建设监理的服务已不能满足业主的需求,与国际通行的管理方式也存在一定差距。能否走出一条既与国际接轨,又适合我国建设监理发展的道路,关系着监理行业的兴衰。2007 年 8 月 1 日实施的《工程监理企业资质管理规定》,适应了新形势的需求。

经过 20 多年发展,建设监理制从无到有、从小到大,不断完善,监理制度已被业主所接受。工程监理制与建设项目法人责任制、招投标制、合同管理制组成了我国工程建设新的基本建设管理体制和工程建设各方主体间运行机制。监理队伍整体素质和监理水平稳步提高。全国的监理单位已发展到了 6000 多家,从业人员 52 万人的监理队伍中注册监理工程师已达到 10 万余人。重大的工程项目都实行了建设监理制,我国建设监理已走上一条以监理工程师为基础、以监理企业为主体,将国家强制性监理与企业市场化运作相结合的创新发展道路。

1.1.3 工程建设监理的作用

建设单位的工程项目实行专业化、社会化的建设监理,在提高投资的经济效益方面发挥了重要作用,主要表现在以下几个方面。

(1)有利于提高建设工程投资决策科学化水平 在建设单位委托工程监理企业实施全方位全过程监理的条件下,在建设单位有了初步的项目投资意向之后,工程监理企业可协助建设单位选择适当的工程咨询机构,管理工程咨询合同的实施,并对咨询结果(如项目建议书、可行性研究报告)进行评估,提出有价值的修改意见和建议;或直接从事工程咨询工作,为建设单位提供建设方案。这样,不仅可使项目投资符合国家经济发展规划、产业政策、投资方向,而且可使项目投资更加符合市场需求。工程监理企业参与或承担项目决策阶段的监理工作,有利于提高项目投资决策的科学化水平,避免项目投资决策失误,也为实现建设工程投资综合效益最大化打下了良好的基础。

(2)有利于规范工程建设参与各方的建设行为 工程建设参与各方的建设行为都应当符合法律、法规、规章和市场准则。要做到这一点,仅仅依靠自律机制是远远不够的,还需要建立有效的约束机制。为此,首先需要政府对工程建设参与各方的建设行为进行全面的监督管理,这是最基本的约束,也是政府的主要职能之一。但是,由于客观条件所限,政府的监督管理不可能深入到每一项建设工程的实施过程中,因而,还需要建立另一种约束机制,能在建设工程实施过程中对工程建设参与各方的建设行为进行约束。工程建设监理制就是这样一种约束机制。

在建设工程实施过程中,工程监理企业可依据委托监理合同和有关的建设工程合同对承建单位的建设行为进行监督管理。由于这种约束机制贯穿于工程建设的实施阶段,采用事前、事中和事后控制相结合的方式,因此可以有效地规范各承建单位的建设行为,最大限度地避免不当建设行为的发生。即使出现不当建设行为,也可以及时加以制止,最大限度地减少其不良后果。应当说,这是约束机制的根本目的。另一方面,由于建设单位不了解建设工程的相关法律、法规、规章、管理程序和市场行为准则,也可能发生不当建设行为。在这种情况下,工程监理单位可以向建设单位提出适当的建议,从而避免发生建设单位的不当建设行为,这对规范建设单位的建设行为也起到一定的约束作用。

(3)有利于促使承建单位保证建设工程的质量和使用安全 建设工程是一种特殊的产品,不仅价值大、使用寿命长,而且还关系到人民的生命财产安全。因此,保证建设工程质量和使用安全就显得尤为重要,在这方面不允许有丝毫的懈怠和疏忽。

工程监理企业对承建单位建设行为的监督管理,实际上是对工程建设生产过程的管理,它与产品生产者自身的管理有很大的不同。按照国际惯例,监理工程师是既懂工程技术又懂经济、法律和管理的专业人才,凭借丰富的工程建设经验,有能力及时发现建设工程实施过程中出现的问题。发现工程所用材料、设备以及阶段产品中存在的问题,从而最大限度地避免工程质量事故或工程质量隐患。因此,实行工程建设监理制之后,在加强承建单位自身对工程质量管理的基础上,由工程监理企业介入工程建设生产过程的监督管理,对保证建设工程质量和使用安全起到了重要作用。

(4)有利于实现工程建设投资效益最大化 工程建设投资效益最大化有三种不同表现:在满足建设工程预定功能和质量标准的前提下,建设投资额最少;在满足建设工程预定功能和质量标准的前提下,工程建设寿命周期费用(全寿命费用)最少;工程建设本身的投资效益与社会效益、环境效益的综合效益最大化。

实行工程建设监理制后,工程监理企业一般都能协助业主实现上述工程建设投资效益最大化的第一种表现,也能在一定程度上实现上述第二种和第三种表现。随着工程建设寿命周期费用观念和综合效益理念被越来越多的建设单位所接受,工程建设投资效益最大化的第二种和第三种表现的比例将越来越大,从而大大地提高我国全社会的投资效益,促进我国国民经济健康、可持续发展。

(5)有利于培育、发展和完善我国建筑市场 由于工程建设监理制的实施,我国工程建设管理体制开始形成以工程建设项目法人责任制、工程建设监理单位和工程承建单位直接参加的,在政府工程建设行政主管部门监督管理之下的新型管理体制,我国建筑市场的格局也开始发生结构性变化。作为连接项目法人责任制、工程招标制和加强政府宏观管理的中心环节,建设监理制度使其联系起来,形成一个有机整体,对在工程建设领域发挥市场机制作用十分有利。

(6)有利于实现政府在工程建设中的职能转变 我国的经济体制改革明确提出了要转变政府职能,实行政企分开,简政放权;提出了政府在经济领域的职能要转移到"规划、协调、监督、服务"上来。在工程建设领域,通过建立和实施建设监理制来具体贯彻我国经济体制改革的决策,具有重要的现实意义。它是实现政企分开的一项必要措施,是政府职能转变后的重要补充和完善措施,是在工程建设领域加强法制和经济管理的重大措施。

(7)有利于对外开放、与国际建筑市场接轨 随着改革开放的不断扩大,近年来吸引了大量外商到我国投资,这些项目都普遍要求实行建设监理作为条件。其原因就是建设监理制能使工程建设有序进行,能充分发挥投资效益。

实践证明:实行建设监理制度,按照国际惯例组织工程建设,有利于我国的建设队伍参与国际竞争,创收更多的外汇,吸引更多的外资,进一步推动我国的对外开放,加快我国的社会主义现代化建设。

1.1.4 我国工程建设监理的现状

建设监理行业的发展与国家的政策和经济体制紧密相连,外部环境、政治因素对监理行业的发展有决定性的作用。我国的工程建设监理已经取得了很好的成绩,在20多年的时间内经历了试点起步、稳步发展、全面推行等几个重要阶段,并且已经被社会各界所认同和接受。但是不可否认的是,我国工程建设监理还存在一定的问题和不足。推行工程建设监理制度,对完善我国建设工程管理体制、提高建设工程管理水平、提高工程质量起到了相当积极的作用。

1.1.4.1 存在的问题

(1)没有形成公平的市场竞争机制 工程咨询监理行业在西方发达国家,是市场经济的产物;在我国,则是从国外移植并通过制度强制推行,是政府行为。政府手段的介入削弱了市场的调节作用,使得供求机制发生扭曲,一方面,使得我国的多数监理企业只处于发展的初级阶段,不具有国际竞争水平的大型工程项目管理企业;另一方面,由于监理市场的供求、价格机制不能发挥作用,造成了市场竞争机制无法实现优胜劣汰的机能,间接造成社会和业主对整个监理行业的满意度降低,给行业发展造成不良影响。

(2)行业管理不能适应市场经济发展的需求 不少地方的行业协会形同政府主管部门的附属机构,无法独立形成一个行业发展的管理机构,和国际上专业团体的运作机制相差较大。此外,不少协会的工作内容和方式政府化,不能真正维护会员的权益,削弱了协会作用,损害了协会的信誉。

(3)监理企业的发展水平普遍较低 我国监理企业大致分为四种类型:一是政府主管部门为改善经济条件,安置分流人员成立的公司;二是大型企业集团设立的子公司或分公司;三是高校、科研、勘查设计单位分立出来的公司;四是社团组织及社会人士成立的监理公司。其中1/3左右是在1994年《中华人民共和国公司法》颁布前按照传统的国有企业模式成立的公司,除第四类少数社会化的监理公司外,绝大多数存在产权关系不明晰、法人制度结构不健全、运行机制不灵活、分配机制不合理的现象。监理公司缺乏自我发展的内在动力,职工的积极性难以充分调动,严重制约了监理企业和监理行业的进一步发展。

(4)从业人员整体素质偏低 我国工程监理人员的素质、学历普遍较低,水平参差不齐,监理工程师的知识结构不合理,缺乏集技术与管理于一体的复合型监理人才;我国缺乏国际工程管理方面以及熟悉国际惯例方面的人才。国际上监理工程师通常由经济工程师担任,经济工程师既懂技术,又懂管理,融技术知识、经济知识于一体。发达国家工程咨询历史相当长,工程咨询业也被视为高智能型服务业,咨询工程师学历普遍较高;而我国的监理工程师来源主要有以下几类:各单位退休的工程技术人员,从其他单位或地区离职转来的工程技术、管理人员;企业上级单位相关部门转来的工程技术、管理人员,高校毕业生。

目前我国监理人员流动性大,难以造就高素质、熟悉国际惯例的监理人才。企业的竞争实际上就是人才的竞争,如果国内监理企业人才的素质不能有较大的提高,国内监理工程师的素质不能与国外咨询工程师抗衡,那么国内监理企业在与国外咨询公司的竞争中就必然处于劣势。

1.4.1.2 工程建设监理的发展趋势

(1)工程监理向工程项目管理发展是必然趋势 工程项目管理是被实践证明了的科学、高效的工程管理模式,也是国际通行的模式。每年我国都有大量的工程建设项目实施,改革落后的工程建设管理模式、引入并推行先进的工程项目管理,将极大地提高工程建设行业的效率。为进一步深化我国工程建设管理实施方式改革,加快与国际惯例接轨,建设部已明确要求积极开展试点,推行工程项目管理,培育并扶持一批具有国际竞争力的工程项目管理企业。因此,工程项目管理应是今后工程建设监理发展的必然趋势。

(2)建设单位对监理行业的需求将发生变化 随着项目法人责任制的不断完善、民营企业和私人投资项目的大量增加,建设单位将对工程投资效益愈加重视,工程前期决策阶段的监理将日益增多。另外,由于市场国际化程度的提高,外资项目将会大大增加,这些项目一般都要委托进行监理,建设单位的需求将从单一的质量管理向多方位、多层次、更深入的方向发展。

(3)建设过程监理将向全方位、全过程监理发展 我国实行工程建设监理只有20多年的时间,由于体制和认识、建设单位需求和监理企业素质及能力的原因,目前仍然以施工阶段监理为主,从发展趋势看,代表建设单位进行全方位、全过程的工程项目管理,将是我国工程监理行业发展的趋向。

(4)工程建设监理市场环境将会改善 造成工程质量的主要问题就是不规范的建筑市场,在建设单位、施工单位和监理单位中,建设单位的行为规范对监理的影响最大,随着建设单位对监理重要性认识的提高以及项目法人责任制的进一步贯彻落实,工程建设监理市场环境将会大为改观。

(5)行业管理将逐渐与国际接轨 监理行业协会的作用会愈显重要,特别是行业自律等团体,将会逐渐影响政府决策,最终成为政府、企业和社会之间联系的纽带,成为提高监理整个行业发展的重要组成部分。

(6)监理从业人员素质会越来越高 工程建设领域的新技术、新工艺、新材料层出不穷,工程技术标准、规范、规程也不断更新,信息技术日新月异,都要求工程建设监理从业人员与时俱进,不断提高自身的业务素质和职业道德素质,这样才能为建设单位提供优质服务。随着我国科学技术的发展及高层次人才的增多,投入到监理行业的高素质人才也会逐渐增多,这些高素质、高层次、高学历人才的加入是整个工程监理行业发展的基础,必能形成相当数量的高素质的工程监理团队,形成一批公信力强、有品牌效应的工程监理企业,最终提高我国工程建设监理的总体水平及其效果,推动工程建设监理事业更好更快地发展。

(7)监理领域多方面将逐渐与国际惯例接轨 我国的工程建设监理虽然形成了一定的特点,但在一些方面与国际惯例还有差异。如果不尽快改变这种状况,将不利于我国工程建设监理事业的发展。但仅仅在某些方面与国际惯例接轨是不够的,必须在工程建设监理领域多方面与国际惯例接轨。为此,应当认真学习和研究国际上被普遍接受的规则,为我所用。与国际惯例接轨可使我国的工程监理企业与国外同行按照同一规则同台竞争,这既可能表现在国外项目管理公司进入我国后与我国工程监理企业之间的竞争,也可能表现在我国工程监理企业走向世界,与国外同类企业之间的竞争。要在竞争中取胜,除有实力、业绩、信誉之外,不掌握国际通行的规则也是不行的。我国的监理工程师和工程监理企业必须做好充分准备,不仅要迎接国外同行进入我国后的竞争挑战,而且也要把握进入国际市场的机遇,敢于到国际市场与国外同行竞争。

1.2　工程建设监理的基本内涵

1.2.1　工程建设监理的概念

监理的含义可以表述为：一个执行机构或执行者，依据一定的准则，对某一行为的有关主体进行督察、监控和评价，守"理"者不问，违"理"者则必究；同时，这个执行机构或执行者还要采取组织、指控、协调、疏导等措施，协助有关人员更准确、更完整、更合理地达到预期目标。

所谓工程建设监理，是监理单位受项目法人委托进行的工程建设项目管理，指针对工程建设项目，由社会化、专业化的工程建设监理单位接受业主的委托和授权，根据国家批准的工程建设项目文件，有关工程建设的法律、法规和工程建设监理合同以及其他工程建设合同，控制工程建设的投资、工期、质量，协调工程建设中的各种关系，维护工程建设合同各方的利益，所进行的微观监督管理活动。

工程监理的行为主体是工程监理企业，工程监理只能由相应资质的工程监理企业来开展，这是我国工程监理制度的一项重要规定。工程监理不同于建设主管部门的监督管理。后者的行为主体是政府，具有明显的强制性。另外还要注意的是总承包单位对分包单位的监督管理也不能视为工程监理。

建设单位，也称为业主、项目法人，是委托监理的一方。建设单位在工程建设中拥有确定建设工程规模、标准、功能以及选择勘察、设计、施工、监理单位等工程建设中重大问题的决定权。

工程监理企业是指取得企业法人营业执照，具有监理资质证书的、依法从事工程建设监理业务活动的经济组织。

社会各界对工程监理的认识不太一致：①在监理的范围方面，有的认为监理应该是全过程监理，有的认为应该是施工阶段的监理；②在监理所处的位置方面，有的认为监理应该是第三方，有的认为监理应是建设单位的代表，还有的认为监理应该代表政府；③在强制监理的范围方面，有的认为监理应该覆盖所有项目，有的认为应该取消强制监理。思想和认识的不一致，影响了工程建设监理行业的健康发展。

应该清楚工程监理和工程项目管理是两个不同的概念，二者的区别在于：①工作内容方面，工程监理是工程项目管理的重要组成部分，但不是工程管理的全部。在《中华人民共和国建筑法》（以下简称《建筑法》）等法律中明确规定了工程监理是对施工阶段的质量、进度、造价和安全等方面的监督和管理。而工程管理的工作内容包括可行性研究、招标代理、造价咨询、工程监理和勘察设计及施工的管理等。②法律责任方面，对规定的某些工程施工阶段的监理是强制的，法律责任也是明确规定的，而工程项目管理是政府提倡和鼓励的一种管理方式，其内容及深度要求可在合同中约定，明确责任。在法律责任和地位上不能将二者混为一谈。

1.2.2 工程建设监理的特点

工程建设监理的特点如下：

(1)工程建设监理是针对工程建设项目实施的监督管理活动　工程建设项目就是固定资产投资项目。它是将一定量的投资，在一定的约束条件下(包括时间、资源、质量等)，按照科学的程序，经过决策(设想、建议、研究、评估、决策)和实施(勘察、设计、施工、竣工验收与使用)，最终达到固定资产投资的特定目标。工程建设监理是针对工程建设项目的要求而开展的，直接为工程建设项目提供管理服务。也就是工程建设监理活动必须围绕工程建设项目来进行，离开了工程建设项目，就不属于工程建设监理的范围。

(2)工程建设监理的行为主体是工程监理企业　按照国家的有关法规，工程建设监理必须由工程监理企业组织实施。工程监理企业是工程建设监理的行为主体。只有工程监理企业才是专门从事工程建设监理和其他技术服务活动的具有独立性、社会化、专业化特点的组织。其他任何单位进行的监督管理活动(如政府有关部门进行的监督管理以及业主自行的管理)一律不能称为工程建设监理。

(3)工程建设监理需要有业主的委托和授权　工程建设监理是市场经济条件下社会的需要。市场由买卖双方和第三方——中介机构组成。工程监理企业就是其中的第三方。但工程监理企业要成为市场的第三方就必须有业主的委托和授权。这是工程建设监理与政府对工程建设的监督管理的重要区别。

(4)工程建设监理有明确的依据　工程建设监理是严格地按照国家有关法规和其他有关准则实施的。工程建设监理的依据主要有工程建设法规、工程建设项目建设文件、工程建设技术标准、工程建设价格标准、工程建设合同等。工程监理企业必须按上述依据实施监理。参加工程建设的其他各方也应遵守这些法规、准则和文件等。

1.2.3 工程建设监理的性质

工程建设监理是一种特殊的工程建设活动，与其他工程建设活动有着明显的区别。工程建设监理在建设领域中成为我国一种独立行业，具有以下性质。

(1)服务性　它是在工程项目建设过程中，利用自己的工程建设方面的知识、技能和经验为客户提供高智能监督管理服务，以满足项目业主对项目管理的需要。它的直接服务对象是客户，是委托方，也就是项目业主，这种服务性的活动是按工程建设监理合同来进行的，是受法律约束和保护的。

(2)独立性　从事工程建设监理活动的监理单位是直接参与工程项目建设的"三方当事人"之一，与项目业主、承建商之间的关系是平等的、横向的，在工程项目建设中，监理单位是独立的一方。

(3)科学性　我国《工程建设监理规定》指出：工程建设监理是一种高智能的技术服务，要求从事工程建设监理活动应当遵循科学的准则。按照工程建设监理科学性要求，监理单位应当有足够数量的、业务素质合格的监理工程师；要有一套科学的管理制度；要配备计算机辅助监理的软件和硬件；要掌握先进的监理理论、方法，积累足够的技术、经济资料和数据，要拥有现代化的监理手段。

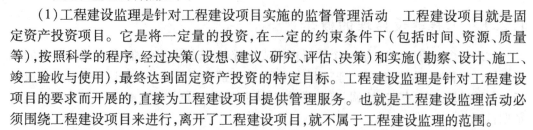

（4）公正性 监理单位和监理工程师在工程建设过程中，一方面应当作为能够严格执行监理合同各项义务、能够竭诚地为客户服务的"服务方"，另一方面，应当成为"公正的第三方"，在提供监理服务的过程中，监理单位和监理工程师在双方发生利益冲突或矛盾时能够以事实为依据，以有关法律、法规和双方所签订的工程建设合同为准绳，站在第三方立场上公正地加以解决和处理。

1.2.4 工程建设监理的范围和主要内容

监理是基于业主的委托才可实施的建设活动，因此对建设工程实施监理应建立在业主自愿的基础上。但在国家投资的工程中，国家有权以业主的身份要求工程建设项目法人实施工程监理，对于外资投资建筑工程及一些与社会公共利益关系重大的工程，为确保工程质量和社会公众的生命财产安全，国家也可要求其业主必须实施工程监理，即对这些工程建设活动强制实行监理。

1.2.4.1 工程建设监理的范围

根据建设部颁布的《工程建设监理范围和规模标准规定》，现阶段我国必须实行工程建设监理的工程项目范围如下。

（1）国家重点建设工程 国家重点建设工程是指依据《国家重点建设项目管理办法》所确定的、对国民经济和社会发展有重大影响的骨干项目。

（2）大、中型公用事业工程 大、中型公用事业工程包括项目总投资额在 3000 万元以上的供水、供电、供气、供热等市政工程项目，科技、教育、文化等项目，体育、旅游、商业等项目，卫生、社会福利等项目和其他公用事业项目。

（3）成片开发建设的住宅小区工程 成片开发建设的住宅小区工程指建筑面积在 5 万平方米以上的住宅建设工程。

（4）利用外国政府或国际组织贷款、援助资金的工程 国外政府或组织贷款和援助工程包括使用世界银行、亚洲开发银行等国际组织贷款资金的项目，使用外国政府及其机构贷款资金的项目，使用国际组织或者国外政府援助资金的项目。

（5）国家规定必须实行监理的其他工程 国家规定必须实行监理的工程指项目总投资额在 3000 万元以上关系社会公共利益、公众安全的交通运输、水利建设、城市基础建设、生态环境保护、信息产业、能源等基础设施项目，以及学校、影剧院、体育场馆等项目。

各个地区的建设行政主管部门也对当地实行工程建设监理的范围作出了相应的规定。

工程建设监理应包括工程建设决策阶段的监理和实施阶段的监理。决策阶段的监理包括对建设项目进行可行性研究、论证和参与任务书的编制等。实施阶段的监理则包括对设计、施工、保修等的监理。我国的建设工程在决策阶段目前主要还是由政府行政管理部门进行管理，建设监理还没有在决策阶段展开。根据我国的具体情况，目前所进行的工程建设监理主要是实施阶段中的施工监理，设计、保修等过程的监理也没有全面开展。

工程建设监理的范围应包括整个工程建设的全过程，即在招标、设计、施工、材料设备采供、设备安装调试等环节，对工期、质量、造价、安全等方面进行监督管理。

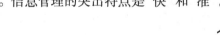

1.2.4.2 监理工作的主要任务

《建筑法》中明确定义:实施建筑工程监理前,建设单位应将委托的工程监理单位、监理内容及权限,书面通知被监理的建筑施工企业。建筑工程监理应依照法律、行政法规及有关技术标准、设计文件和建筑工程承包合同,对承包单位在施工质量、建设工期和资金使用等方面,代表建设单位实施监督。在工程建设项目中,目前监理工程师只是进行施工阶段的监理工作,而这一阶段主要是质量控制。从目前情况看,让一个监理单位同时具备建设项目投资决策阶段、设计阶段、招投标阶段、施工阶段的监理能力还比较困难,大多数监理公司达不到这一水平。结合现阶段的监理工作,监理工程师的工作应重点体现在施工招投标管理和工程承包合同管理两个方面,并向设计监理发展。监理工作的主要任务如下:

(1)监理单位应具备招投标工作的能力 施工招投标工作的好坏、质量的优劣,直接关系到业主能否选择到优秀的承包商,能否得到先进的施工技术和施工方案。如果监理单位能从施工招投标阶段就介入建设项目,它对工程建设项目就很了解,对业主选定的承包商也很了解,对工程建设承包合同很熟悉,那么其监理工作很容易开展和实施。

(2)对工程承包合同的管理 以法律为准绳,以合同为依据是监理工程师做好监理工作的原则。监理工程师最终所要做的就是对工程承包合同的管理。集国际和国内工程管理的经验和教训,因为只有熟悉工程合同文件,才能管好工程,使工程建设项目总目标得以实现。

1.2.4.3 监理工作的主要内容

工程建设监理工作的主要内容包括:协助建设单位进行工程项目可行性研究;优选设计方案、设计单位和施工单位;审查设计文件,控制工程质量、造价和工期监督;管理建设工程合同的履行以及直辖市建设单位与工程建设有关各方的工作关系等。工程建设监理的中心工作是进行项目目标控制,即投资、工期和质量的控制,在项目内部的管理主要是合同和信息管理,对项目外部主要是组织协调。合同是控制、管理、协调的主要依据,概括起来工程建设监理的任务即"三控制、两管理、一协调"共六项内容。

"三控制"即质量控制、工期控制和投资控制。对任何一项工程建设来说,质量、工期和投资往往是相互矛盾的,但又是统一的。要达到高标准的工程质量,工期就要长一点,投资很有可能要增加一些。要缩短工期,质量就可能低一些,投资也可能少一点。一般说来,三项目标不可能同时达到最佳状态。工程建设监理的任务就是根据业主的不同要求,尽力实现三项目标接近最佳状态。

"两管理"指对工程建设承发包合同和工程建设过程中有关信息的管理。

承发包合同管理是工程建设监理的主要工作内容,是实现三大目标控制的手段。其表现形式就是定期和不定期地核查承发包合同的实施情况,纠正实施中出现的偏差,提出新一阶段执行承发包合同的意见。

信息管理是信息的收集、整理、存储、传递和应用等一系列工作的总称。信息管理包括四项内容:①制定采集信息的制度和方法;②建立信息编码系统;③明确信息流程;④信息的处理和应用。信息无时不有,无处不有,庞杂的信息管理必须依靠计算机才能较好地完成。信息管理的突出特点是"快"和"准"。"一协调"是指协调参与一项工程建设的各方的工作关系。这项工作一般是通过定期和不定期召开会议的形式来完成的,或者通过分别沟通情况的方式,达到统一意见、协调一致的目的。

　　监理工作的任务按照工程建设的先后程序可划分为五个阶段,即建设前期阶段、设计阶段、施工招标阶段、施工阶段、交付使用后的保修阶段。每个阶段、各个环节都有具体的"三控制两管理一协调"的内容。各阶段的监理内容分述如下。

　　建设前期阶段的监理内容是:

　　(1)建设项目的可行性研究;

　　(2)参与设计任务书的编制。

　　设计阶段的监理内容是:

　　(1)提出设计要求,组织评选设计方案;

　　(2)协助选择勘察、设计单位,协助业主签订勘察设计合同文件,并组织实施;

　　(3)审查设计和概预算。

　　施工招标阶段的监理内容是:

　　(1)准备与发送招标文件,协助审议投标书,提出决算意见;

　　(2)协助建设单位与承建单位签订承包合同。

　　施工阶段的监理内容是:

　　(1)协助建设单位与承建单位编写开工报告;

　　(2)确认承建单位选择的分包单位;

　　(3)审查承建单位提出的施工组织设计、施工技术方案和施工进度计划,提出改进意见;

　　(4)审查承建单位提出的材料和设备清单及其所列的规格与质量;

　　(5)督促、检查承建单位严格执行工程承包合同和工程技术标准;

　　(6)调解建设单位与承建单位之间的争议;

　　(7)检查工程使用的材料、构件和设备的质量,检查安全防护措施;

　　(8)检查工程进度和施工质量,验收分部分项工程,签署工程付款凭证;

　　(9)督促整理合同文件和技术档案资料;

　　(10)组织设计单位和施工单位进行工程竣工的初步验收,写出竣工验收报告。

　　保修阶段的监理内容是:在规定的保修期限内,负责检查工程质量状况,鉴定质量问题责任,督促责任单位修理。

　　我国的建设监理制尚处于初级阶段,目前所进行的建设监理主要是施工监理。目前的建设监理的法规制度也是先从施工监理法规入手,今后将逐步走向完善建设工程项目真正意义的全过程、全方位监理。

1.2.5　工程建设监理的基本方法

　　工程建设监理的基本方法是一个有机整体,它由不可分割的若干个子系统组成,即目标规划、动态控制、组织协调、信息管理、合同管理,它们相互联系、互相支持、共同运行,形成一个完整的方法体系。

1.2.5.1 目标规划

目标规划,是以实现目标控制为目的的规划和计划,它是围绕工程项目投资、进度和质量目标,进行研究确定、分解综合、安排计划、风险管理、制定措施等项工作的集合。目标规划是目标控制的基础和前提,只有做好目标规划各项工作才能有效实施目标控制。目标规划得越好,目标控制的基础就越牢,目标控制的前提条件也就越充分。

目标规划工作包括以下几个方面:

(1)正确确定投资、进度、质量目标或对已经初步确定的目标进行论证。

(2)按照目标控制的需要将各目标进行分解,使每个目标都形成一个既能分解又能综合的、满足控制要求的目标划分系统,以便对目标实施控制。

(3)把工程项目实施的过程、目标和活动编制成计划,用动态的计划系统来协调和规范工程项目的实施,为实现预期目标构筑一条通路,使项目协调有序地达到预期目标。

(4)对计划目标的实现进行风险分析和管理,以便采取针对性的有效措施实施主动控制。

(5)制定各项目标的综合控制措施,力保项目目标的实现。

1.2.5.2 动态控制

动态控制是开展工程建设监理活动时采用的基本方法。动态控制工作贯穿于工程项目的整个监理过程中。

所谓动态控制,就是在完成工程项目的过程当中,通过对过程、目标和活动的跟踪,全面、及时、准确地掌握工程建设信息,将实际目标值和工程建设状况与计划目标和状况进行对比,如果偏离了计划和标准的要求,就采取措施加以纠正,以便达到计划总目标的实现。这是一个不断循环的过程,直至项目建成交付使用。

1.2.5.3 组织协调

组织协调与目标控制是密不可分的。协调的目的就是为了实现项目目标。在监理过程中,当设计概算超过投资估算时,监理工程师要与设计单位进行协调,以满足建设单位对项目的功能和使用要求,又力求项目费用不超过限定的投资额度;当施工进度影响到项目动工时间时,监理工程师就要与承包单位进行协调,或改变投入或修改计划或调整目标,直到制定出一个解决问题的理想方案为止;当发现承包单位的管理人员不称职、给工程质量造成影响时,监理工程师要与承包单位进行协调,以确保工程质量。

为了开展好工程建设监理工作,要求项目监理组织内的所有监理人员都能主动地在自己负责的范围内进行协调,并采用科学有效的方法使项目系统内各子系统、各专业、各工种、各项资源以及时间、空间等方面实现有机的配合,使工程项目成为一体化运行的整体。

1.2.5.4 信息管理

工程建设监理离不开工程信息。在实施监理的过程中,监理工程师要对所需要的信息进行收集、整理、处理、存储、传递、应用等一系列工作,这些工作总称为信息管理。

信息管理对工程建设监理是十分重要的。监理工程师在开展监理工作中要不断预测或发现问题,要不断进行规划、决策、执行和检查,而规划需要规划信息,决策需要决策信息,执行需要执行信息,检查需要检查信息。监理工程师对目标的控制也需要信息。因此,监理工程师必须加强信息管理。

1.2.5.5　合同管理

监理单位在工程建设监理过程中的合同管理主要是根据监理合同的要求对工程承包合同的签订、履行、变更和解除进行监督、检查,对合同双方争议进行调解和处理,以保护合同的依法签订和全面履行。

合同管理对于监理企业完成监理任务是非常重要的。根据国外经验,合同管理产生的经济效益往往大于技术优化所产生的经济效益。一项工程合同,应当对参与建设项目各方的建设行为起控制作用,同时具体指导一项工程如何操作完成。所以,合同管理起着控制整个项目实施的作用。例如,FIDIC《土木工程施工合同条件》中的条款详细地列出了在项目实施过程中所遇到的各方面问题,并规定了合同各方在遇到这些问题时的权利和义务,同时还规定了监理工程师在处理各种问题时的权限和职责,涉及了工程实施过程中经常发生的有关设备、材料、开工、停工、延误、变更、风险、索赔、支付、争议、违约等问题,以及财务管理、工程进度管理、工程质量管理等诸方面工作。

1.3　工程建设监理的相关法律法规

我国监理行业 20 多年的发展实践,积累了多方面的理论与实践的经验,监理队伍的主体力量已经基本形成,监理市场已趋成熟,工程监理法规体系逐步完善。与之相关的法律法规的内容是十分丰富的,它不仅包括相关法律,还包括相关的行政法规、行政规章、地方性法规等。从其内容看,它不仅对监理单位和监理工程师资质管理有全面的规定,而且对监理活动、委托监理合同、政府对工程建设监理的行政管理等都作了明确规定。《建筑法》是我国工程建设监理活动的基本法律,它对工程建设监理的性质、适用范围等都作出了明确的规定,与此相应的还有国务院批准颁发的《建设工程质量管理条例》、《国务院办公厅关于加强基础设施施工质量管理的通知》,建设部颁发的《工程建设监理规定》。关于工程建设监理单位及监理工程师的规定,有《工程建设监理单位资质管理试行办法》、《监理工程师资格考试和注册试行办法》、《关于发行工程建设监理费有关规定的通知》等。关于建设工程施工合同及委托监理合同的规定,有《建设工程施工合同》示范文本,其主要内容有协议书、通用条款和专用条款等;《建设工程委托监理合同》示范文本,其主要内容有建设工程委托监理合同、标准条件以及专用条件等。其他方面的法律,如《中华人民共和国合同法》(以下简称《合同法》)、《中华人民共和国招标投标法》(以下简称《招标投标法》)、建设工程技术标准或操作规程以及民法通则中的相关法律规范和内容,都是工程建设监理法律制度的重要组成部分。

(1)与工程建设监理有关的建设工程法律有《建筑法》、《合同法》、《招标投标法》、《中华人民共和国土地管理法》、《中华人民共和国城市规划法》、《中华人民共和国城市房地产管理法》、《中华人民共和国环境保护法》、《中华人民共和国环境影响评价法》。

(2)与工程建设监理有关的建设工程行政法规有《建设工程质量管理条例》、《建设工程勘察设计管理条例》、《建设工程安全管理条例》、《中华人民共和国土地管理法实施条例》。

（3）与工程建设监理有关的建设工程部门规章有《工程监理企业资质管理规定》、《建设工程勘察设计管理条例》、《工程建设监理范围和规模标准规定》、《建设工程设计招标管理办法》、《房屋建筑和市政基础设施工程施工招标投标管理办法》、《评标委员会和评标方法暂行规定》、《建设工程施工发包与承包计价管理办法》、《建设工程施工许可管理办法》、《实施工程建设强制性标准监督规定》、《房屋建筑工程质量保修办法》、《房屋建筑工程和市政基础设施工程竣工验收备案暂行办法》、《建设工程施工现场管理规定》、《建筑安全生产管理条例》、《工程建设大事故报告调查程序规定》、《城市建设档案管理规定》。

监理工程师应当了解和熟悉我国建设工程法律法规规章体系,并熟悉和掌握其中与监理工作关系比较密切的法律法规规章,依法进行监理和规范自己的工程监理行为。

《建筑法》确定了工程监理在工程建设活动中的法律地位;《工程建设监理规范》明确了监理工作的工作内容和方法;《工程建设监理与相关服务收费管理规定》规定了监理行业的收费问题,从很大程度上提高了监理从业人员积极性;《加强工程监理从业人员管理的意见》、《工程监理企业资质管理规定》的出台,提高了对监理企业、监理人员的管理,提升了监理从业人员的素质,规范了监理行为,加快了行业自律机制的建设,加强了政府监督管理的措施,进一步保证和提高了监理行业的整体工作质量和水平。《关于大型工程监理单位创建工程项目管理企业的指导意见》则为监理企业今后的发展指出了明确的方向。

1.4 国外工程建设监理概况

1.4.1 国外工程管理模式

工程建设设计方进行管理模式(如 FIDIC 中的工程师管理模式)一般适用于工程建设规模较小、工程建设项目技术不太复杂的项目上,这些项目上的设计方对工程建设项目图纸很熟悉,可以很好地监督按图施工。但是一旦工程建设规模和复杂性增大,工程建设设计方进行管理模式就开始显露出来它的局限性。工程建设设计方进行管理模式是由国际咨询工程师联合会提出的,在该组织 1999 年编写发布的《施工合同条件》、《工程设备与设计—建造合同条件》、《EPC 交钥匙合同条件》(Conditions of Contract for EPC/Turnkey Projects)、《合同简短格式》(Short Form of Contract)中广泛使用。

管理承包商进行管理(CM 模式)可以将工程项目的设计和施工进行有机整合,增加设计方案的可建造性,有利于降低工程成本,还可以使用快速路径技术对设计和施工进行有效搭接,从而缩短整个项目的建设工期。但是在 CM 模式中,管理者主要还是站在自己的立场上进行管理的,因此业主还要另外委托工程项目管理公司对整个工程项目建设进行组织、协调与管理。CM 模式是 1968 年在美国新纽约州立大学研究如何加快设计和施工进度及改进工程管理方式时由 Charles B. Thomsen 等人提出的。

社会化的建设工程管理是独立于设计、施工之外的专业工程项目建设管理者,它克服了由其他方面进行管理的缺陷,特别适合大型和复杂的工程建设项目,也是工程项目管理的最主要的组织形式。业主项目管理 PM(Project Management)模式是 20 世纪 50 年代末、60 年代初逐步在美国、联邦德国和法国等国家广泛应用的模式，Barrie Doanld、Paulson Boyd 曾有详细的论述。

在 20 世纪 80 年代以后，国际上还出现了许多新型的建设工程项目组织管理模式，如 EPC 模式、Partnering 模式、Project Controlling 模式。无论何种工程建设管理模式，都有其适用条件，都有一个共同的基础，即完全意义上的市场经济环境、投资者以个人或社会投资为主。

1.4.2　国外工程监理发展现状

监理行业是借鉴国际惯例发展起来的，主要内容和外国同行的工程咨询或工程顾问、项目管理等是基本相同的，只是要适应中国国情而稍有不同。其目标是一致的，即从事建设项目管理的专业化、社会化的行业。建设监理是社会化的业主项目管理。

既然是从国外引进的制度，因此有必要了解发达国家或地区相关行业的情况。实际上现在国外并没有一个理论上、实践中与我国现行的建设监理制度完全等同的一个工程建设管理制度。

在发达国家，监理咨询已有较长的历史，已经积累了一套科学的管理体系，在国际上形成以 FIDIC 为基准的监理惯例，监理咨询公司被看做一个智能型服务性企业或高智能的人才库。

在国外，对于工程项目的建设，业主通常从项目前期至项目的建成全过程委托监理咨询公司，实施全过程监理。在整个项目实施过程中，业主一般与承包商不直接发生关系，所有信息来往均由监理工程师来传送或发布。一旦施工、监理合同签订，双方之间都以合同条款为依据相互约束。监理工程师的主要责任是监督业主与承包商执行合同的情况，防止索赔发生或为反索赔提供依据，做好投资控制，以维护业主和承包商各自的利益。国外工程监理发展现状如下。

(1)服务效率高　发达国家的监理行业对监理人员的职业行为制定了道德规范和准则，监理也逐渐成为高效的并受人尊重的咨询行业。如美国土木工程学会规定了监理工程师的道德准则，核心内容强调了"正直、公平、诚信、服务"；日本咨询工程师协会制定了监理工程师《职业行为规范》，基本原则是坚持监理工作的科学性、公正性、中立性、服务性。监理工程师正直、公平、诚信、服务等的工作态度和敬业精神，充分体现了 FIDIC 对监理工程师要求的精髓。

(2)业务范围广　发达国家的咨询监理业的历史长达百余年，业务发展范围广泛，达到了全方位的监理任务，覆盖了整个建设的全过程。英国实施的 QS(Quantity Surveying)制、美国开展的 CM 方式(Construction Management)，以及 20 世纪 60 年代以来，美国、德国、法国、日本等广泛采用 Project Management(PM)制，其核心都对监理工程师的地位、资格、职责、义务、工作方式以及同业主、承建单位等关系进行了定位，他们具体服务的业务范围已扩展到为业主提供投资规划、投资估算、价值分析，向设计单位、施工单位提供费用控制，项目实施中进行合同管理、进度、质量、成本控制、付款审定、工程索赔、信息管理、组织协调、决算审核等。

（3）人才素质高　国外对监理工程师和咨询工程师的学历要求较高,大部分具有硕士、博士学位,如美国著名的兰德公司,在547名监理咨询人员中,有200名博士、178名硕士;德国克瞄伯康采恩系统工程公司,在100名咨询人员中,50%具有博士学位。同时,国外重视在职人员的培训,每年投入较多费用用于人员培训,提高监理业务水平。此外,国外在吸纳监理咨询工程师时强调个人的工作实践经验,如新加坡要求工程结构方面的监理工程师必须具有8年以上工程设计经验,英国咨询工程师协会规定入会的会员年龄必须在38岁以上,法国要求申请人必须是高等土木工程学院毕业生,且具有10年以上工程经历,还必须通过法国建设部"技术监理审查委员会"资深面试确认方可。

经上述严格的职业要求,监理工程师素质均达精通法律,主要是经济合同法和FIDIC编制的条款;善于管理,主要是熟练掌握现代化管理方法和手段;有技术专长,具备施工安装各种专业知识,能进行技术经济分析,为高素质、高智能的管理人才。

（4）从业人员薪酬优厚　国际上监理费用的额度和价位比较高,通常情况下占工程总造价的1%～4%之间,由于建设项目的种类、特点等差异,各国不尽相同,如以工程总价为基数,美国收取3%～4%,德国收取5%(含工程设计方案费),日本收取2.3%～4.5%(名为设计监理费),收费标准中还因监理资质等级不同而有所浮动。

1.5　FIDIC 简介

19世纪中叶,资本主义发达国家向其殖民地和经济不发达地区投入大量资本,从而带动了这些国家的建筑市场。这些国家的营造商既利用了不发达国家的廉价劳动力和建筑材料赚取大量外汇,同时也带来了先进的施工技术、设备和以竞争为核心的工程承包管理制度。众多的资本主义国家参与竞争,使该地区和国家形成了激烈竞争的国际承包工程市场。第二次世界大战后,许多国家建设规模巨大,建筑业发展蓬勃迅猛。

由于世界各国的发展和资源储备不平衡,所以通过工程项目在国际上进行招标,能够使各国资源互补,从而使资源配置优化,推动国际经济的发展。1913年欧洲4个国家的咨询工程师协会在英国成立了国际咨询工程师联合会(FIDIC)。FIDIC是国际咨询工程师联合会的法文缩写。经过近100年的发展,国际咨询工程师联合会由当初的一个民间组织发展到目前,已成为有70余个成员国、最具权威的咨询工程师组织。FIDIC有地区性组织,还有专业委员会,现在的办公机构总部设在瑞士洛桑。中国工程咨询协会代表我国于1996年10月加入了该组织。

国际工程承包是一种综合性国际经济技术合作形式。业主与承包商是平等的主体。两者的权利义务靠国际工程承包合同来确立。FIDIC编制了许多标准合同条件,其中在工程界影响最大的是《土木工程施工合同条件》。

FIDIC总结了100多年来国际承包工程施工的经验和教训,编制的合同文本涵盖了施工中可能发生的正常情况和非正常情况责任的划分,以及合同履行过程中参与项目施工有关各方的规范化管理程序。

FIDIC的合同条件虽不是法律,也不是法规,但它是一种国际惯例。FIDIC《土木工程施工合同条件》在世界上应用很广,不仅为FIDIC成员国采用,世界银行、亚洲开发银行等

工程建设监理概论

国际金融机构的招标采购样本也常常采用。

FIDIC 合同条件的特点包括以下几个方面：

（1）合同文字严密，逻辑性强，内容广泛具体，可操作性强。

（2）监督管理制度严格。合同条款中规定了一整套科学的法律管理制度，如施工监理制度、合同担保制度、工程保险制度等。

（3）合同条款详尽，规定公平，具体表现在权利义务趋于平等，特别明确了业主应承担的风险责任。

（4）FIDIC 合同条件是以英国法律为基础制订的。一般适用采用英国或欧洲大陆法律体系和做法的国家，或至少对此比较熟悉的国家。

思考题

1. 什么是工程建设监理？它有哪些性质？

2. 工程建设监理与工程质量监督的区别是什么？

3. 现阶段我国的工程监理与国外工程监理的差距在哪里？应从哪些方面进行改进？

第2章 工程建设监理的人力资源管理

2.1 监理工程师资质管理

2.1.1 监理工程师的概念

2.1.1.1 监理工程师

监理工程师是指经全国监理工程师执业资格统一考试合格,取得《监理工程师执业资格证书》,并经注册后在监理单位从事工程建设监理活动的专业人员。

依据建设部2006年1月26日发布的《注册监理工程师管理规定》,监理工程师的概念包含几层含义:①监理工程师是岗位职务,不是专业技术职称,是经过授权的职务,是一种责任岗位,具有相应岗位责任的签字权;②经全国监理工程师执业资格考试合格,取得资格证书;③通过注册获得监理工程师执业证书和职业印章,从事工程及相关活动的专业技术人员。从事工程建设监理工作但尚未取得资格证书,或虽然取得了资格证书但没有注册的专业技术人员,都不能称为监理工程师。

参加建设工程的监理人员,根据工作岗位设定的需要可分为总监理工程师、总监理工程师代表、专业监理工程师和监理员。

2.1.1.2 总监理工程师

总监理工程师是指由监理单位法定代表人授权的项目监理机构的总负责人,行使业主在监理合同中赋予监理单位的权利和义务,全面负责项目监理机构的监理工作。

总监理工程师应由具有三年以上同类工程监理工作经验的监理工程师担任。

实践经验表明:一个项目监理工作的质量和水平,关键在于现场监理机构的运作,而总监理工程师的工作能力和业务水平在相当程度上决定了监理机构的工作成效。由于监理服务的特殊性,项目监理机构是一个相对独立的工作群体,工作地点常常远离监理单位本部,在日常监理工作中经常和有关各方打交道的主要是项目总监理工程师,总监理工程师在现场的监理机构中起着领导核心的作用,对外则在一定程度上代表了监理单位的形象。因此,当一个项目确定之后,不论对于监理单位还是项目业主,选择合适的人选来出任项目总监理工程师无疑是一件十分重要的事。从业主的角度来说,对总监理工程师能力、素质的接受和认可是授予监理单位监理合同并支持监理单位开展工作的前提条件;对于监理单位来说,安排一个称职的人选出任总监理工程师既是对业主负责,也是对监理单位自身的信誉负责。因此,提高总监理工程师的素质与管理能力是搞好监理工作和项目管理的关键。

2.1.1.3　总监理工程师代表

总监理工程师代表是经监理单位法定代表人同意,由总监理工程师书面授权,当总监理工程师不在现场时,代表总监理工程师行使其部分职责和权力的项目监理机构中的监理工程师。

总监理工程师代表应由具有两年以上同类工程监理工作经验的人员担任。

2.1.1.4　专业监理工程师

专业监理工程师是根据项目监理岗位职责分工和总监理工程师的指令,负责实施某一专业或某一方面的监理工作,具有相应监理文件签发权的监理工程师。

专业监理工程师应由具有一年以上同类工程监理工作经验的人员担任。

2.1.1.5　监理员

监理员是指经过监理业务培训,具有同类工程相关专业知识,从事具体监理工作的监理人员。

2.1.2　监理工程师执业资格考试

2.1.2.1　监理工程师考试的意义

监理工作是一项高智能的工作,需要监理队伍和监理人员具有较高的素质,实施监理工程师考试和注册制度是加强监理队伍建设的一项重要内容,具有以下几方面的重要意义:

(1)促进监理人员努力钻研监理业务,不断提高业务水平;

(2)统一监理工程师的业务能力标准;

(3)有利于公正、客观地确定监理人员是否具备成为监理工程师的资格;

(4)合理建立工程监理人才库;

(5)便于同国际接轨,开拓国际工程监理市场。

因此,我国要建立监理工程师执业资格考试制度。

2.1.2.2　监理工程师资格考试报考条件

国际上多数国家在设立执业资格时,通常比较注重执业人员的专业学历和工作经验,这是保证执业工作有效实施的主要条件。我国对参加监理工程师执业资格考试的报名条件也从两个方面作出了限制:一是要具有一定的专业学历;二是要具有一定年限的工程建设实践经验。

建设部 1996 年 8 月颁布的《关于全国监理工程师执业资格考试工作的通知》中,对参加监理工程师资格考试者的条件进行了规定:凡中华人民共和国公民,身体健康,遵纪守法,具备下列条件之一者,可申请参加监理工程师执业资格考试。

(1)参加全科(4科)报考条件

1)工程技术或工程经济专业大专(含大专)以上学历,按照国家有关规定,取得工程技术或工程经济专业中级职务,并任职满 3 年。

2)按照国家有关规定,取得工程技术或工程经济专业高级职务。

3)1970 年(含 1970 年)以前工程技术或工程经济专业中专毕业,按照国家有关规定,取得工程技术或工程经济专业中级职务,并任职满 3 年。

（2）免试部分科目条件　对从事工程建设监理工作并同时具备下列 4 项条件的人员,可免试建设工程合同管理和建设工程质量、投资、进度控制两科:

1）1970 年（含 1970 年）以前工程技术或工程经济专业中专（含中专）以上毕业;

2）按照国家有关规定,取得工程技术或工程经济专业高级职务;

3）从事工程设计或工程施工管理工作满 15 年;

4）从事监理工作满 1 年。

参加全部 4 个科目考试的人员,必须在连续两个考试年度内通过全部科目考试;符合免试部分科目考试的人员,必须在一个考试年度内通过规定的两个科目的考试,可取得《监理工程师执业资格证书》。

2.1.2.3　监理工程师考试内容和方式

（1）考试内容　全国监理工程师执业资格考试是由人事部与建设部共同组织的全国统一的执业资格考试,考试分 4 个科目,即建设工程监理基本理论与相关法规,建设工程合同管理,建设工程质量、投资、进度控制,工程建设监理案例分析。

（2）考试方式　考试采用闭卷形式。其中建设工程监理案例分析科目为主观题,主要考评对建设监理理论知识的理解和在工程中运用的综合能力。其余 3 个科目均为客观题。

2.1.2.4　监理工程师考试管理

根据我国国情,对监理工程师资格考试工作,实行政府统一管理的原则。

国务院建设行政主管部门负责编制监理工程师执业资格考试大纲,编写考试教材和组织命题,统一规划、组织或授权组织监理工程师执业资格考试的考前培训等有关工作。

国务院人事主管部门负责审定监理工程师执业资格考试科目、考试大纲和考试试题,组织实施考务工作,会同国务院建设行政主管部门对监理工程师执业资格考试进行检查、监督、指导和确定合格标准。

中国建设监理协会负责组织有关专业的专家拟定考试大纲、组织命题和编写培训教材工作。

2.1.3　监理工程师注册

2.1.3.1　监理工程师注册条件

执业资格实行注册制度是国际上通行的做法。目前,我国对从事建筑活动的专业技术人员已建立起执业资格制度,有注册建筑工程师、注册结构工程师、注册监理工程师、注册造价工程师、注册建造师等。

经监理工程师考试合格者,由省、自治区、直辖市人民政府人事行政主管部门颁发由国务院行政主管部门统一印刷,国务院人事行政主管部门和建设行政主管部门共同盖章的《监理工程师执业资格证书》。

取得《监理工程师执业资格证书》者,须按规定向所在省（区、市）建设部门申请注册,通过所在监理企业,按专业类别进行注册。

监理工程师注册条件为:

（1）热爱中华人民共和国,拥护社会主义制度,遵纪守法,遵守监理工程师职业道德;

（2）经全国监理工程师执业资格统一考试合格，取得《监理工程师资格证书》；

（3）身体健康，能胜任工程建设的现场监理工作。

但申请注册人员出现下列情形之一的，不能获得注册：

（1）不具备完全民事行为能力；

（2）受到刑事处罚，自刑事处罚执行完毕之日起至申请注册之日不满5年；

（3）在工程监理或者相关业务中有违法违规行为或者犯有严重错误，受到责令停止执业的行政处罚，自行政处罚或者行政处分决定之日起至申请注册之日不满2年；

（4）在申报注册过程中有弄虚作假行为；

（5）同时注册于两个及以上单位；

（6）年龄65周岁及以上；

（7）法律、法规和国务院建设、人事行政主管部门规定不予注册的其他情形。

2.1.3.2　监理工程师注册管理

监理工程师注册实行分级管理。国务院建设行政主管部门为全国监理工程师注册管理机关；省、自治区、直辖市人民政府建设行政主管部门为本行政区域内地方工程建设监理单位监理工程师的注册机关。

（1）初始注册　取得《中华人民共和国监理工程师执业资格证书》的申请人，应自证书签发之日起3年内提出初始注册申请。

申请初始注册须提交下列材料：

1）本人填写的《中华人民共和国注册监理工程师初始注册申请表》（一式二份）；

2）《中华人民共和国监理工程师执业资格证书》；

3）身份证件；

4）与聘用单位签订的有效聘用劳动合同及社会保险机构出具的参加社会保险的清单；

5）学历或学位证书、职称证书，与申请注册专业相关的工程技术、工程管理工作经历和工程业绩证明。

逾期初始注册的，还应提交达到继续教育要求的证明。

（2）延续注册　注册监理工程师注册有效期为3年，注册期满须继续执业的，应在注册有效期届满30日前申请延续注册。在注册有效期届满30日前未提出延续注册申请的，在有效期满后，其注册执业证书和执业印章自动失效，须继续执业的，应重新申请初始注册。

申请延续注册须提交下列材料：

1）本人填写的《中华人民共和国注册监理工程师延续注册申请表》（一式二份）；

2）与聘用单位签订的有效聘用劳动合同及社会保险机构出具的参加社会保险的清单；

3）在注册有效期内达到继续教育要求证明。

（3）变更注册　注册监理工程师在注册有效期内或有效期届满，需要变更执业单位、注册专业等注册内容的，应申请变更注册。

申请变更注册须提交下列材料：

1）本人填写的《中华人民共和国注册监理工程师变更注册申请表》（一式二份）。

2）与新聘用单位签订的有效聘用劳动合同及社会保险机构出具的参加社会保险的清单。

3）在注册有效期内，变更执业单位的，申请人应提供工作调动证明（与原聘用单位终止或解除聘用劳动合同的证明文件复印件，或由劳动仲裁机构出具的解除劳动关系的劳动仲裁文件复印件）。跨省、自治区、直辖市变更执业单位的，还须提供满足新聘用单位所在地相应继续教育要求的证明材料。

4）在注册有效期内或有效期届满，变更注册专业的，应提供与申请注册专业相关的工程技术、工程管理工作经历和工程业绩证明，以及满足相应专业继续教育要求的证明材料。

5）在注册有效期内，因所在聘用单位名称发生变更的，应在聘用单位名称变更后 30日内按变更注册规定办理变更注册手续，并提供聘用单位新名称的营业执照。

（4）注销注册　按照《注册监理工程师管理规定》要求，注册监理工程师本人和聘用单位需要申请注销注册的，须填写并提交《中华人民共和国注册监理工程师注销注册申请表》，省级注册管理机构发现注册监理工程师有注销注册情形的，须填写并向建设部报送注销注册申请表。

被依法注销注册者，当具备初始注册条件，并符合近 3 年的继续教育要求后，可重新申请初始注册。

（5）注册执业证书和执业印章遗失破损补办　因注册执业证书、执业印章遗失、破损等原因，须补办注册执业证书或执业印章的，申请人须填写并提交《中华人民共和国注册监理工程师注册执业证书、执业印章遗失破损补办申请表》。对注册执业证书、执业印章遗失补办的，还须提供在公开发行的报刊上声明作废的证明材料。

2.2　监理人员的素质

2.2.1　监理人员的工作职责

2.2.1.1　总监理工程师工作职责

（1）确定项目监理机构人员的分工和岗位职责。

（2）主持编写项目监理规划、审批项目监理实施细则，并负责管理项目监理机构的日常工作。

（3）审查分包单位的资质，并提出审查意见。

（4）检查和监督监理人员的工作，根据工程项目的进展情况可进行监理人员调配，对不称职的监理人员应调换其工作。

（5）主持监理工作会议，签发项目监理机构的文件和指令。

（6）审定承包单位提交的开工报告、施工组织设计、施工技术方案、进度计划。

（7）审核签署承包单位的支付申请证书和竣工结算。

（8）审查和处理工程变更。

（9）主持或参与工程质量事故的调查。

（10）调解建设单位与承包单位的合同争议，处理索赔，审批工程延期。

（11）组织编写并签发监理月报、监理工作阶段报告、专题报告和项目监理工作总结。

（12）审核签认分部工程和单位工程的质量检验评定资料，审查承包单位的竣工申请，组织监理人员对待验收的工程项目进行质量检查，参与工程项目的竣工验收。

（13）主持整理工程项目的监理资料。

2.2.1.2　总监理工程师代表工作职责

总监理工程师代表工作职责如下：

（1）负责总监理工程师指定或交办的监理工作；

（2）按总监理工程师的授权，行使总监理工程师的部分职责和权力。

总监理工程师不得将下列工作委托总监理工程师代表：

（1）主持编写项目监理规划，审批项目监理实施细则；

（2）签发工程开工/复工报审表、工程暂停令、工程款支付证书、工程竣工报验单。

工程开工/复工报审表应符合《工程建设监理规范》附录 A1 表的格式；工程暂停令应符合《工程建设监理规范》附录 B2 表的格式；工程款支付证书应符合《工程建设监理规范》附录 B3 表的格式；工程竣工报验单应符合《工程建设监理规范》附录 A10 表的格式。

（3）审核签认竣工结算。

（4）调解建设单位与承包单位的合同争议，处理索赔，审批工程延期。

（5）根据工程项目的进展情况进行监理人员的调配，调换不称职的监理人员。

2.2.1.3　专业监理工程师工作职责

（1）负责编制本专业的监理实施细则。

（2）负责本专业监理工作的具体实施。

（3）组织、指导、检查和监督本专业监理员的工作，当人员需要调整时，向总监理工程师提出建议。

（4）审查承包单位提交的涉及本专业的计划、方案、申请、变更，并向总监理工程师提出报告。

（5）负责本专业分项工程验收及隐蔽工程验收。

（6）定期向总监理工程师提交本专业监理工作实施情况报告，对重大问题及时向总监理工程师汇报和请示。

（7）根据本专业监理工作实施情况做好监理日记。

（8）负责本专业监理资料的收集、汇总及整理，参与编写监理月报。

（9）核查进场材料、设备、构配件的原始凭证、检测报告等质量证明文件及其质量情况，根据实际情况认为有必要时对进场材料、设备、构配件进行平行检验，合格时予以签认。

（10）负责本专业的工程计量工作，审核工程计量的数据和原始凭证。

2.2.1.4　监理员工作职责

（1）在专业监理工程师的指导下开展现场监理工作。

（2）检查承包单位投入工程项目的人力、材料、主要设备及其使用、运行状况，并做好检查记录。

（3）复核或从施工现场直接获取工程计量的有关数据并签署原始凭证。

（4）按设计图及有关标准，对承包单位的工艺过程或施工工序进行检查和记录，对加工制作及工序施工质量检查结果进行记录。

（5）担任旁站工作，发现问题及时指出并向专业监理工程师报告。

（6）做好监理日记和有关的监理记录。

2.2.1.5 旁站监理人员工作职责

旁站监理是指监理人员在工程施工阶段监理中，对关键部位、关键工序的施工质量实施过程现场跟班的监督活动。旁站监理人员的主要职责如下：

（1）是否按照技术标准、规范、规程和批准的设计文件、施工组织设计施工。

（2）是否使用合格的材料、构配件和设备。

（3）施工单位有关现场管理人员、质检人员是否在岗。

（4）施工操作人员的技术水平、操作条件是否满足施工工艺要求，特殊操作人员是否持证上岗。

（5）施工环境是否对工程质量产生不利影响。

（6）施工过程是否存在质量和安全隐患。对施工过程中出现的较大质量问题或质量隐患，旁站监理人员应采用照相、摄像等手段予以记录。

2.2.2 监理人员的知识管理

2.2.2.1 监理人员的知识结构

现阶段，我国监理人员队伍主要是大量地吸收工程设计、施工、科研和建设管理部门的工程技术与管理人员。他们虽有技术专业知识基础，却缺乏建设监理、经济管理和法律等方面的知识与实践经验。因此，要开展全方位、高层次的监理工作，就要完善监理工程师的知识结构，除应掌握原有专业知识外，还应学习或补充必要的经济、管理和法律等方面的知识。

（1）经济平台知识 包括投资经济学、工程经济学、西方经济学、财务管理、市场学、投资与融资等知识。通过对资金的筹集、运用和管理，研究投资活动规律和各种技术在使用过程中如何以最小的投入获得预期产出或者如何以等量的投入获得最大产出，如何用最低的寿命周期成本实现产品、作业以及服务的必要功能，为投资活动提供理论指导。

（2）管理平台知识 包括管理学原理、组织行为学、工程项目管理等知识。通过对管理涉及的心理学、社会心理学、政治学及人种学等学科的了解，研究并回答工作组织中的个体、群体行为模式是怎样的，它们之间如何互动、个性如何影响工作绩效、如何激励员工、如何适应和把握环境变化，如何在工程中实现"质量、投资、进度、安全"管理的最佳效益。

（3）法律平台知识 包括建设工程合同管理、建设工程法规等知识。通过这些知识的学习，加强合同管理，及时预防和处理工程索赔，有效地解决合同争议，提高工程项目的管理水平。

（4）技术平台知识 包括全面质量管理、网络计划技术、计算机应用、运筹学等知识。

它是监理工程师工作的基础。

2.2.2.2　监理人员的继续教育

随着现代科学技术日新月异的发展,注册后的监理工程师不能一劳永逸地停留在原有知识水平上,而要通过开展继续教育更新专业技术知识,充实管理知识,加强法律法规知识,掌握计算机使用,提高外语水平,不断提高注册监理工程师的业务素质和执业水平,以适应开展工程监理业务和工程监理事业发展的需要。

注册监理工程师的继续教育分为必修课和选修课。必修课包括国家近期颁布的与工程监理有关的法律法规、标准规范和政策,工程监理与工程项目管理的新理论、新方法,工程监理案例分析,注册监理工程师职业道德。选修课包括地方及行业近期颁布的与工程监理有关的法规、标准规范和政策,工程建设新技术、新材料、新设备及新工艺,专业工程监理案例分析,需要补充的其他与工程监理业务有关的知识。

注册监理工程师继续教育采取集中面授和网络教学的方式进行。

2.2.3　监理人员的素质构成

监理人员在工程项目建设的管理中处于中心地位,工作职责要求监理人员不仅要有较强的专业技术能力,能够解决工程设计与施工中的技术问题,而且要有较高的政策水平和管理能力,能够组织和协调工程施工,解决合同争议,控制项目目标。为适应监理工作岗位责任的需要,监理工程师应比一般工程师具有更高素质,在国际上被视为高智能人才,其素质由下列要素构成。

2.2.3.1　良好的品德

监理工程师良好的品德主要体现在:

(1)热爱本职工作;

(2)具有科学的工作态度;

(3)具有廉洁奉公、为人正直、办事公道的高尚情操;

(4)能够听取不同方面的意见,冷静分析问题。

2.2.3.2　较高的学历和多学科专业知识

(1)具备较高的学历和知识水平　在国外,监理工程师、咨询工程师都具有大专毕业以上的学历,而且大都具有硕士甚至是博士学位。参照国外对监理人员学历、学识的要求,我国规定监理工程师必须有大专以上学历和工程师(建筑师、经济师)以上的技术职称。

(2)精通专业知识　监理工程师首先应是一名合格的工程师。现代工程建设中,投资巨大,技术复杂,可能涉及结构、电气、水利、机械、化工等多方面的专业知识。因此,要求监理人员应是精通某一类型工程的工程师。只有这样,监理工程师才能对工程建设进行有效的监督管理工作。

(3)具有综合知识　管理学是一门科学,是对人的行为进行有效的约束与督促的学问。监理工程师进行工程建设监理的过程中,对于工程进度、质量、投资的控制,很大程度上是直接面对工程建设者进行的管理过程。如果监理工程师具备综合知识,就能利用经济、法律以及管理的各种手段和技术措施对工程进行严格、科学的管理,从而保证监理目标的实现。

2.2.3.3 丰富的实践经验

基础理论与实践经验都是管理者不可或缺的素质,实践经验对监理工程师是十分重要的。没有丰富的实践经验,往往不能很好地利用已经掌握的理论基础知识,从而使建设监理业务不能顺利完成,甚至导致失败。在《注册监理工程师管理规定》中,要求参加监理工程师考试人员必须具备一定年限以上的从事工程设计或工程施工的工作经验,就是为了保证监理工程师具备一定的实践工作经验。由于监理工程师所从事的专业不同,因而所具有的工程经验也会不同。通常监理工程师所涉及的工程建设实践经验包括:①地质勘察;②规划设计;③工程设计;④工程施工;⑤设计管理;⑥施工管理;⑦构件、设备生产管理;⑧工程经济管理;⑨招标投标中介;⑩立项评估、建设评价;⑪建设监理。

2.2.3.4 健康的体魄和充沛的精力

监理工作流动性大,工作条件差,工作时间不规律,有时为了完成监理任务,不得不连续工作十几个小时以上。这就决定了监理工程师必须具备健康的身体和充沛的精力。

2.2.4 监理工程师的职业道德

工程监理工作的特点之一是要体现公正原则。监理工程师在执业过程中不能损害工程建设任何一方的利益,因此,为了确保建设监理事业的健康发展,对监理工程师的职业道德和工作纪律都有严格的要求,在有关法规里也作了具体的规定。应本着"严格监理、热情服务、秉公办事、一丝不苟、廉洁自律"的监理原则。监理工程师应具备的职业道德具体如下:

(1)维护国家的荣誉和利益,按照"守法、诚信、公正、科学"的准则执业;

(2)执行有关工程建设的法律、法规、规范、标准和制度,履行监理合同规定的义务和职责;

(3)努力学习专业技术和监理知识,不断提高业务能力和监理水平;

(4)不以个人名义承揽监理业务;

(5)不同时在两个以上监理单位从事监理活动,不在政府和施工、材料设备的生产供应单位兼职;

(6)不为所监理项目指定承建商、建筑构配件、设备、材料和施工方法;

(7)不收受被监理单位的任何礼金;

(8)不泄露所监理工程各方认为需要保密的事项;

(9)坚持独立自主地开展工作。

2.2.5 监理工程师的法律责任

监理工程师的法律责任主要来源于法律法规的规定和委托监理合同的约定。

2.2.5.1 违法行为

现行法律法规对监理工程师的法律责任专门作出了具体规定。这些规定能够有效地规范、指导监理工程师的执业行为,提高监理工程师的法律责任意识,引导监理工程师公正守法地开展监理业务。

《中华人民共和国建筑法》第三十五条规定："工程监理单位不按照委托监理合同的约定履行监理义务,对应当监督检查的项目不检查或者不按照规定检查,给建设单位造成损失的,应当承担相应的赔偿责任。"

《中华人民共和国刑法》第一百三十七条规定："建设单位、设计单位、施工单位、工程监理单位违反国家规定,降低工程质量标准,造成重大安全事故的,对直接责任人员,处五年以下有期徒刑或者拘役,并处罚金;后果特别严重的,处五年以上十年以下有期徒刑,并处罚金。"

《建设工程质量管理条例》第三十六条规定："工程监理单位应当依照法律、法规以及有关技术标准、设计文件和建设工程承包合同,代表建设单位对施工质量实施监理,并对施工质量承担监理责任。"

《建设工程安全生产管理条例》第十四条中规定："工程监理单位和监理工程师应当按照法律、法规和工程建设强制性标准实施监理,并对建设工程安全生产承担监理责任。"

2.2.5.2 违约行为

由监理工程师个人过失引起的合同违约行为,监理工程师必然要与监理企业承担一定的连带责任。

2.2.5.3 安全生产责任

安全生产责任是法律责任的一部分,来源于法律法规和委托监理合同。《建设工程安全生产管理条例》中明确:工程监理单位应当审查施工组织设计中的安全技术措施或者专项施工方案是否符合工程建设强制性标准。工程监理单位在实施监理工作过程中,发现存在安全事故隐患的,应当要求施工单位整改;情况严重的,应当要求施工单位暂时停止施工,并及时报告建设单位。施工单位拒不整改或者不停止施工的,工程监理单位应当及时向有关部门报告。工程监理单位和监理工程师应当按照法律、法规和工程建设强制性标准实施监理,并对建设工程安全生产承担监理责任。

从上述内容不难看出,《建设工程安全生产管理条例》规定了监理的六项职责和四项职权。六项职责分别是:审查施工组织设计中的安全技术措施和专项施工方案的职责;在实施监理过程中,发现安全隐患的职责;要求施工单位进行整改的职责;情况严重要求暂停施工并报告建设单位的职责;施工单位拒不整改或不停止施工的,及时报告有关主管部门的职责;依据法律、法规和强制性标准实施监理的职责。四项权利分别是技术方案的审批权、下达整改指令权、下达暂停指令权、向有关主管部门报告权。

2.3 监理单位

2.3.1 监理单位的概念

根据住房和城乡建设部 2007 年 6 月 26 日发布的《工程监理企业资质管理规定》的定义,监理单位是指在中华人民共和国境内,取得监理资质证书,具有法人资格,从事工程建设监理活动的监理公司,监理事务所,兼承监理业务的工程设计、科学研究和工程建设咨询的单位。监理单位是建筑市场的主体之一,监理企业与项目法人之间是委托与被委托的合同关系;与施工单位是监理与被监理的关系。监理单位应当按照"公正、独立、自主"的原则开展监理工作,公平地维护项目业主和被监理单位的合法权益。

2.3.2 监理单位的设立

2.3.2.1 监理单位设立的基本条件

(1)有固定的办公场所。

(2)有一定数量的专门从事监理工作的工程经济、技术人员,而且专业基本配套,有高级专业职称人员。

(3)有一定数额的注册资金。

(4)拟定有监理单位的章程。

(5)有主管单位同意设立监理单位的批准文件。

(6)拟从事监理工作的人员中,有一定数量的人已经取得国家建设行政主管部门颁发的监理工程师资格证书,并有一定数量的人取得了监理培训结业合格证书。

2.3.2.2 监理单位设立的程序

工程建设监理单位的设立应先申领企业法人营业执照,再申报资质。具体程序如下:

(1)新设立的监理单位,应根据企业法人必须具备的条件,先到工商行政管理部门登记注册并取得企业法人营业执照。

(2)取得企业法人营业执照后,即可向建设监理行政主管部门申请资质。

申请工程监理企业资质,应当提交以下材料:

1)工程监理企业资质申请表(一式三份)及相应电子文档;

2)企业法人、合伙企业营业执照;

3)企业章程或合伙人协议;

4)企业法定代表人、企业负责人和技术负责人的身份证明、工作简历及任命(聘用)文件;

5)工程监理企业资质申请表中所列注册监理工程师及其他注册执业人员的注册执业证书;

6)有关企业质量管理体系、技术和档案等管理制度的证明材料;

7)有关工程试验检测设备的证明材料。

(3)审查、核发暂定资质证书:申请综合资质、专业甲级资质的,由国务院建设主管部门审批;专业乙级、丙级资质和事务所资质由企业所在地省、自治区、直辖市人民政府建设主管部门审批。

工程监理企业资质证书分为正本和副本,正、副本具有同等法律效力。

工程监理企业资质证书的有效期为5年。

2.3.3 监理单位的资质等级条件和监理范围

工程监理企业资质分为综合资质、专业资质和事务所资质。其中,专业资质按照工程性质和技术特点划分为若干工程类别。

综合资质、事务所资质不分级别。专业资质分为甲级、乙级;其中,房屋建筑、水利水电、公路和市政公用专业资质可设立丙级。

2.3.3.1　综合资质标准

(1)具有独立法人资格且注册资本不少于600万元。

(2)企业技术负责人应为注册监理工程师,并具有15年以上从事工程建设工作的经历或者具有工程类高级职称。

(3)具有5个以上工程类别的专业甲级工程监理资质。

(4)注册监理工程师不少于60人,注册造价工程师不少于5人,一级注册建造师、一级注册建筑师、一级注册结构工程师或者其他勘察设计注册工程师合计不少于15人次。

(5)企业具有完善的组织结构和质量管理体系,有健全的技术、档案等管理制度。

(6)企业具有必要的工程试验检测设备。

(7)申请工程监理资质之日前一年内没有规定禁止的行为。

(8)申请工程监理资质之日前一年内没有因本企业监理责任造成重大质量事故。

(9)申请工程监理资质之日前一年内没有因本企业监理责任发生三级以上工程建设重大安全事故或者发生两起以上四级工程建设安全事故。

2.3.3.2　专业资质标准——甲级

(1)具有独立法人资格且注册资本不少于300万元。

(2)企业技术负责人应为注册监理工程师,并具有15年以上从事工程建设工作的经历或者具有工程类高级职称。

(3)注册监理工程师、注册造价工程师、一级注册建造师、一级注册建筑师、一级注册结构工程师或者其他勘察设计注册工程师合计不少于25人次;其中,相应专业注册监理工程师不少于《专业资质注册监理工程师人数配备表》中要求配备的人数,注册造价工程师不少于2人。

(4)企业近2年内独立监理过3个以上相应专业的二级工程项目,但是,具有甲级设计资质或一级及以上施工总承包资质的企业申请本专业工程类别甲级资质的除外。

(5)企业具有完善的组织结构和质量管理体系,有健全的技术、档案等管理制度。

(6)企业具有必要的工程试验检测设备。

(7)申请工程监理资质之日前一年内没有规定禁止的行为。

(8)申请工程监理资质之日前一年内没有因本企业监理责任造成重大质量事故。

(9)申请工程监理资质之日前一年内没有因本企业监理责任发生三级以上工程建设重大安全事故或者发生两起以上四级工程建设安全事故。

2.3.3.3　专业资质标准——乙级

(1)具有独立法人资格且注册资本不少于100万元。

(2)企业技术负责人应为注册监理工程师,并具有10年以上从事工程建设工作的经历。

(3)注册监理工程师、注册造价工程师、一级注册建造师、一级注册建筑师、一级注册结构工程师或者其他勘察设计注册工程师合计不少于15人次。其中,相应专业注册监理工程师不少于《专业资质注册监理工程师人数配备表》中要求配备的人数,注册造价工程师不少于 1 人。

(4)有较完善的组织结构和质量管理体系,有技术、档案等管理制度。

(5)有必要的工程试验检测设备。

(6)申请工程监理资质之日前一年内没有规定禁止的行为。

(7)申请工程监理资质之日前一年内没有因本企业监理责任造成重大质量事故。

(8)申请工程监理资质之日前一年内没有因本企业监理责任发生三级以上工程建设重大安全事故或者发生两起以上四级工程建设安全事故。

2.3.3.4 专业资质标准——丙级

(1)具有独立法人资格且注册资本不少于 50 万元。

(2)企业技术负责人应为注册监理工程师,并具有 8 年以上从事工程建设工作的经历。

(3)相应专业的注册监理工程师不少于《专业资质注册监理工程师人数配备表》中要求配备的人数。

(4)有必要的质量管理体系和规章制度。

(5)有必要的工程试验检测设备。

2.3.3.5 事务所资质标准

(1)取得合伙企业营业执照,具有书面合作协议书。

(2)合伙人中有 3 名以上注册监理工程师,合伙人均有 5 年以上从事工程建设监理的工作经历。

(3)有固定的工作场所。

(4)有必要的质量管理体系和规章制度。

(5)有必要的工程试验检测设备。

2.3.3.6 工程监理企业资质相应许可的业务范围

(1)综合资质 可以承担所有专业工程类别建设工程项目的工程监理业务。

(2)专业资质

1)专业甲级资质 可承担相应专业工程类别建设工程项目的工程监理业务。

2)专业乙级资质 可承担相应专业工程类别二级以下(含二级)建设工程项目的工程监理业务。

3)专业丙级资质 可承担相应专业工程类别三级建设工程项目的工程监理业务。

(3)事务所资质 可承担三级建设工程项目的工程监理业务,但是,国家规定必须实行强制监理的工程除外。

工程监理企业可以开展相应类别建设工程的项目管理、技术咨询等业务。

2.3.4 监理单位的资质管理

2.3.4.1 监理单位资质延续

监理资质有效期届满,工程监理企业需要继续从事工程监理活动的,应当在资质证书有效期届满 60 日前,向原资质许可机关申请办理延续手续。

对在资质有效期内遵守有关法律、法规、规章、技术标准,信用档案中无不良记录,且专业技术人员满足资质标准要求的企业,经资质许可机关同意,有效期延续 5 年。

2.3.4.2 监理单位合并

工程监理企业合并的,合并后存续或者新设立的工程监理企业可以承继合并前各方中较高的资质等级,但应当符合相应的资质等级条件。

2.3.4.3 监理单位变更

工程监理企业在资质证书有效期内名称、地址、注册资本、法定代表人等发生变更的,应当在工商行政管理部门办理变更手续后 30 日内办理资质证书变更手续。

2.3.4.4 监理企业不得有的行为

(1)与建设单位串通投标或者与其他工程监理企业串通投标,以行贿手段谋取中标。

(2)与建设单位或者施工单位串通弄虚作假,降低工程质量。

(3)将不合格的建设工程、建筑材料、建筑构配件和设备按照合格签字。

(4)超越本企业资质等级或以其他企业名义承揽监理业务。

(5)允许其他单位或个人以本企业的名义承揽工程。

(6)将承揽的监理业务转包。

(7)在监理过程中实施商业贿赂。

(8)涂改、伪造、出借、转让工程监理企业资质证书。

(9)其他违反法律法规的行为。

2.3.5 监理单位的经营准则

2.3.5.1 守法

守法是监理单位经营活动最起码的行为准则。对监理企业法人来说,守法就是依法经营,其含义如下:

(1)工程监理只能在核定的业务范围内开展经营活动,包括监理业务的工程类别和承接监理工程的等级。如获得高等级资质的监理公司可以承揽一、二、三等级的工程建设的监理业务,而低等级资质的监理公司只能承揽相应等级的工程监理业务。

(2)不得伪造、涂改、出租、出借、转让、出卖《监理单位资质等级证书》等破坏市场秩序的行为。

(3)工程建设监理合同一经双方签订,即具有法律约束力,工程监理企业应按照合同的约定认真履行,不得无故或故意违背自己的承诺。

(4)监理企业离开原住所地承接监理任务时,应自觉遵守当地人民政府颁发的监理法规和有关规定,主动向监理工程所在的省、自治区、直辖市政府建设主管部门备案,接受其指导和监督。

(5)监理企业要遵守国家关于企业法人的其他法律、法规。

2.3.5.2 诚信

所谓诚信,就是诚实讲信用,这是道德规范在市场经济中的体现。它要求一切市场参加者在不损害他人利益和社会公共利益的前提下,追求自己的利益,目的是在当事人之间的利益关系和当事人与社会之间的利益关系中实现平衡,并维护市场道德秩序。

加强企业信用管理,提高企业信用水平,是完善我国工程监理制度的重要保证。企业信用的实质是解决经济活动中经济主体之间的利益关系。它是企业经营理念、经营责任和经营文化的集中体现。信用是企业的一种无形资产,良好的信用能为企业带来巨大效益。

工程监理企业应当建立健全企业信用管理制度。如建立健全合同管理制度,与业主的合作制度,及时进行信息沟通,增强相互间的信任感;建立健全监理服务需求调查制度;建立企业内部信用管理责任制度。

2.3.5.3 公正

公正是指工程监理企业在监理活动中既要维护业主的利益,又不能损害承包商的合法权益,并依据合同合理地处理业主与承包商之间的争议。工程监理企业要做到公正,必须做到:要具有良好的职业道德,坚持实事求是,熟悉有关建设工程合同条款,提高专业技术能力,提高综合分析判断问题的能力。

2.3.5.4 科学

科学是指监理单位在经营活动中,要依据科学的方案,运用科学的手段,采取科学的方法开展监理工作。监理工作结束后,还要进行科学的总结。

(1)科学的方案 主要指监理规划。其内容包括工程监理的组织计划,监理工作的程序,各专业、各阶段监理工作内容,工程的关键部位或可能出现的重大问题的监理措施等。在实施监理前,要尽可能准确地预测各种可能的问题,有针对性地拟定解决办法,制定出切实可行、行之有效的监理实施细则,使各项监理活动都纳入计划管理的轨道。

(2)科学的手段 实施监理必须借助于先进的科学仪器才能做好监理工作,如各种检测、试验、化验仪器、摄录像设备及计算机等。

(3)科学的方法 在监理人员掌握大量的、确凿的有关监理对象及其外部环境实际情况的基础上,适时、高效地处理有关问题,解决问题要用事实说话,用书面文字说话,用数据说话,要开发、利用计算机软件辅助工程监理。

2.3.6 监理单位的经营内容

监理单位除了提供工程监理方面的服务外,还可以承担工程建设咨询和项目管理方面的服务。

2.3.6.1 工程项目建设决策阶段

工程建设的决策阶段,监理单位可以向业主提供项目建设前期的咨询或者决策服务,具体如下:

(1)协助建设单位编制项目建议书,并报有关部门审批;

(2)协助建设单位选择咨询单位,委托其进行可行性研究,并协助签订咨询合同书;

(3)监督管理咨询合同的实施;

(4)协助建设单位组织可行性研究报告的评估,并报有关部门审批;

(5)进行工程项目的技术经济论证;

(6)编制工程建设的投资估算。

2.3.6.2 工程项目建设勘察阶段

具体工作如下:

（1）协助编制勘察任务书；

（2）协助确定委托任务方式；

（3）协助选择勘察队伍；

（4）协助合同签订；

（5）勘察过程中的质量、进度、费用管理及合同管理；

（6）审定勘察报告，验收勘察成果。

2.3.6.3　工程项目建设设计阶段

具体工作如下：

（1）协助编制设计大纲；

（2）协助确定设计任务委托方式；

（3）协助选择设计单位；

（4）协助合同签订；

（5）与设计单位共同选定在投资限额内的最佳方案；

（6）设计中的投资、质量、进度控制，设计费用管理，合同管理；

（7）设计方案与政府有关规定的协调统一；

（8）设计方案审核与报批；

（9）设计文件的验收。

2.3.6.4　工程项目建设施工招标阶段

具体工作如下：

（1）协助业主编制招标文件；

（2）审查施工图设计和概（预）算；

（3）协助业主组织招标投标活动；

（4）协助业主与中标单位签订承包合同。

2.3.6.5　工程项目建设施工阶段

具体工作如下：

（1）协助编写开工报告；

（2）确定承包商，选择分包单位；

（3）审批施工组织设计、施工技术方案和施工进度计划；

（4）审查承包商的材料、设备采购清单；

（5）检查工程使用的材料、构件和设备的规格与质量；

（6）检查施工技术措施和安全防护设施；

（7）检查工程进度和施工质量，验收分部分项工程、签署工程预付款；

（8）督促严格履行工程承包合同，调解合同双方的争议，处理索赔事项；

（9）协商处理设计变更，并报业主决定；

（10）督促整理合同文件和技术档案资料；

（11）组织设计单位和施工单位进行工程竣工初步验收，提出竣工验收报告；

（12）审查结算；

（13）编写竣工验收申请报告，参加竣工验收，协助办理工程移交。

2.3.6.6　工程项目建设监理咨询业务

具体工作如下：

(1)工程建设投资风险分析；

(2)工程建设立项评估；

(3)编制工程建设项目可行性研究报告；

(4)编制工程施工招标标底；

(5)编制工程建设各阶段概预算；

(6)各类建筑物的技术检测、质量鉴定；

(7)有关工程建设的其他专项技术咨询服务。

以上是从一个行业整体而言,监理单位可以承担的各项监理业务和咨询业务。具体到每一个工程项目,监理的业务范围视工程项目建设单位的委托而定,建设单位往往把工程项目建设不同阶段的监理业务分别委托不同的监理单位承担,甚至把同一阶段的监理业务分别委托几个不同专业的监理单位监理。

2.4　人力资源的协调

2.4.1　人力资源管理

现代项目管理的最大目标是为顾客提供满意的产品或服务,根据顾客的需求充分整合人力资源、物资资源、时间资源和信息资源。人力资源是其中最关键、最活跃的主动资源。在监理工作中,监理工程师提供的是智力服务,也是监理项目部团队的服务,因此,必须重视对监理人员人力资源的管理,充分发挥每个监理人员的积极性、创造性,做到才职相称,人尽其才,才得其用,用得其所,才能最大限度地发挥每位成员的效率。

监理单位人力资源管理的内容包括人力资源计划、人力资源招聘、人力资源培训和人力资源绩效考核等。

2.4.1.1　人力资源计划

人力资源计划是人力资源管理最基本的工作,监理企业的主要人力资源就是工作在项目上的监理人员。在充分考虑项目的类型、特点以及所处环境条件后,以高效、专业、精简的原则制订人力资源计划,确定项目部人员的组成,是监理企业人力资源管理的核心内容。

人力资源计划首先应对项目的人力资源岗位进行分析,然后确定人力资源的需求,从而对人力资源进行系统安排。

(1)人力资源岗位分析　人力资源岗位分析就是在现场监理项目部组成前,对各个岗位的工作性质、要求、内容、环境以及管理方式进行描述,保证项目实施后各项工作能有条不紊地进行下去,便于管理协调,提高工作效率。为此,不仅要明确需要什么专业的监理人员,每个人从事的工作内容,还要把握项目的特点,明确工作的职责,工作岗位对人员的素质、技能和个性的要求,以及应采用的管理方式。这个分析过程是明确项目人员的基础,也是进行人员招聘的基础。通过岗位分析能避免人员使用的无计划性,避免"大材小用"或"小材大用",将人员浪费的可能性降到最低,使每个人员能人尽其才地发挥人力资源的效益。

人力资源岗位分析的步骤如下:

1)明确项目对专业监理人员的需求　根据项目特点、目标、技术标准、客户要求、工作分解结构以及以往相似项目的人力资源管理经验,分析完成项目任务所需要的各种监理人员,包括总监理工程师、专业监理工程师和监理员以及相关专业监理人员。例如,工程监理项目部需要总监代表、结构工程师、测量工程师、设备安装工程师以及各种监理人员等。在进行专业人员需求分析时,应主动征询各级即将参与项目监理者的意见,遵循因任务而设岗位的原则。

2)划分职责　为了保证项目的每一项工作都有人负责,必须将项目的工作内容进行分类,将不同的工作分配给不同的专业人员负责完成。从项目管理学的角度出发,考虑发挥每一类监理人员的工作积极性,确保每个人员有明确的工作内容和相应的工作职责,做到每一个人员的工作内容和职责不重叠或没有空隙。

3)确定人力资源的来源　根据工程项目对监理人员的需求进行人力资源预测分析,首先考虑监理企业现有人力资源状况是否满足需要,在优先安排公司现有人员的前提下,仍不能满足需要时,再考虑从社会人力资源市场招聘,并考察社会人力资源市场的供求情况。

(2)人力资源需求确定　确定人力资源需求的目的就是对人力资源的使用进行系统的安排,根据工程项目的工作内容和时间安排,确定所需人员的数量、种类和时间。通过工作结构分解和人力资源岗位分析,可以明确完成项目所必须要做的工作任务和相应的工作岗位,这样就能依据监理人员数量和需要的时间来确定项目对人力资源的需求状况。

2.4.1.2　人力资源招聘

人力资源招聘是根据项目的需要,在工程项目的不同阶段,从企业内部或人才市场上寻找合适的人员。为了适应内外环境变化对项目的影响,需要用快速、非常规的程序进行人员招聘。人员招聘要有计划,根据招聘的对象确定不同的招聘渠道和方法,为工程项目选择合适的监理人才。

如何招聘到符合项目标准的人才,如何长期留住招聘来的人才,是两个长期困扰人力资源部门的主要问题。要招聘到满意的人员,必须针对招聘的对象制定严格的选才程序和科学的测试方法。要长期留住人才,从招聘的角度看,必须在招聘过程中实行双向选择,增加选才的公正性。为此,管理者在招聘前就应该确定招聘的方式,制定严格的招聘程序,针对招聘对象选择测试方法。

人力资源招聘方式有内部招聘和外部招聘。内部招聘常见的招聘方式有管理者内部选择、组织推荐和竞聘上岗。外部招聘的主要方式有广告招聘、职业介绍机构推荐、学校招聘和猎头公司推荐等。

2.4.1.3　人力资源培训

由于建筑技术的不断进步、工程项目建设的复杂化,使得项目组织所面临的内部、外部环境日益严峻,项目组织只有适应这些环境,才能在市场竞争中立于不败之地。监理项目组织适应环境的关键是监理人员要能够适应环境,这种适应不仅是知识的适应,更重要的是行为和技能的适应。监理企业通过人力资源的培训,可以提高员工的适应能力,从而增强组织的竞争能力。

（1）明确培训目的　由于工程项目的一次性和不可复制性等特点,使得监理专业技术人员拥有的知识和经验,很难保证满足新技术、新项目以及业主的特殊要求。培训可以提高员工的生产技能,开发员工的潜能,进而提高项目的生产效率。同时,培训是有效管理项目的重要手段,它通常能达到两个效果:第一,培训是获取管理知识、技术知识,提高监理业务水平的最快途径之一;第二,培训能提高监理人员的工作效率,从而提高项目的收益。

培训的长期功效是减少企业员工的流动性。企业中的优秀人才是在工程实践中成长起来的,这是个人与组织长期磨合的结果。通过对员工进行管理知识和技术技能等方面的培训,能培养员工对项目的认同感。所以,真正意义上的培训应该是双向交流的方式。通过项目的培训,一般应达到以下目的:

1）确保项目组织获得最合适的人才;

2）增强项目的吸引力,留住人才;

3）增强员工参与项目、进行市场竞争的自信心;

4）增加员工的认同感,从而主动掌握新的技能,增强培训效果,起到激励作用;

5）促进员工转变观念,适应新环境、新技术。

（2）进行培训规划　监理企业需要针对员工的具体情况进行各种人力资源培训,但是,企业培训不仅要花费资金、人力、时间,而且专业培训有极强的针对性和时间性。只有根据工程项目进展的不同阶段的具体要求,培训任务的轻重缓急,对培训的时间、方式、人员进行认真的规划,才能获得培训的最好收益。

1）识别培训需求　监理单位是否根据企业的需求或监理项目的情况进行人力资源的培训,要根据项目进展的情况进行培训需求的识别,它包括客户需求识别、项目需求识别和员工需求识别。

①客户需求识别　工程建设监理是以业主为中心的智力服务,因此,及时准确地了解业主(客户)的需要对于项目的成功至关重要。业主的需要往往会通过其价值观念转化成对工程项目技术标准或服务方式的要求。客户要求的技术标准或服务方式变了,也就意味着监理方式的变化,进而产生对监理人员的素质和技能的新要求。例如,在某一项目中,业主非常看重监理人员提供价值工程服务的水平,这种需要对项目人员的服务水平提出了新的要求,他们必须具备这种素质;否则,就要进行培训。

图2.1显示了客户的价值观念转化成对项目人员素质需求的过程。

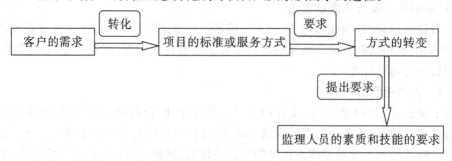

图2.1　客户的价值观念转化成对项目人员素质需求的过程

②项目需求识别　首先,对项目目标进行分析,分析要达到目标对人力资源素质的要求。其次,确定企业现有人员能否满足要求,这种要求应从三个方面去考查:一是对企业的人力资源进行调查,了解企业内人力资源的数量、专业种类、教育程度、技术资格。二是了解人力资源的工作效率指标,包括工作年限、工资标准、工作经历和工作能力等。例如,经过分析,虽然项目的人员在数量和技术资格方面能满足需要,但是,在工作经验和工作能力方面难以达到项目的要求。使用现有的人员将会使监理工作质量下降,项目的控制目标难以达到。三是在组织人力资源不能满足项目要求的前提下,确定解决人力资源需求的最好方法。例如,企业缺少监理电站项目施工的监理工程师,企业可以通过直接招聘或进行培训获得合格的人员,这时就要比较哪种方式更经济、更有效。如果培训是最好的方式,就需要对项目的管理者和操作者进行培训。

③员工需求识别　员工需求识别可以通过两种方式进行:一是员工自我评价分析,面对新的项目、岗位,员工衡量自己是否有相应的知识和技能去完成工作,从而自我识别培训需要,考虑是否提出培训要求。二是企业对员工进行评价分析,以员工以往工作的表现和工作业绩作为分析的基础,确定员工在新项目的岗位上是否需要进行培训。对于员工需求分析,主要应以员工自我评价为主要信息源,这样可以使培训需求的识别更加客观和简便。

2)确定培训目标　当管理者识别了培训的需求后,就应根据需求明确培训的具体目标。培训目标和培训需求是一一对应的关系,有什么样的需求,就应该进行相关方面的培训。培训目标应当用结果来衡量,例如,人员培训后达到的技术技能等级,实际工作中达到的工作目标、管理目标,等等。培训目标既是制定切实可行的培训方案的基础,也是评价培训结果的依据。

3)选择培训对象　确定要进行人员培训后,接下来就要确定参加培训的人员。一般情况下,培训无论是对个人还是对企业或项目部都是有益无害的,人人都可以参加培训。由于培训要消耗组织的资金、人力和时间,因此,必须注重效益、重点突出。项目的培训强调以点带面、重点选择、分阶段进行的原则,即通过集中对少数几个人的培训带动整体的管理素质。这种做法符合项目组织临时性的特点,也适合项目对人才需求的阶段性和突发性的特点。

通常情况下,监理项目组织中有三类人员,即总监理工程师、专业监理工程师和监理员,他们都可以成为培训的对象。但是,实践经验表明,企业培训总监理工程师和专业监理工程师获得的效果要比培训监理员好,尤其对于较复杂或规模较大的项目更是如此。所以,企业应优先考虑培训总监级别的监理工程师和专业监理工程师。

4)选择培训方式　为了达到良好的培训效果,管理者应根据不同的培训目标和对象,有针对性地制定培训方式。目前,常用的培训方式有在职培训、脱产培训、指导培训、上岗培训、讲授法、工作模拟培训等,这些培训方式各有优缺点及其独特的适应性,需要根据不同的项目特点、工作任务、工作水平、培训人数、培训专业和人员素质具体确定。各种培训方法的比较见表2.1。

表 2.1　各种培训方法的比较

培训方法	培训的主要内容	培训的特点
在职培训	技术技能	费用低,收效快
脱产培训	知识、专门技术	费用高,着眼未来
指导培训	技术技能、决策技术、人际关系技能	简单、实用
工作模拟培训	决策能力、人际关系技能	生动、利于评估培训结果

5)培训评价　培训的目的是确保经过培训的人员能在项目的生产和管理上立即发挥作用。不同的培训目的,得到的培训结果是多种多样的。通过培训,员工可能获得了知识、技能、才干、新观念和新思想等,这些结果都可以提高员工的工作成绩。培训完成后,人力资源的管理者,应对项目培训的有效性进行评价,考察项目培训的目的是否达到,并为今后人力资源管理提供依据,它是培训的一个重要环节。

通过对比培训前后的工作业绩,了解培训中哪些部分是有效的,哪些不利的行为是培训中产生的,这样的总结有利于下一轮培训。

从某种意义上讲,接受培训人员的心得也是测评培训效果的主要指标,通过访谈、问卷调查以及与培训人员进行双向交流,可以了解培训对学员个人工作的影响。

对于高级培训,其培训的内容不仅有知识、技能、管理能力,还包括行为改进、敬业精神和团结精神,这些培训的效果不是短期或经过一次测试就能得出结果的,需要在培训结束后,对受培训者进行一个阶段的跟踪,才可能得出一个较为准确的评价结果。

2.4.2　激励

2.4.2.1　了解员工的行为动机

工程监理越来越强调人在项目中的重要作用,要发挥每一个监理人员的作用就要使他们对项目充满信心,这样才能充分地利用人力资源。项目总监应首先使用对项目充满积极性的监理人员,因此,在决定项目人选时应首先了解每一个候选人的行为动机。所谓动机是指人开始和维持其行为,实现某一目标而愿意付出的努力。如果站在项目管理的角度来研究动机,动机则是指为了达到项目的目标而愿意付出的努力。人的动机与人所处的环境、人的需要和适当的刺激有关,当管理者开始了解每个成员的行为动机时,他应从考查项目的环境、个人需要和能产生反应的刺激着手。

每一个人的动机是基于他自身的需要,需要是行为动机的根本来源,人因为需要产生动机,因此,要了解动机首先就要明白每个人的需要。

心理学研究成果告诉我们任何人的行为都有动机,每个人的行为动机又有所差别,造成这种差别的原因除了与个人的需求有关外,还与个人所处的环境有关。人在不同的时间、不同的地点和不同的组织中可能产生不同的行为动机,也就是说环境对人的行为动机是有影响的。

激励的目的是使人们的动机处于高昂状态,这样人们就会为实现自己的目标而积极、努力地工作。如何使人的动机处于兴奋的状态呢? 给予适当的刺激。掌握刺激的方法对于项目管理者来讲非常重要,刺激能使人斗志昂扬。但是,刺激过度,人会变得消沉,甚至颓废。因此,实施刺激前,应先了解员工的需求,明白什么样的刺激能使员工产生积极反应,根据个人的具体需求寻找合适的刺激方法。

刺激分为内部刺激和外部刺激,内部刺激是来自自身的需要。例如,饥饿刺激人产生寻找食物的行为动机。外部刺激来自环境和外人有意的行动。例如,在饥饿的状态下,当闻到食物的香味,人的饥饿感会增强。刺激是动机的加油站,在项目人力资源管理中具有很重要的实用意义。

2.4.2.2 建立综合激励模式

许多有益于激励专业人员的传统方式在项目管理中并不适用,例如,在项目的工作中,封个职位对专业人员并没有太大的吸引力,因为项目有始有终,项目自身不能满足个人长期发展的需要,而只能作为一个跳板。项目激励模式必须结合项目的特点,注重激励的短期效果,同时兼顾长期效益。做到:①了解员工的行为动机和需要;②确定动机的性质和轻重缓急;③综合运用各种激励理论。

公司需要保持旺盛精力、充满激情的青年,这种激情需要通过一系列的措施给予强化,如果长时间得不到组织的认可,意志就会变得消沉。图2.2就是建立综合激励模式的过程。

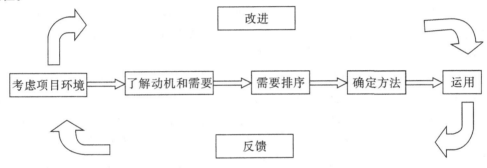

图2.2 建立综合激励模式的过程

2.4.3 沟通

每个成功的项目都是由勤于沟通的团队完成的,不沟通,监理人员无法及时发现工程中存在的问题,更无法解决参与项目的所有人之间存在的隔阂和矛盾,监理工程师在管理过程中的协调作用就无法实现。沟通对监理工程师尤其重要,因为现代项目管理是"以人为中心"的管理模式,这就决定了沟通对管理成效的重要促进作用。不仅如此,项目监理部是由来自不同专业的人员组成,他们对任务之间的相互关系了解得并不清楚,现场监理人员如果是临时组织在一起的,项目开始之前,彼此之间可能互不了解,也需要通过相互之间的沟通,才能保证监理工作正常进行。

2.4.3.1 沟通的作用

项目的沟通是使项目信息在项目参与者之间进行双向传递,并获得彼此理解的过程。这里所指的项目信息包括项目目标、项目的合同文件,各种规范、标准、图纸等与工程有关的文字和音像资料。现代项目管理注重人与人之间的信息交流和情感交流,这些交流存在于上级与上级之间、上级与下级之间、下级与下级之间。监理工程师的协调工作,应该是在不断的沟通中完成的。

项目沟通的目的不仅仅是让项目的参与者理解沟通者的观点,更重要的是让他们接受沟通者的观点,并按沟通者的期望采取行动。项目中的沟通不仅是指信息和情感的传递过程,更重要的是在信息交流过程中,信息发送者和接受者对信息内容的理解,并在项目中产生相应行为的过程。这种行为可能对项目产生积极的影响,也可能对项目产生消极的影响,项目的沟通管理就是要产生对项目发展有利的积极影响。要做到这一点,就必须使各个层次交流的结果与项目的目标一致,即交流的结果是项目成员对项目目标的认同。

沟通与协调已成为现代项目管理中极为重要的部分,管理者与管理者、管理者与被管理者之间的有效沟通是项目管理艺术的精髓。监理工程师不仅要通过沟通理解彼此的想法、见解、观点和价值观,更重要的是,通过沟通有效地影响、改变他人的工作态度和工作方式,这是以人为本的项目管理模式的重要手段。

2.4.3.2 沟通中的问题

沟通在现代项目管理中的地位越来越重要,项目环境中存在的很多挑战性的问题,都需要通过项目管理者与参与者进行有效的沟通和协调来解决。如何进行有效沟通,日益受到项目管理者的重视,理解项目管理过程中的一些沟通要素,并运用一些技巧,可以使沟通更加有效。为此,在沟通中要注意以下几方面的问题。

(1)注重双向沟通 根据沟通过程中是否有信息反馈,可以将沟通分为单向沟通和双向沟通。单向沟通因为没有信息反馈,对于信息的接受者是否愿意接受信息、对信息的内容是否理解,就不得而知,这对有效地执行项目的任务是极为不利的。而双向沟通在交流过程中能克服消极的接受态度,通过双方的讨论可以加深接受者对信息的理解,提高项目人员参与的主动性。监理人员也可以及时了解监理过程中存在的问题,适时地对监理方式进行修改。所以,项目中的沟通应该是以双向沟通为主。

双向交流中必须注意两个主要的问题:一是交流双方无论职位差别多大,都应以平等的身份进行沟通,以利于真实思想交流。二是要准许交流双方都能充分地表达自己的意见、观点,提出各自的建议。在此基础上交换意见和看法,以达到对项目目标的一致理解。

(2)有效地利用正式和非正式沟通渠道 项目组织中大量的沟通是通过正式渠道进行的,一般情况下这种沟通比较规范,沟通效果好。管理者在强化正式沟通的同时,应有意识地利用非正式沟通渠道,用非正式渠道的沟通来加强正式沟通渠道。通常情况下,非正式沟通渠道传递较多的是有关感情和情绪的问题,管理者应注意收集,在作决策时,除了要以正式沟通渠道为主,还应参考从非正式沟通渠道获得的信息。项目管理中,管理者既可以从非正式沟通渠道接受信息,也可以通过非正式沟通渠道传递信息。但是,非正式沟通渠道不宜过多使用;否则,会造成信息沟通渠道的混乱。

(3)保证沟通渠道畅通 要想达到良好的沟通效果,信息渠道的畅通至关重要。在项目管理中,沟通渠道的不畅通主要表现在两个方面:

1)组织结构存在的问题 研究表明,对于大型项目组织,信息从组织的最高层逐级传递到最底层,信息量只有原来的1/5,即使在小型项目的组织中,信息传递中的损失也是很大的。因此,要根据项目的特点、项目信息流的量和信息的特性,选择合适的项目组织结构,建立稳定合理的信息传播体系,合理分配项目中横向和纵向的信息流动,使每个参建单位都能获得固定的信息来源,保证信息渠道的畅通。

2)双向沟通渠道不畅通　有些项目管理者往往只重视由上至下的信息传递,而忽视来自基层的信息反馈。然而,项目中往往是通过执行层的监理人员去实践和感知,他们反馈的通常都是项目实践中最及时和最宝贵的信息,如果没有反馈信息,无法知道传递下去的指令是否接受了,以及接受后的成效如何。因此,总监应在项目组织中建立有效的双向交流渠道,及时了解执行层员工的信息反馈。要鼓励员工反馈意见,员工一般也会乐意向组织提出自己对项目的意见和看法,总监理工程师认真的倾听能增强员工工作的积极性和主动性。总而言之,管理者要保证项目沟通渠道是双向的,使之成为一个闭合的循环通道。

(4)克服心理障碍　由于感情、思想和职位的差别,人们在最初的沟通时,往往存在着心理障碍,彼此间不能敞开心扉真诚沟通,这势必影响沟通的效果。为了增进沟通,沟通者首先应了解沟通对象的社会背景和可能的心理因素,发现彼此的共同经历。然后,以这些共同经历为基础,消除他们的心理顾虑,将沟通的内容深入到主要的问题上,这样员工才会说出自己对项目的真实想法和意见。

在上下级间沟通时,管理者必须跨越心理障碍,创造一个和谐、宽松、民主的气氛,以消除下级的紧张情绪和顾虑心情,保证沟通的效果。这时,总监应主动采用一种合理的、解决问题的沟通方法,在沟通中表现出令人尊敬的态度,认可他人的需要,肯定他人的观点,不断寻求双方的理解。

(5)提高表达能力　一提起表达能力,人们总会想起"说"和"写"的能力。但是,人们在传递思想和信息时,在很多情况下并不使用语言。要提高表达能力,除了"说"与"写"之外,还有非语言因素。

提高语言表达能力应注意使用对方在感情上容易接受的朴实无华的语言文字,多使用陈述性的语言来表达自己的意见,语言使用要准确,切记勿用模棱两可的词语。在交谈中需要把握好抑扬顿挫,使声音更有力、更活泼。

书面文字表达必须慎重考虑写作中的文字表达方式,做到言简意赅,特定的项目要用专业术语描述项目的问题,确保措辞恰当,通俗易懂。特别是在具有共同专业背景的成员中,使用专业术语可以增加可信度,增进沟通者之间的理解。在准备一个书面报告时,不仅要考虑准备报告花费的时间,而且要考虑报告加工处理、复印、分发和形成文档占用的时间,此外,收到报告的人还要花时间看。

非语言信息是揭示沟通者内心世界的窗口,不同的坐姿、站相、形体动作,潜在地反映了一个人的个性、气质和态度。一个成功的沟通者必须懂得这些非语言信息的含义,学会选择使用身体语言来发出某些信息,充分地利用它可以增加交流的生动性,从而提高沟通的效率。因此,交流中双方要始终注意自己和对方的表情、动作和态度等非语言的表达,通过它们来更好地传达信息并理解对方的观点。

2.4.4　项目监理机构的人力资源配备

项目监理机构中配备监理人员的数量和专业应根据监理的任务范围、内容、期限以及工程的类别、规模、技术复杂程度、工程环境等因素综合考虑，并应符合委托监理合同中对监理深度和密度的要求，能体现项目监理机构的整体素质，满足监理目标控制的要求。

2.4.4.1　项目监理机构的人员结构

项目监理机构应具有合理的人员结构，包括以下两方面的内容：

（1）合理的专业结构　由与监理工程的性质及业主对工程监理的要求相适应的各专业人员组成，也就是各专业人员要配套。

当监理工程局部有某些特殊性，或业主提出某些特殊的监理要求而需要采用某种特殊的监控手段时，将这些局部的专业性强的监控工作另行委托给有相应资质的咨询机构来承担，也应视为保证了人员合理的专业结构。

（2）合理的技术职务、职称结构　应根据建设工程的特点和工程建设监理工作的需要确定其技术职称、职务结构。

合理的技术职称结构表现在高级职称、中级职称和初级职称有与监理工作要求相称的比例。一般来说，决策阶段、设计阶段的监理，具有高级职称及中级职称的人员在整个监理人员构成中应占绝大多数；施工阶段的监理，可有较多的初级职称人员从事实际操作。初级职称是指助理工程师、助理经济师、技术员、经济员，还可包括具有相应能力的实践经验丰富的工人。

2.4.4.2　项目监理机构人员数量的确定

（1）影响项目监理机构人员数量的主要因素

1）工程建设强度　工程建设强度是指单位时间内投入的建设工程资金的数量，用下式表示：

$$工程建设强度 = 投资/工期$$

其中，投资和工期是指由监理单位所承担的那部分工程的建设投资和工期。一般投资费用可按工程估算、概算或合同价计算，工期是根据进度总目标及其分目标计算。显然，工程建设强度越大，须投入的项目监理人数越多。

2）建设工程复杂程度　涉及因素有设计内容、工程地点位置、气候条件、地形条件、工程地质、施工方法、工程性质、工期要求、材料供应、工程分散程度等。根据各项因素的具体情况，可将工程分为若干工程复杂程度等级。不同等级的工程需要配备的项目监理人员数量有所不同。显然，简单工程需要的项目监理人员较少，而复杂工程需要的项目监理人员较多。

3）监理单位的业务水平　每个监理单位的业务水平和对某类工程的熟悉程度不完全相同，在监理人员素质、管理水平和监理的设备手段等方面也存在差异，这都会直接影响到监理效率的高低。高水平的监理单位可投入较少的监理人力完成一个建设工程的监理工作，而一个经验不多或管理水平不高的监理单位则须投入较多的监理人力。根据自己的实际情况制定监理人员需要量定额。

4）项目监理机构的组织结构和任务职能分工　组织结构情况关系到具体的监理人

员配备,务必使项目监理机构任务职能分工的要求得到满足,必要时,还须根据项目监理机构的职能分工对监理人员的配备作进一步的调整。

有时监理工作需要委托专业咨询机构或专业检测、检验机构进行配合,项目监理机构的监理人员数量则可适当减少。

(2)确定项目监理机构人员数量的方法　可按如下步骤进行。

1)项目监理机构人员需要量定额。根据监理工程师的监理工作内容和工程复杂程度等级,测定、编制项目监理机构监理人员需要量定额。

2)确定工程建设强度。

3)确定工程复杂程度。

4)根据工程复杂程度和工程建设强度套用监理人员需要量定额:

$$监理人员需要量=需要量定额×工程建设强度$$

5)根据实际情况确定监理人员数量　施工阶段项目监理机构的监理人员数量一般不少于3人。项目监理机构的监理人员数量和专业配备应随工程施工进展情况作相应的调整,从而满足不同阶段监理工作的需要。

思考题

1.监理工程师的考试内容和方法有哪些?

2.监理人员的知识结构包括哪些方面?

3.监理单位的资质等级和监理范围是什么?

4.试述监理单位人力资源管理的内容。

第3章 工程建设监理的目标管理

3.1 建设工程投资控制

3.1.1 建设工程投资控制的基本概念和基本方法

3.1.1.1 建设工程投资控制的基本概念

(1)建设工程投资概述 建设工程总投资,一般是指工程项目建设所需要的全部费用的总和。我国现行建设工程总投资构成见图3.1。

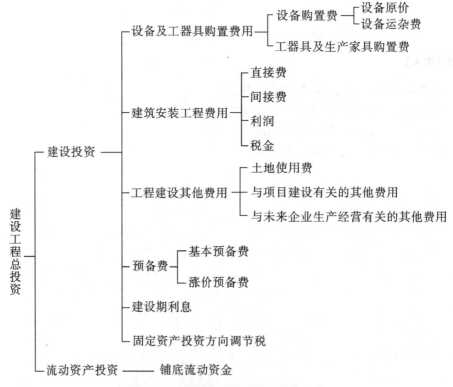

图3.1 我国现行建设工程总投资构成

建设投资主要由设备工器具购置费用、建筑安装工程费用、工程建设其他费用、预备费、建设期贷款利息、固定资产投资方向调节税构成。建设投资可分为静态投资和动态投资部分。其中,静态投资包括建筑安装工程费、设备工器具购置费、工程建设其他费和基本预备费;而动态投资则包括建设期利息、固定资产投资方向调节税、涨价预备费。

1)设备工器具购置投资 指按照建设项目设计文件要求,建设单位(或其他委托单位)购置或自制达到固定资产标准的设备和新、扩建项目配置的首套工器具及生产家具所需的投资。它由设备原价、工器具原价和运杂费(包括设备成套公司服务费)组成。在生产性建设项目中,设备工器具投资可称为"积极投资",它占项目投资费用比重的提高,标志着生产技术的进步和资本有机构成的提高。

2)建筑安装工程投资 指建设单位用于建筑和安装工程方面的投资,它由建筑工程费和安装工程费两部分组成。其构成见图3.2。

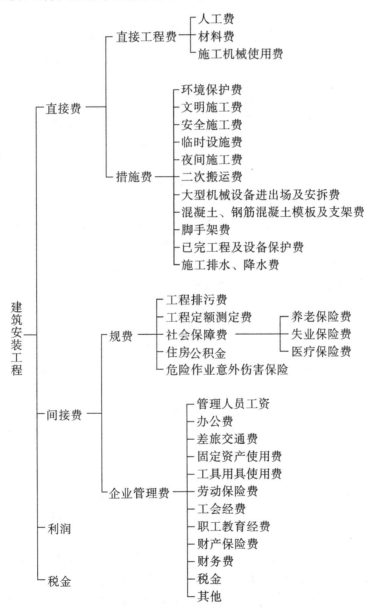

图3.2 建筑安装工程费用项目组成

3）工程建设其他投资　指未纳入以上两项的由项目投资支付的为保证工程建设顺利完成和交付使用后能够正常发挥效用而发生的各项费用总和。它可分为三类：第一类为土地使用费，包括土地征用、迁移补偿费及土地使用权出让金；第二类是与项目建设有关的费用，包括建设单位管理费、勘察设计费、研究试验费等；第三类是与未来企业生产经营有关的费用，包括联合试运转费、生产准备费等。

4）预备费　包括基本预备费和涨价预备费。基本预备费是指在项目实施中可能发生难以预料的支出，需要预先预留的费用，又称不可预见费，主要指设计变更及施工中可能增加工程量的费用。涨价预备费是指建设工程在建设期由于价格等引起投资增加，需要事先预留的费用。

5）建设期利息　指项目借款在建设期内发生并计入固定资产的利息。

6）固定资产投资方向调节税　根据国家产业政策而征收的税费。

7）铺底流动资金　指生产性建设工程为保证生产和经营正常进行，用于购买原材料、燃料，支付工资及其他经营费用等所需的周转资金。

（2）建设工程投资控制的概念　所谓建设投资控制，就是在投资决策阶段、设计阶段、建设项目发包阶段、施工阶段以及竣工阶段，把建设项目投资控制在批准的限额以内，随时纠正发生的偏差，以保证项目投资管理目标的实现，以求在各个建设项目中能够合理使用人力、物力、财力，取得较好的投资效益和社会效益。

3.1.1.2　建设工程投资控制的基本方法

（1）投资控制的目标　建设项目投资控制工作，必须有明确的控制目标，并且在不同的控制阶段设置不同的控制目标。投资估算是设计方案选择和进行初步设计的投资控制目标；设计概算是进行技术设计和施工图设计的投资控制目标。施工图预算或建安工程承包合同价则是施工阶段控制建安工程投资的目标。这些有机联系的阶段目标相互制约、相互补充，前者控制后者，后者补充前者，共同组成项目投资控制的目标系统。

建设项目投资控制，不是单一的目标控制。控制项目投资目标，必须兼顾质量目标和进度目标。在保证质量、进度合理的前提下，把实际投资控制在目标值以内。

（2）投资控制的动态原理　监理工程师对进行投资控制的基本原理是把计划投资额作为投资控制的目标值，在项目进行过程中，定期进行投资实际值与目标值的比较，通过比较发现并找出实际支出额和投资目标值之间的偏差，然后分析产生偏差的原因，采取有效措施加以控制，以确保投资控制目标的实现。这种控制贯穿于项目建设的全过程，是动态的控制过程。

（3）投资控制的重点　投资控制贯穿于项目建设的全过程，但项目建设各阶段对投资控制的影响程度不同。根据国内外的统计，在初步设计阶段，影响项目投资的可能性为75%～95%；在技术设计阶段，影响项目投资的可能性为35%～75%；在施工图设计阶段，影响项目投资的可能性为5%～35%。显然，项目投资控制的重点在于施工以前的投资决策和设计阶段，而在投资决策作出后，控制投资的关键就在于设计阶段。由于目前我国的监理工作在工程建设投资决策阶段、勘察设计招投标与勘察设计阶段尚不够成熟，需要进一步探索完善，在施工招投标方面国家已有比较系统完整的规定和办法，而在施工阶段（包括设备采购与制造和工程质量保修）的监理工作已经摸索总结出一套比较成熟的经验和做法,因而建设监理投资控制目前仅限于建设工程施工阶段。

(4)投资控制的措施 要有效地控制项目投资,应从组织、技术、经济、合同与信息管理等多方面采取措施。从组织上采取措施,包括明确项目组织结构,明确项目投资控制者及其任务,以使项目投资控制有专人负责,明确管理职能分工;从技术上采取措施,包括重视设计多方案选择,严格审查监督初步设计、技术设计、施工图设计、施工组织设计,深入技术领域研究节约投资的可能性;从经济上采取措施,包括动态地比较项目投资的实际值和计划值,严格审查各项费用支出,采取节约投资的奖励措施等;从合同上采取措施,包括参与处理索赔事件,参与合同修改、补充工作等。

应该看到,技术与经济相结合是控制项目投资的有效手段。长期以来,在我国工程建设领域,技术与经济相分离的现象比较普遍。虽然我国技术人员的技术水平、工作能力、知识面等方面并不低于国外同行,但缺乏经济观念,设计思想保守,把如何降低项目投资看成与己无关,认为是财会人员的职责,自然不能有效地控制工程项目投资。为此,在工程建设中应把技术与经济有机地结合起来,力求在技术先进条件下的经济合理,在经济合理基础上的技术先进,把控制工程项目投资观念渗透到各阶段中。

3.1.2 建设工程投资控制的范围和任务

3.1.2.1 建设工程投资控制的范围

在我国的建设监理制度中,监理的工作范围包括两个方面:一是工程类别,其范围确定为各类土木工程、建筑工程、线路管道工程、设备安装工程和装修工程;二是工程建设阶段,其范围确定为工程建设投资决策阶段、勘察设计招投标与勘察设计阶段、施工招投标与施工阶段(包括设备采购与制造和工程质量保修)。在各种工程类别和各个工程建设阶段都应该依据业主的委托进行投资控制。

3.1.2.2 我国项目监理机构在建设工程投资控制方面的主要任务

(1)建设前期阶段的投资控制 进行建设项目的可行性研究时,对拟建项目进行财务评价(微观经济评价)和国民经济评价(宏观经济评价),控制项目的投资估算。

(2)设计阶段的投资控制 协助业主提出设计要求,用技术经济方法组织评选设计方案。协助设计单位开展限额设计工作。审查设计概预算,尽量使概算不超过估算,预算不超过概算。

(3)施工招标阶段的投资控制 准备与发送招标文件,协助评审投标书,提出评标建议,协助建设单位与承建单位签订承包合同,控制合同造价不应超过已批准的设计概算或施工图预算。

(4)施工阶段的投资控制 审查承建单位提出的施工组织设计、施工技术方案和施工进度计划,提出改进意见;督促检查承建单位严格执行工程承包合同,调解建设单位与承建单位之间的争议,检查工程进度和施工质量,验收分部分项工程,签署工程付款凭证,审查工程结算,提出竣工验收报告等,控制工程实际造价不应超过合同造价。

3.1.2.3 建设工程施工阶段的投资控制

(1)施工阶段投资目标控制

1)施工阶段投资控制基本原理 以承包合同价格作为工程项目的计划投资额,即投资控制的目标值,跟踪控制工程施工实际支出金额,并比较实际支出额与计划投资额的偏差,如果在允许的范围内,则投资控制有效;否则,应当分析产生偏差的原因,制定相应的纠偏措施,以保证投资控制目标的实现。

2)施工阶段投资控制程序　因施工阶段涉及面广,建设主体多,参与人员多,监理工程师必须严格控制施工阶段的各种支出,才有可能保证项目投资控制目标的实现。其控制程序的主要工作步骤有:确定施工阶段的投资控制目标→按工程组成合理分解投资目标→编制资金使用计划→审查施工组织设计→对施工组织设计进行评价及修改→确定施工过程的主要技术经济指标→审查已完工程的实物工程量及施工进度→审查已完工程的结算清单→实际完成的投资额与计划投资额比较→找出投资控制是否有偏差存在→若存在偏差应当制定相应措施纠正偏差。经反复跟踪控制,直到工程施工任务完成,最终审查投资控制目标实现的情况。

3)资金使用计划的编制　投资控制的目的是为了确保投资目标的实现。施工阶段的投资控制目标是通过编制资金使用计划来确定的。因此,监理工程师必须编制资金使用计划,合理地确定建设项目投资控制目标值,包括建设项目的总目标值、分目标值、各细目标值。如果没有明确的投资控制目标,就无法进行项目投资实际支出值与目标值的比较,不能进行比较也就不能找出偏差,不知道偏差程度,就会使控制措施缺乏针对性。

监理工程师在监理过程中,编制合理的资金使用计划,作为投资控制的依据和目标是十分必要的。同时,由于人们对客观事物的认识有个过程,也由于人们在一定时间内所占有的经验和知识有限,因此,既要维护投资控制目标的严肃性,也要允许对脱离实际的既定投资控制目标进行必要的调整,调整并不意味着改变投资控制的目标值,而必须按照有关的规定和程序进行。

资金使用计划编制过程中最重要的步骤,就是项目投资目标的分解。根据投资控制目标和要求的不同,投资目标的分解可分为按投资构成、按子项目、按时间分解三种类型。

①按投资构成分解的资金使用计划　工程项目投资由建筑安装工程投资、设备工器具购置投资和其他建设投资构成。可以按建筑工程投资、安装工程投资、设备购置投资、工器具购置投资和其他投资进行分解。

②按子项目分解的资金使用计划　将工程项目的总投资按组成项目的各种子项目分解,再分别编制各子项目的资金使用计划。例如将建设项目分解为若干单项工程,再将各个单项工程分解为若干个单位工程,然后将项目总投资分解为单项工程投资及各个单位工程投资,并按单位工程的施工进度来编制该单位工程的资金使用计划,经汇总即可得出建设项目资金使用计划。

③按建设项目的施工进度分解的资金使用计划　将项目总投资按建设进度计划进行分解,得出每年、每季度、每月的投资额度,按此投资额度并结合工程施工进度计划来编制资金使用计划。

以上三种编制资金使用计划的方法并不是相互独立的。在实践中,往往是将这几种方法结合起来使用,从而达到扬长避短的效果。

4)施工阶段投资控制的措施　建设工程的投资主要发生在施工阶段,因此,精心地组织施工,挖掘各方面潜力,节约资源消耗,可以收到节约投资的效果。对施工阶段的投资控制,仅靠控制工程款的支付是不够的,应从组织、经济、技术、合同等多方面采取措施,控制投资。

①组织措施　包括在项目管理机构中落实投资控制人员,从投资控制角度进行施工跟踪;编制施工阶段投资控制工作计划和详细实施步骤。

②经济措施　包括编制资金使用计划,确定、分解投资控制目标;对工程项目造价目标进行风险分析,并制定防范性对策;进行工程计量;复核工程付款账单,签发付款证书;在施工过程中进行投资跟踪控制,定期地进行投资实际支出值与计划目标值的比较;发现偏差,分析产生偏差的原因,采取纠偏措施;协商确定工程变更的价款;审核竣工结算;对工程施工过程中的投资支出做好分析与预测,经常或定期向建设单位提交项目投资控制及其存在问题的报告。

③技术措施　包括对设计变更进行技术经济比较,严格控制设计变更;继续寻找通过设计挖潜节约投资的可能性;审核承包单位编制的项目管理实施规划(施工组织设计),对主要的施工方案进行技术经济分析。

④合同措施　包括做好工程施工记录,保存各种文件图纸,特别是注有实际施工变更情况的图纸,注意积累素材,为正确处理可能发生的索赔提供依据。参与处理索赔事件,参与合同修改、补充工作,着重考虑对投资控制的影响。

(2)工程计量

1)工程计量的意义

①计量是控制项目投资支出的关键环节　按照 FIDIC 合同条件承包的工程,采用的是单价合同。合同条件中明确地规定工程量表中开列的工程量是该工程的估算工程量,不能作为承包商应予完成的实际和确切的工程量。因为工程量表中的工程量是在制定招标文件时,在图纸和规范的基础上估算的工程量,不能作为结算工程价款的依据。监理工程师必须对已完的工程进行计量。经过监理工程师计量所确定的数量是向承包商支付任何款项的凭证。

②计量是约束承包商履行合同义务的手段　计量不仅是控制项目投资支出的关键环节,同时也是约束承包商履行合同义务、强化承包商的合同意识的手段。FIDIC 合同条件规定,业主对承包商的付款,是以工程师批准的付款证书为凭据的,工程师对计量支付有充分的批准权和否决权。对于不合格的工作和工程,工程师可以拒绝计量。同时,工程师通过按时计量,可以及时掌握承包商工作的进展情况和工程的进度。当工程师发现进度缓慢,他有权要求承包商采取措施加快进度,他甚至可以向业主提出驱逐承包商的报告。因此,在监理过程中,工程师可以通过计量支付为手段,控制工程按合同条件进行。

2)工程计量的程序　FIDIC 施工合同文本规定,工程计量的一般程序是:承包方按专用条款约定的时间,向工程师提交已完工程量的报告。工程师接到报告后,7 天内按设计图纸核实已完工程量,并在计量前 24 小时通知承包人,承包人为计量提供便利条件并派人参加。承包人得到通知后不参加计量,计量结果有效,作为工程价款支付的依据。工程师收到承包方报告后 7 天内进行计量,从第 8 天起,承包人报告中开列的工程量即视为被确认,作为工程价款支付的依据。工程师不按照约定时间通知承包人,使承包人不能参加计量,计量结果无效。对承包人超出设计图纸范围和因承包人原因造成返工的工程量,工程师不予计量。

工程建设监理规范规定的程序是:承包单位统计经专业监理工程师质量验收合格的工程量,按施工合同约定填报工程量清单和工程款支付申请表;专业监理工程师进行现场计量,按施工合同的约定审核工程量清单和工程款支付申请表,并报总监理工程师审定;总监理工程师签署工程款支付证书,并报建设单位。

3)工程计量的依据 计量依据一般有质量合格证书、工程量清单前言、技术规范中的"计量支付"条款和设计图纸。

①质量合格证书 对于承包商已完的工程,并不是全部进行计量,而只是质量达到合同标准的已完工程才予以计量。所以工程计量必须与质量监理紧密配合,经过监理工程师检验,工程质量达到合同规定的标准后,由监理工程师签发中间交工证书(质量合格证书),有了质量合格证书的工程才予以计量。所以说质量监理是计量监理的基础,计量又是质量监理的保障,通过计量,强化承包商的质量意识。

②工程量清单前言和技术规范 工程量清单前言和技术规范是确定计量方法的依据。因为工程量清单前言和技术规范的"计量支付"条款规定了清单中每一项工程的计量方法,同时还规定了按规定的计量方法确定的单价所包括的工作内容和范围。

③计量的几何尺寸要以设计图纸为依据 单价合同以实际完成的工程量进行结算,但被监理工程师计量的工程数量,并不一定是承包商实际施工的数量。监理工程师对承包商超出实际图纸要求增加的工程量和自身原因造成返工的工程量不予计量。

4)工程计量的方法 根据 FIDIC 合同条件的规定,一般可按照以下方法进行计量。

①均摊法 所谓均摊法,就是对清单中某些项目的合同价款,按合同工期平均计量。

②凭据法 所谓凭据法,就是按照承包商提供的凭据进行计量支付。如提供建筑工程险保险费、提供第三方责任险保险费、提供履约保证金等项目,一般按凭据法进行计量支付。

③断面法 断面法主要用于取土坑或填筑路堤土方的计量。对于填筑土方工程,一般规定计量的体积为原地面线与设计断面所构成的体积。采用这种方法计量,在开工前承包商须测绘出原地形的断面,并须经监理工程师检查,作为计量的依据。

④图纸法 在工程量清单中,许多项目都采取按照设计图纸所示的尺寸进行计量。如混凝土构筑物的体积、钻孔桩的桩长等。按图纸进行计量的方法,称为图纸法。

⑤分解计量法 所谓分解计量法,就是将一个项目,根据工序或部位分解为若干子项,对完成的各子项进行计量支付。这种计量方法主要是为了解决一些包干项目或较大的工程项目的支付时间过长,影响承包商的资金流动。

(3)工程变更价款的确定 在工程项目实施过程中,由于工程变更所引起的工程量的变化、承包单位的索赔等,都有可能使项目投资超出原来的预算投资,监理工程师必须严格予以控制,密切注意其对未完工程投资支出的影响及对工期的影响。

1)项目监理机构对工程变更的管理 项目监理机构应按下列程序处理工程变更。

①设计单位对原设计存在的缺陷提出的工程变更,应编制设计变更文件;建设单位或承包单位提出的工程变更,应提交总监理工程师,由总监理工程师组织专业监理工程师审查。审查同意后,应由建设单位转交原设计单位编制设计变更文件。当工程变更涉及安

全、环保等内容时,应按规定经有关部门审定。

②项目监理机构应了解实际情况和收集与工程变更有关的资料。

③总监理工程师必须根据实际情况、设计变更文件和其他有关资料,按照施工合同的有关条款,在指定专业监理工程师完成下列工作后,对工程变更的费用和工期作出评估:

a.确定工程变更项目与原工程项目之间的类似程度和难易程度;

b.确定工程变更项目的工程量;

c.确定工程变更的单价或总价。

④总监理工程师应就工程变更费用及工期的评估情况与承包单位和建设单位进行协调。

⑤总监理工程师签发工程变更单。工程变更单应包括工程变更要求、工程变更说明、工程变更费用和工期、必要的附件等内容,有设计变更文件的工程变更应附设计变更文件。

⑥项目监理机构应根据工程变更单监督承包单位实施。

项目监理机构处理工程变更应符合下列要求:项目监理机构在工程变更的质量、费用和工期方面取得建设单位授权后,总监理工程师应按施工合同规定与承包单位进行协商,经协商达成一致后,总监理工程师应将协商结果向建设单位通报,并由建设单位与承包单位在变更文件上签字;在项目监理机构未能就工程变更的质量、费用和工期方面取得建设单位授权时,总监理工程师应协助建设单位和承包单位进行协商,并达成一致;在建设单位和承包单位未能就工程变更的费用等方面达成协议时,项目监理机构应提出一个暂定的价格,作为临时支付工程进度款的依据。该项工程款最终结算时,应以建设单位和承包单位达成的协议为依据;在总监理工程师签发工程变更单之前,承包单位不得实施工程变更;未经总监理工程师审查同意而实施的工程变更,项目监理机构不得予以计量。

2)工程变更价款的确定方法

①《建设工程施工合同(示范文本)》约定的工程变更价款确定方法

a.合同中已有适用于变更工程的价格,按合同已有价格变更合同价款。

b.合同中有类似于变更工程的价格,可以参照类似价格变更合同价款。

c.合同中没有适用或类似于变更工程的价格,由承包单位提出适当的变更价格,经项目监理机构确认后执行。

②采用合同中工程量清单的单价和价格　合同中工程量清单的单价和价格由承包单位投标时提供,用于变更工程,容易被建设、承包、监理单位所接受,从合同意义上讲也是比较公平的。

③协商单价和价格　协商单价和价格是基于合同中没有或者有但不合适的情况下而采取的一种方法。

(4)索赔

1)索赔的定义　索赔是由合同当事人一方因另一方违背合同要求,给自身造成一定的经济损失,而要求对方加以赔偿的活动。

2)索赔的分类

①按索赔涉及有关当事人的分类　可分为承包人与业主之间的索赔、承包人与分包

人之间的索赔、承包人与供货商之间的索赔、承包人向保险公司的索赔。

②按索赔原因的分类　因地质条件变化、施工中人为障碍、合同文件模糊及错误、加速施工进度、施工图纸延误、施工图纸错误、增减工程量、业主拖欠工程款、货币贬值、价格调整、业主风险、暂停施工、终止合同等都会引起索赔。

③按索赔依据的分类　可分为合同规定的索赔、非合同规定的索赔、道义索赔。

④按索赔对象的分类　可分为索赔与反索赔。

⑤按索赔目的的分类　可分为工期索赔与费用索赔。

3)监理工程师处理索赔的一般原则　即以合同为依据;注意资料的收集;及时、合理地处理索赔;加强主动性监理,减少工程索赔。

4)常见的索赔内容

①不利的自然条件与人为障碍引起的索赔　不利的自然条件是指施工中遭遇到的实际自然条件比招标文件中所描述的更为困难和恶劣,这些不利的自然条件和人为障碍增加了施工的难度,导致承包商必须花费更多的时间和费用,在这种情况下,承包商可以向监理工程师提出索赔要求。

在施工过程中,如果承包商遇到了地下构筑物或文物等工程中的人为障碍,如地下电缆、管道和各种装置等,只要是图纸上并未说明的,承包商应立即通知监理工程师,并共同讨论处理方案。如果导致工程费用增加(如原计划是机械挖土,现在不得不改为人工挖土),承包商即可提出索赔。

②工程变更引起的索赔　在工程施工过程中,由于施工现场不可预见的情况、环境的改变,或为了节约成本等,在监理工程师认为必要时,可以对工程整体或其任何部分的外形、质量或数量作出变更。如果监理工程师确定的工程变更单价或价格不合理,或缺乏说服承包商的依据,那么承包商有权就此向业主进行索赔。

③工期延期的费用索赔　工期延期的索赔通常包括两个方面:一是承包商要求延长工期,即工期索赔;二是承包商要求偿付由于非承包商原因导致工程延期而造成的损失,即费用索赔。一般这两方面的索赔报告要求分别编制。因为工期和费用索赔并不一定同时成立。例如,由于特殊气候等原因承包商可以要求延长工期,但不能要求赔偿;也有些延误时间并不在关键路线上,承包商可能得不到延长工期的承诺,但是,如果承包商能提出证据说明其延误造成的损失,就有可能有权获得这些损失的赔偿;有时两种索赔可能混在一起,既可以要求延长工期,又可以获得对其损失的赔偿。

a.延期产生的工期索赔　承包商提出工期索赔,通常是由于下述原因:合同文件的内容出错或相互矛盾;监理工程师在合理的时间内未曾发出承包商要求的图纸和指示;有关放线的资料不准;不利的自然条件;在现场发现化石、钱币、有价值的物品或文物;额外的样本和试验;业主和监理工程师命令暂停工程;业主未能按时提供现场;业主违约;业主风险所造成的破坏;不可抗力。

以上这些原因要求延长工期,只要承包商能提出合理的证据,一般可获得工程师及业主的同意,有的还可索赔损失。

b.延期产生的费用索赔　以上提出的工期索赔中,凡属于客观原因造成的延期,属于业主也无法预见到的情况,如特殊反常天气,承包商可得到延长工期,但得不到费用补偿。凡纯属业主方面的原因造成延期,不仅应给承包商延长工期,还应给予费用补偿。

④加速施工费用的索赔　一项工程可能遇到各种意外的情况或由于工程变更而必须延长工期,但由于业主的原因(例如,该工程已经出售给买主,须按议定时间移交给买主),坚持不给延期,迫使承包商加班赶工来完成工程导致工程成本增加。在这种情况下,业主可以规定当某一部分工程或分部工程每提前完工一天,发给承包人奖金若干,鼓励承包商克服困难,加速施工。

⑤关于业主不正当地终止工程而引起的索赔　由于业主不正当地终止工程,承包商有权要求补偿损失,其数额是承包商在被终止工程上的人工、材料、机械设备的全部支出,以及各项管理费用、保险费、贷款利息、保函费用的支出,并有权要求赔偿其赢利损失。

⑥物价上涨引起的索赔　物价上涨是各国市场的普遍现象,尤其在一些发展中国家。由于物价上涨,使人工费和材料费不断增长,引起了工程成本的增加。如何处理物价上涨引起的合同价调整问题,常用的方法有以下三种。

a.对固定总价合同不予调整　这适用于工期短、规模小的工程。

b.按价差调整合同价　在工程结算时,对人工费及材料费的价差,即现行价格与基础价格的差值,由业主向承包商补偿。

c.用调价公式调整合同价　在每月结算工程进度款时,利用合同文件中的调价公式,计算人工、材料等的调整数。

⑦法规、货币及汇率变化引起的索赔

a.法规变化引起的索赔　如果在投标截止日期前的28天以后,由于业主国家或地方的任何法规、法令、政令或其他法律或规章发生了变更,导致了承包商成本增加。对承包商由此增加的开支,业主应予补偿。

b.货币及汇率变化引起的索赔　如果在投标截止日期前的28天以后,工程施工所在国政府或其授权机构对支付合同价格的一种或几种货币实行货币限制或货币汇兑限制,则业主应补偿承包商因此而受到的损失。

⑧拖延支付工程款的索赔　如果业主不按时支付中期工程款,承包商可在提前通知业主的情况下,暂停工作或减缓工作速度,并有权获得任何误期的补偿和其他额外费用的补偿(如利息)。

⑨业主风险引起的索赔　FIDIC 合同条件规定的业主的风险包括:战争、敌对行动、入侵、外敌行动;工程所在国内的叛乱、恐怖主义、革命、暴动、军事政变或篡夺政权或内战;核爆炸、核废料、有毒气体的污染等;亚音速或超音速飞行的飞行物所产生的压力波;工程所在国内的暴乱、骚动或混乱,但不包括承包商及分包商的雇员因执行合同而引起的行为;因业主在合同规定以外,使用或占用永久工程的某一区段或某一部分而造成的损失或损害;业主提供的设计不当造成的损失;一个有经验的承包商通常无法预测和防范的任何自然力的作用。

由于业主的风险使承包商遭受损失或损害,承包商有权要求合理的索赔。

⑩不可抗力引起的索赔　FIDIC 合同条件规定的不可抗力是指某种异常事件或情况。包括一方无法控制的;该方在签订合同前不能对之进行合理准备的;发生后,该方不能合理避免或克服的;不能主要归因于他方的。具体包括战争、敌对行动、入侵、外敌行

动;工程所在国内的叛乱、恐怖主义、革命、暴动、军事政变或篡夺政权或内战;工程所在国内的暴乱、骚动或混乱,承包商人员和承包商及其分包商的其他雇员以外的人员的骚动、喧闹、混乱、罢工或停工;战争军火、爆炸物资、电离辐射或放射性污染,但可能因承包商使用此类军火、炸药、辐射或放射性引起的除外;自然灾害,如地震、飓风、台风或火山活动。

由于不可抗力使承包商遭受损失或损害,承包商有权要求合理的索赔。

5)索赔费用的计算

①索赔费用的组成 索赔费用的组成与工程款的计价内容相似。一般承包商可供索赔的费用有直接费、间接费、利润及分包费(指分包商的索赔费)等。

②索赔费用的计算方法

a.实际费用法 实际费用法是工程索赔常用的一种方法。其计算原则是以承包人为某项索赔工作所支付的实际费用为依据,向业主要求费用补偿。每项工程索赔的费用仅限于该项工程施工中所发生的额外人工费、材料费和施工机械使用费及相应的管理费。索赔费用总金额为额外直接费用、间接费用和利润的总和。

b.总费用法 总费用法又称总成本法,就是当发生多次索赔事件后,重新计算该工程的实际总费用,实际总费用减去投标报价时的估算总费用,即为索赔金额。其索赔金额可按以下公式计算:

$$索赔金额=实际总费用-投标报价估算的总费用$$

c.修正的总费用法 指对总费用法的修正,即在总费用计算的基础上,扣除一些不合理的费用。主要修正的内容有:将计算索赔值的时段控制在索赔事件发生的时段,而不是整个施工期;只计算受影响时段内的某项工作的费用损失;与索赔事件无关的工作费用不列入总费用中;对投标报价费用重新进行核算。修正后的索赔金额可按以下公式计算:

$$索赔金额=某项工作调整后的实际总费用-该项工作调整后的报价费用$$

6)反索赔 反索赔是指业主向承包人提出的索赔,常见的反索赔内容主要有以下几种。

①工期延误的反索赔 对索赔值计算一般应当考虑以下因素:业主的赢利损失;贷款利息的增加;附加监理费;增加的房屋租赁费用,并按合同有关规定计算索赔金额。

②施工缺陷的反索赔 施工质量不符合技术规范要求或保修期未满出现的工程缺陷,业主可向承包人追究赔偿责任。

③承包人不履行保险费用的索赔 承包人未按合同规定投保,并保证保险有效,业主可以投保并保证保险有效,所支付给保险公司的费用,业主有权向承包人提出索赔。

④对超额利润的索赔 如果工程量增加很多,使承包人收入增加,业主可以提出对合同价格进行调整,以收回部分超额利润。

⑤对指定分包人的付款索赔 如果承包人未能提供已向指定分包人付款的合理证明,业主可以从付给承包人的款项中扣除这部分款项直接支付给分包人。

⑥合同终止或者放弃工程施工的索赔 业主合理地终止承包人的承包,或者承包人不合理地放弃工程,业主有权从承包人手中收回由新承包人完成该项工程的工程款与原合同未付的差额。

(5)建设项目投资结算

1) 工程价款的主要结算方式　按现行规定,建安工程价款结算可以根据不同情况采取多种方式:按月结算,即先预付工程备料款,在施工过程中按月结算工程进度款,竣工后进行竣工结算;竣工后一次结算,即建设项目或单项工程全部建筑安装工程建设期在 12 个月以内,或者工程承包合同价值在 100 万元以下的,可以实行工程价款每月月中预支,竣工后一次结算;分段结算,即当年开工,当年不能竣工的单项工程或单位工程按照工程形象进度,划分不同阶段进行结算。分段结算可以按月预支工程款。分段的划分标准,由各部门或省、自治区、直辖市、计划单列市规定;结算双方约定的其他结算方式。

2) 工程价款的支付方法和时间　按施工合同文本的规定,工程价款的支付方法和时间大致划分为四段,即预付款、工程进度款、竣工结算和返还保修金。

①工程预付款　实行工程预付款的,双方应当在专用条款内约定发包人向承包人预付工程款的时间和数额,开工后按约定的时间和比例逐次扣回。预付的时间应不迟于约定的开工日期前 7 天。发包人不按约定预付,承包人在约定预付时间 7 天后向发包人发出要求预付的通知,承包人收到通知后仍不能按要求预付,承包人可在发出通知 7 天后停止施工,发包人应从约定应付之日起向承包人支付应付款的贷款利息,并承担违约责任。

②工程款(进度款)支付　在确认计量结果后 14 天内,发包人应向承包人支付工程款(进度款)。按约定时间发包人应扣回的预付款,与工程款(进度款)同期结算。法律、法规、政策变化和价格调整确定的合同价款,工程变更调整的合同价款及其他条款中约定的追加合同价款,应与工程款(进度款)同期调整支付。发包人超过约定的支付时间不支付工程款(进度款),承包人可向发包人发出要求付款的通知,发包人收到承包人通知后仍不能按要求付款,可与承包人协商签订延期付款协议,经承包人同意后可延期支付。协议应明确延期支付的时间和从计量结果确认后第 15 天起计算应付款的贷款利息。发包人不按合同约定支付工程款(进度款),双方又未达成延期付款协议,导致施工无法进行,承包人可停止施工,由发包人承担违约责任。

③竣工结算　工程竣工验收报告经发包人认可后 28 天内,承包人向发包人递交竣工结算报告及完整的结算资料,双方按照协议书约定的合同价款及专用价款约定的合同价款调整内容,进行工程竣工结算。

发包人收到承包人递交的竣工结算报告及结算资料后 28 天内进行核实,给予确认或者提出修改意见。发包人确认竣工结算报告后通知经办银行向承包人支付工程竣工结算价款。承包人收到竣工结算价款后 14 天内将竣工工程交付发包人。

发包人收到竣工结算报告及结算资料后 28 天内无正当理由不支付工程竣工结算价款,从第 29 天起按承包人同期向银行贷款利率支付拖欠工程价款的利息,并承担违约责任。

发包人收到竣工结算报告及结算资料后 28 天内不支付工程竣工结算价款,承包人可以催告发包人支付结算价款。发包人在收到竣工结算报告及结算资料后 56 天内仍不支付的,承包人可以与发包人协议将该工程折价,也可以由承包人申请人民法院将该工程依法拍卖,承包人就该工程折价或者拍卖的价款优先受偿。

工程竣工验收报告经发包人认可后 28 天内,承包人未能向发包人递交竣工结算报告及完整的结算资料,造成工程竣工结算不能正常进行或工程竣工结算价款不能及时支付,承包人要求交付工程的,承包人应当交付;发包人不要求交付工程的,承包人承担保管责任。

④保修金的返还 工程保修金一般不超过施工合同价款的3%,在专用条款中具体约定。发包人在质量保修期后14天内,将剩余保修金和利息返还承包人。

3.1.3 建设工程投资控制的评价

3.1.3.1 竣工决算

(1)竣工决算的概念 竣工决算是建设工程经济效益的全面反映,是项目法人核定各类新增资产价值、办理其交付使用的依据。通过竣工决算,能够正确反映建设工程的实际造价和投资结果,也能通过竣工决算与概算、预算的对比分析,考核投资控制的工作成效,总结经验教训,提高未来建设工程的投资效益。

(2)决算的内容 竣工决算是建设工程从筹建到竣工投产全过程中所发生的所有实际支出,包括设备工器具购置费、建筑安装工程费和其他费用等。竣工决算由竣工财务决算报表、竣工财务决算说明书、竣工工程平面示意图、工程造价对比分析等组成。

(3)竣工决算的编制

1)竣工决算编制的依据 主要依据有:经批准的可行性研究报告及投资估算书;经批准的初步设计或扩大初步设计及概算书或修正概算书;经批准的施工图设计及施工图预算书;设计交底与图纸会审纪要;招标投标的标底、承包合同、工程结算资料;施工记录或施工签证及其他发生费用的文件与记录;施工图纸及竣工资料;历年基建资料、财务决算及批复文件;有关财务核算制度、办法及相关资料。

2)竣工决算编制的步骤 主要步骤有:收集、整理资料→工程对照及核实工程变动情况→将经审定的待摊投资、其他投资、待核销基建支出、非经营项目的转出投资,按照有关规定分别计入相应的基建支出的栏目→编制财务决算说明书→填报竣工财务决算报表→工程造价的对比分析→清理、装订竣工图→按国家规定上报审批和存档。

3.1.3.2 工程项目投资效果的考核

投资效果是指建设项目投资所取得的有效成果与项目建设过程中所消耗的劳动量之间的对比关系,即项目投资"所得"与"所耗"的对比关系。项目投资所取得的有效成果主要有项目投资新增加的直接成果;项目投产后所取得的纯收入。评价项目投资效果的指标有主要评价指标和辅助评价指标两大类。

(1)项目投资效果的主要评价指标

1)单位生产能力的平均投资 单位生产能力的平均投资是指项目总投资与项目净增新生产能力的比值。

2)项目投资回收期 项目投资回收期是指以项目的净收益回收项目投资所需要的时间。

3)投资偿还系数 投资偿还系数是指项目投产后的累计纯收入与项目建设累计投资的比值。

(2)投资效果的辅助指标

1)项目达到设计能力年限 项目达到设计能力年限是指从项目投产之日起达到设

计能力的年限。

2）工程质量　工程质量应当达到项目建设质量目标。

3.1.3.3　项目后评估

项目后评估是在项目建成投产或投入使用后的一定时刻,对项目的运行进行全面评价,即对投资项目的实际成本——效益进行系统审计,将项目决策初期的预期效果与项目实施后的终期实际结果进行全面对比考核,对建设项目投资产生的财务、经济、社会和环境等方面的效益与影响进行全面科学的评估。

项目评估与项目后评估既相互联系又相互区别,是同一对象的不同过程。它们在评估时间的选择以及使用的方法等方面又有明显的区别,项目评估又可称为前评估。项目后评估则是依据项目实施中和投产后的实际数据和项目后续年限的预测数据,对其技术、设计实施、产品市场、成本和效益进行系统的调查分析、评价,并与前评估中相应的内容进行对比分析,找出两者差距,分析其原因和影响因素,提出相应的补救措施,从而提出改进项目前评估和其他各项工作的建议措施,提高项目的经济效益,完善项目前评估的方法。

项目后评估主要采用指标计算和指标对比两种方法进行分析研究。指标计算是通过计算项目实际投资利润、实际内部收益率等主要指标来分析项目的投资效果。指标对比是将根据实际数据、预测数据所计算出来的各种项目后评估指标,与国内外同类项目的相关指标对比,以分析本项目的效果。

3.2　建设工程质量控制

3.2.1　建设工程质量控制的基本概念

3.2.1.1　建设工程质量和工程质量控制的概念

（1）建设工程质量　建设工程质量简称工程质量。工程质量是国家现行的有关法律、法规、技术标准、设计文件及工程合同中对工程的安全、使用、经济、美观等特性的综合要求。其中,业主通过工程合同表达出对拟建工程项目的功能、使用价值及设计、施工质量的要求。

任何工程项目都是由检验批、分项工程、分部（子分部）工程和单位（子单位）工程等组成,所以工程项目质量也包含检验批质量、分项工程质量、分部（子分部）质量和单位（子单位）工程质量。从工程项目形成的过程和阶段来看,工程项目质量又包括工程项目决策质量、工程项目设计质量、工程项目施工质量、工程项目回访保修质量。

（2）工程质量控制　工程质量控制是指为达到工程质量要求所采取的一系列作业技术和活动。工程质量控制按其实施者不同,包括三方面:

业主方面的质量控制,即工程建设监理受业主委托而实施的质量控制,其特点是外部的、横向的控制;

政府方面的质量控制,即政府质量监督机构的质量控制,其特点是外部的、纵向的控制;

承建商的质量控制,其特点是内部的、自身的控制。

3.2.1.2 建设工程质量控制的范围和目标

在我国的建设监理制度中,监理的工作范围包括两个方面:一是工程类别,其范围确定为各类土木工程、建筑工程、线路管道工程、设备安装工程和装修工程;二是工程建设阶段,其范围确定为工程建设投资决策阶段、勘察设计招投标与勘察设计阶段、施工招投标与施工阶段(包括设备采购与制造和工程质量保修)。在各种工程类别和各个工程建设阶段都应该依据业主的委托进行质量控制。

工程质量控制的任务就是根据工程合同规定的工程建设各阶段的质量目标,对工程建设全过程的质量实施监督管理。监理工程师控制工程质量的主要工作内容是:审查承包者的资格和质量保证条件,择优推荐承包者,确认分包者;确定质量标准和明确质量要求;督促承包商建立与完善质量保证体系,组织与建立本项目的质量监理控制体系,在项目实施过程中实行质量跟踪、监督、检查控制,参与质量缺陷或事故的处理。

(1)项目决策阶段质量控制的任务 审核可行性研究报告是否符合国民经济发展的长远规划、国家经济建设的方针政策;是否符合项目建议书或业主的要求;是否符合相关的技术经济方面的规范、标准和定额等指标;是否具有可靠的自然、经济、社会环境等基础资料和数据;可行性研究报告的内容、深度和计算指标是否达到标准要求。

(2)设计阶段质量控制的任务 审查设计基础资料的正确性和完整性;协助业主编制招标文件、组织设计方案竞赛;审查设计方案的先进性和合理性,确定最佳设计方案;督促设计单位完善质量保证体系,建立内部专业交底及专业会签制度;进行设计质量跟踪检查,控制设计图纸的质量;组织施工图会审;评定、验收设计文件。

(3)施工阶段质量控制的任务 施工阶段质量控制是工程项目全过程质量控制的关键环节,也是目前工程项目监理工作的主要内容。其中心任务是通过建立健全有效的质量监督工作体系来确保工程质量达到合同规定的标准和等级要求。根据工程质量形成的时间阶段,施工阶段的质量控制又可分为事前控制、事中控制和事后控制,重点是质量的事前控制和事中控制。

1)质量的事前控制 事前控制的主要任务是:确定质量标准,明确质量要求;建立本项目的质量控制体系;施工场地的质检验收,主要是现场定位轴线及高程标桩测设的验收和现场障碍物的拆除、清理及验收;审查承建商的资质;审查分包单位资质;监督承建商建立健全质量保证体系;检查工程使用的原材料、半成品,质量不符合要求的,禁止使用;施工机械的质量控制,对影响工程质量的施工机械,按其技术说明书验证其相应的技术性能;检查施工中使用的计量器具是否有相应的技术合格证,正式使用前应进行校检或校正;审查施工单位提交的施工组织设计或施工方案;审查施工单位实验室的资质;完善质量报表、质量事故报告制度。

2)质量的事中控制 事中控制的主要任务是:施工工艺过程质量控制,包括现场检查、旁站、量测、试验;工序交接检查,坚持上道工序不经检查验收不准进下道工序的原则;隐蔽工程检查验收;做好设计方案变更及技术核定的处理工作;工程质量事故处理(分析质量事故的原因、责任,审核、批准处理工程质量事故的技术措施或方案,监督事故处理过程,检查验收处理结果)行使质量监督权,当承建商的施工质量不符合要求时,下达停工指令;严格工程开工报告和复工报告审批制度;进行质量技术鉴定;对工程进度款的支付签署质量认证意见;建立质量监理日志;组织工地例会;定期向业主报告有关工程质量动态情况。

3)质量的事后控制　事后控制的主要任务是:组织试车运转;组织单位、单项工程竣工验收;组织对工程项目进行质量评定;审核竣工图及其他技术文件资料;整理工程技术文件资料并编目建档。

(4)保修阶段质量控制的任务　审核承建商的"工程保修证书";检查、鉴定工程质量状况和工程使用状况;对出现的质量缺陷确定责任者;督促承建商修复质量缺陷;在保修期结束后,检查工程保修状况,移交保修资料。

3.2.2　建设工程施工阶段的质量控制

工程施工是使业主及工程设计意图最终实现并形成工程实体的阶段,也是最终形成工程产品质量和工程项目使用价值的重要阶段。因此,施工阶段的质量控制不但是施工监理的核心内容,也是工程项目质量控制的重点。当前,施工阶段监理是工程建设监理的主要工作。

3.2.2.1　施工阶段质量控制系统的过程、依据及程序

(1)施工阶段工程质量形成及控制的系统过程　施工阶段的质量控制是一个经由对投入的资源和条件的质量控制进而对生产过程及各环节质量进行控制,直到对所完成的工程产出品的质量检验与控制为止的全过程的系统控制过程。这个过程可以根据在施工阶段工程实体质量形成的时间阶段来划分;也可以根据施工阶段工程实体形成过程中物质形态的转化来划分;或者是将施工的工程项目作为一个大系统,对其组成结构按施工层次加以分解来划分。

1)根据施工阶段工程实体质量形成过程的时间阶段划分

①事前控制　即施工前的准备阶段进行的质量控制,是对各项目准备工作及影响质量的各因素和有关方面进行的质量控制。

②事中控制　即施工过程中进行的所有与施工过程有关的各方面的质量控制,也包括对施工过程中的中间产品(检验批、分项、分部工程产品)的质量控制。

③事后控制　即对于通过施工过程所完成的具有独立的功能和使用价值的最终产品(单位工程或整个工程项目)及有关方面(例如质量文档)的质量进行控制。

上述三个阶段的质量监控系统过程及其所涉及的主要方面如图3.3所示。

2)按工程实体形成过程中物质形态转化的三阶段划分

①第一阶段　对投入的物质资源质量的控制。

②第二阶段　施工及安装生产过程质量控制。即对影响产品质量的各因素、各环节及中间产品的质量进行控制。

③第三阶段　对完成的工程产出品质量的控制与验收。

质量控制的系统过程中,无论是对投入物质资源的控制,还是对施工及安装生产过程的控制,都应当对影响工程实体质量的五个重要因素,即对施工有关人员因素、材料(包括半成品、构配件)因素、机械设备(永久性设备及施工设备)因素、施工方法(施工方案、方法及工艺)因素以及环境因素等进行全面的控制。影响工程质量各因素的构成如图

3.4所示。

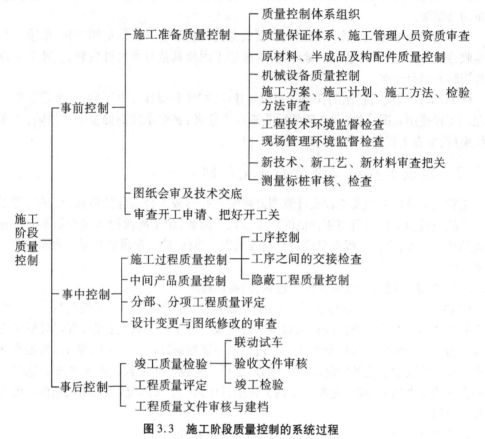

图3.3　施工阶段质量控制的系统过程

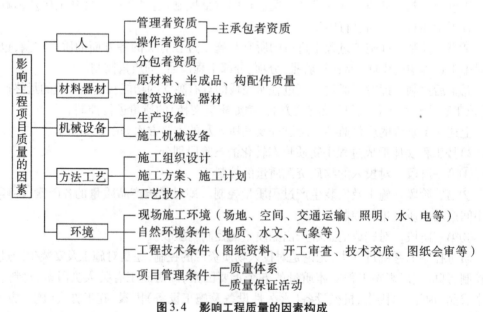

图3.4　影响工程质量的因素构成

工程建设监理概论

3)按工程项目施工层次结构划分的系统控制过程 各组成部分及层次间的质量控制系统过程如图 3.5 所示。

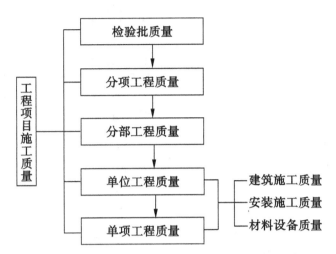

图 3.5 按工程项目组成划分的施工质量控制体系过程

(2)施工阶段质量控制依据 施工阶段监理工程师进行质量控制的依据,根据其适用的范围及性质,大体上可以分为共同性的依据和有关质量检验与控制的专门技术法规性依据两大类。

1)质量管理与控制的共同性依据 主要是指那些适用于工程项目施工阶段与质量控制有关的、通用的、具有普遍指导意义和必须遵守的基本文件。包括工程承包合同文件、设计文件、国家及政府有关部门颁布的有关质量管理方面的法律、法规性文件等。

2)有关质量检验与控制的专门法规性依据 这是针对不同行业、不同的质量控制对象制定的技术法规性文件,包括各种有关的标准、规范、规程或规定。属于这种专门的技术法规性的依据主要有以下几类:工程项目质量检验评定标准,如《建筑工程施工质量验收统一标准》;有关工程材料、半成品和构配件质量控制方面的专门技术法规性依据,如《钢筋焊接接头试验方法标准》;控制施工工序质量等方面的技术法规性依据,如《建筑地基基础工程施工质量验收规范》。

(3)施工监理的质量控制程序 在施工阶段进行建筑产品生产的全过程中,监理工程师要对产品施工生产进行全过程、全方位的监督、检查与控制。其一般程序简要框图如图 3.6 所示。

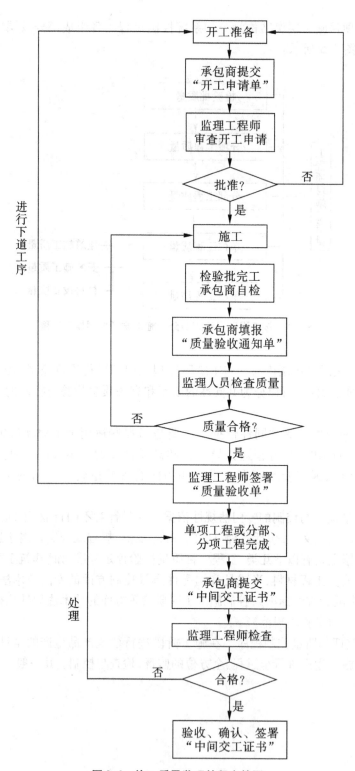

图 3.6　施工质量监理的程序简图

3.2.2.2　施工阶段监理工程师的质量控制任务和内容

（1）施工前准备阶段的质量控制

1）对施工承包方在施工前的准备工作质量的控制

①对施工队伍及人员质量的控制　监理工程师的重要任务之一就是把好施工人员质量关,主要是抓好人员资质审查与控制工作。

②对工程所需的原材料、半成品、构配件和永久性设备、器材的质量控制　对于材料、设备的质量控制也应当进行全过程和全面的控制,即从采购、加工制造、运输、装卸、进场、存放、使用等方面进行系统的监督与控制。

③对施工方案、方法和工艺的控制　审查施工承包单位提交的施工组织设计或施工计划以及施工质量保证措施。

④对施工用机械、设备的质量控制　监理工程师应从以下几方面进行监控:审查其施工机械设备的选型是否恰当;审查施工机械设备的数量是否足够;所准备的施工机械设备是否都处于完好的可用状态等。

⑤审查与控制承包方对施工环境与条件方面的准备工作质量　施工作业的环境条件的控制主要有以下几方面:

a.对施工作业的辅助技术环境的控制　主要指对水、电或动力供应,施工照明,安全防护设备,施工场地空间条件和通道以及交通运输和道路条件的控制。

b.对施工的质量管理环境的控制　主要包括施工承包单位的质量管理、质量保证体系和质量控制自检系统是否处于良好的状态。

c.对现场自然环境条件的控制　监理工程师应检查施工承包单位,当自然环境条件可能出现对施工作业质量的不利影响时,是否事先已有充分的认识并已做好充足的准备和采取了有效措施与对策以保证工程质量。

⑥对测量基准点和参考标高的确认及工程测量放线的质量控制　在质量监理中,应由测量专业监理工程师负责工程测量的复核控制工作。其控制要点如下:监理工程师应要求施工承包单位,对于给定的原始基准点、基准线和参考标高等测量控制点进行复核,并上报监理工程师审核批准后,施工承包单位才能据此进行准确的测量放线,并应对其正确性负责。复测施工测量控制网时,应抽检建筑方格网、控制高程的水准网点以及标桩埋设位置等。

2）监理工程师应做好的事前质量保证工作　在一项工程施工前,监理工程师除了要做好上述对承包单位所作的各项准备工作质量的监控外,还应组织好如下各项工作。

①做好监控准备工作　应建立或完善监理工程师的质量监控体系,做好监控准备工作,使之能适应该项准备开工的施工项目质量监控的需要;督促与协助施工承包单位建立或健全现场质量管理制度,使之不断完善其质量保证体系,完善与提高其质量检测技术或手段。

②做好设计交底和图纸会审　为了使施工承包单位熟悉有关的设计图纸,充分了解施工的工程特点、设计意图和工艺与质量要求,同时也为了在施工前能发现和减少图纸的差错,监理工程师应做好设计交底和图纸会审工作。

③做好设计图纸的变更及控制　设计图纸变更的要求可能来自业主或监理工程师,

也可能来自设计单位或施工承包单位。在工程施工中,无论是建设单位或者是施工单位及设计单位提出的工程变更和图纸修改,都应通过监理工程师审查并经有关方面研究,确认其必要性后,由总监理工程师发布变更指令后才能生效予以实施。监理工程师对于无论哪一方提出的现场设计变更要求,都应持十分谨慎的态度。除非是原设计不能保证质量要求,或确有错误,以及无法施工或非改不可之外,一般情况下即使变更要求可能在技术经济上是合理的,也应全面考虑,将变更以后所产生的效益(质量、工期、造价)与现场变更引起的施工单位索赔等所产生的损失加以比较,权衡轻重后再作出决定。

④做好施工现场场地及通道条件的保证 在监理工程师向施工单位发出开工通知书时,建设单位或业主即应及时按计划保证质量地提供施工单位所需的场地和施工通道以及水、电供应等条件,以保证及时开工,否则即应承担补偿其工期和费用损失的责任。因此,监理工程师应事先检查工程施工所需的场地征用、居民占地设施或堆放物的迁移是否实现,以及道路和水、电及通讯线路是否开通。否则应敦促建设单位或业主努力实现。

⑤严把开工关 监理工程师对于与拟开工工程有关的现场各项准备工作进行检查合格后,方可发布书面的开工指令。对于已停工程,则须有监理工程师的复工指令始能复工。对于合同中所列工程及工程变更的项目,开工前承包商必须提交"开工申请单",经监理工程师审查并批准后,施工单位才能开始正式施工。

(2)施工过程中的质量控制 监理工程师在工程施工过程中进行质量监控的任务与内容主要有以下几个方面。

1)对施工承包单位的质量控制工作的监控 对施工单位的质量控制自检系统进行监督,使其能在质量管理中始终发挥良好作用。如在施工中发现不能胜任的质量控制人员,可要求承包方予以撤换;当其组织不完善时,应促其改进、完善。

监督与协调施工承包方完善检验批质量控制,使其能将影响检验批质量的因素自始至终都纳入质量管理范围;督促承包方对重要的和复杂的施工项目或检验批作为重点设立质量控制点,加强控制;及时检查与审核施工承包方提交的质量统计分析资料和质量控制图表;对于重要的工程部位或专业工程,监理工程师还要再进行试验和复核。

2)在施工过程中进行质量跟踪监控 在施工过程中监理工程师要进行跟踪监控,监督承包方的各项工程活动,随时密切注意承包方在施工准备工作阶段中对影响工程质量的各方面因素所作的安排,在施工过程中是否发生了不利于保证工程质量的变化。若发现承包方有违反合同规定的行为或质量不符合要求时,监理工程师有权要求承包方予以处理。必要时,监理工程师还有权指令承包方暂时停工加以解决。具体做法如下:

①严格检验批间的交接检查 对于主要检验批作业和隐蔽作业,通常要按有关规范要求,由监理工程师在规定的时间内检查,确认其质量符合要求后,才能进行下一道检验批。

②建立施工质量跟踪档案(施工纪录) 施工质量跟踪档案是针对各分部、分项工程所建立的施工承包单位实施质量控制活动的记录,还包括监理工程师对这些质量控制活动的意见及施工承包单位对这些意见的答复,它详细地记录了工程施工阶段质量控制活动的全过程。它不仅在工程施工期间对工程质量的控制有重要作用,而且在工程竣工和投入运行后,对于查询和了解工程建设的质量情况以及工程维修和管理也能提供大量的

资料。施工质量跟踪档案是在工程施工或安装开始前,由监理工程师帮助施工单位首先研究并列出各施工对象的质量跟踪档案清单。随着工程施工的进展,要求施工单位在各建筑、安装对象施工前建立相应的质量跟踪档案并公布有关资料。随着施工安装的进行,施工单位应不断补充和填写有关材料、半成品生产或建筑物施工、安装的有关内容。当每一阶段的施工或安装工作完成后,相应的施工质量跟踪档案也随之完成。施工单位应在相应的跟踪档案上签字、留档,并送交监理工程师一份。

3)审查各方面提出的工程变更或图纸修改　在施工过程中,无论是建设单位还是施工及设计承包方提出的工程变更或图纸修改,都应该通过监理工程师审查并组织有关方面研究,确认其必要性后,发布变更指令方能生效予以实施。

4)施工过程中的检查验收　即检验批的检查、验收。对于各检验批,应按以下程序进行检查、验收:施工单位自检→自检合格后向监理工程师提交"质量验收通知单"→监理工程师在规定的时间内检查→确定合格并签发质量验收单→进行下道工序施工。

重要的工程部位、检验批和专业工程或重要的材料、半成品的使用以及监理工程师对施工单位的施工质量状况未能确信者,须由监理工程师亲自进行试验或技术复核。

5)处理已发生的质量问题或质量事故　对于已发生的质量问题或质量事故,应按有关规定处理。

6)下达停工指令控制施工质量　在出现下列情况下,监理工程师有权行使质量控制权,下达停工令,及时进行质量控制:施工中出现质量异常情况,经提出后,施工单位未采取有效措施,或措施不力未能扭转这种情况者;隐蔽作业未经正常程序查验确认合格,而擅自封闭者;已发生质量事故迟迟未按监理工程师要求进行处理,或者已发生质量缺陷或事故,如不停工则质量缺陷或事故将继续发展情况下;未经监理工程师审查同意,擅自变更设计或修改图纸进行施工者;未经技术资质审查的人员或不合格人员进入现场施工者;使用的原材料、构配件不合格或未经检查确认者;擅自采用未经审查认可的代用材料者;擅自使用未经监理单位审查认可的分包商进场施工。

(3)施工过程所形成的产品质量控制　对完成施工过程所形成的产品的质量控制,是围绕工程验收和工程质量评定为中心进行的。

1)分部分项工程的验收　对于施工过程完成的分部、分项工程进行中间验收(中期验收)。一项分部、分项工程完成后,施工单位应对其先进行自检,确定合格后,再向监理工程师提交一份"中间(中期)交工证书",请求监理工程师予以检查、确认。监理工程师如确认其质量符合要求,则签发"中间交工证书"予以验收。如有质量缺陷则指令施工单位进行处理,待质量合乎要求后再予以验收。

2)组织联运试车或设备的试运转　设备安装工程完成后,应按规定组织试运转。

3)参与单位工程或整个项目的竣工验收　在一项单位工程或整个工程项目完成后,施工承包单位应先进行竣工自验。自验合格后,向监理工程师提出竣工验收申请,监理工程师即应协助建设单位组织竣工验收。其主要工作包括以下几方面:

①审查施工承包单位提交的竣工验收所需文件资料,包括各种质量检查、试验报告以及各种有关的技术性文件等。若所提交的验收文件、资料不齐全或有相互矛盾和不符之处,应指令施工单位补充及核实。

②审核施工单位提交的竣工图,并与已完成工程、有关的技术文件(如设计变更文件)对照进行核查。

③监理工程师参与拟验及工程项目的现场初验,如发现质量问题应指令施工单位进行处理。

对拟验收项目初验合格后,即可上报业主,组织由业主、施工单位、设计单位和政府质量监督部门等参加的正式验收。

竣工验收的同时,会同政府质量监督部门及其他有关单位进行单位或单项工程的质量等级评定工作。

(4)对分包商的管理 保证分包商的质量,是保证工程施工质量的一个重要环节和前提。

1)对分包商资格的审批 承包方选定分包商后,应向监理工程师提出申请审批分包商的报告。申请报告的内容一般应包括以下几方面:关于工程分包的情况;关于分包商的基本情况;分包协议草案。

①监理工程师审查承包商提交的申请审批分包商的报告 审查时,主要是审查分包商是否具有按工程承包合同规定的条件完成分包工程任务的能力。若监理工程师认为该分包商基本具有分包条件,则应在进一步调查后予以书面确认。

②对分包商进行调查 调查的目的是核实主承包商申报的分包商情况是否属实。如果监理工程师对调查结果满意,则应以书面形式批准该分包商承担分包任务。主承包方收到监理工程师的批准通知后,应尽快与分包商签订分包协议,并将协议副本送监理工程师备案。

2)对分包商管理的注意事项 监理工程师对分包商的管理应注意以下几个方面的问题。

①严格执行监理程序 在分包商进场后,监理工程师应亲自或指令主承包方向分包商交代清楚各项监理程序,并要求分包商严格遵照执行。若发现分包商在执行中有违反监理程序的行为,监理工程师应及时下指令要求主承包方及时停止分包商的施工工作。

②鼓励分包商参加工地会议 分包商是否参加工地会议,通常由主承包方决定。但必要时,监理工程师可向主承包方提出分包商参加工地会议的建议,以便加强分包商对工程情况的了解,提高其实施工程计划的主动性和自觉性。

③检查分包商的现场工作情况 检查重点主要有以下几个方面:分包商的设备使用情况;分包商的施工人员情况;实施的质量是否符合工程承包合同规定的标准。

④对分包商的制约与控制 监理工程师可通过以下手段和指令,对分包商进行有效的制约与控制:停止施工,停止付款,取消分包资格。

3.2.2.3 施工阶段质量控制的程序、方法和手段

(1)施工阶段质量控制的工作程序 根据前述的质量控制全过程各方面各环节的整个质量控制系统所涉及的内容,监理工程师和施工承包单位在施工阶段对质量控制方面应当遵循的监控程序简图如图3.6所示。

(2)施工阶段质量监督控制的途径和方法 监理工程师在施工阶段进行质量监控,主要是通过审核有关文件、报表以及进行现场检查及试验这两方面的途径和相应的方法

实现的。

1)审核有关技术文件、报告或报表　其具体内容包括以下几方面:审查分包单位的资质证明文件;审批施工承包单位的开工申请书;审批施工单位提交的施工组织设计;审批施工承包单位提交的有关材料、半成品和构配件的出厂合格证、质量检验或试验报告等;审核施工单位提交的反映工序施工质量的动态统计资料;审核施工单位提交的有关工序产品质量的证明文件(检验记录及试验报告)、工序交接检查(自检)、隐蔽工程检查、分部分项工程质量检查报告及文件、资料;审批有关设计变更、修改设计图纸等;审核有关应用新技术、新工艺、新材料、新结构等的技术鉴定书;审批有关工程质量缺陷或质量事故的处理报告;审批与签署现场有关质量技术签证、文件等。

2)现场质量监督与检查　主要包括:开工前的检查;工序施工中的跟踪、检查与控制(监督检查人员、施工机械设备、材料、施工方法、施工环境条件等是否处于正常状态);对于重要和对工程质量有重大影响的工艺,还应在现场进行旁站监督;工序产品的检查、工序交接检查及隐蔽工程检查;复工前的检查;分项、分部工程完成后,经监理工程师检查认可后,签署"中间交工证书";对于施工难度大的工程结构和容易产生质量通病的施工对象,进行现场的跟踪检查。

(3)施工阶段质量监督控制手段　监理工程师进行施工质量监理,一般可采用以下几种手段。

1)旁站监督　即在施工过程中现场观察、监督与检查施工过程,注意并及时发现质量事故的苗头和影响质量因素的不利发展、潜在的质量隐患以及出现的质量问题等,以便及时进行控制。

2)测量　它是建筑对象几何尺寸、方位等控制的重要手段。

3)试验　试验数据是监理工程师判断和确认各种材料和工程部位内在品质的主要依据。

4)指令文件　指令文件是表达监理工程师对施工承包单位提出指示和要求的书面文件,用以向施工单位指出施工中存在的问题,提请施工单位注意,以及向施工单位提出要求或指示其做什么或不做什么。

5)规定的质量监控工作程序　按事先拟定的程序进行工作,是进行质量监控的必要手段和依据。

6)利用支付控制手段　即对施工承包单位支付任何工程款,均须由监理工程师开具支付证明书,没有监理工程师签署的支付证书,业主不得向承包方支付工程款。工程款支付的条件之一就是工程质量要达到规定的要求和标准。

3.2.2.4　施工工序质量的控制

工程实体质量是在施工过程中形成的,而不是最后检验出来的。施工过程中质量的形成受各种因素的影响最多,变化最复杂,质量控制的任务与难度也最大。因此,施工过程的质量控制是施工阶段工程质量控制的重点。由于施工过程是由一系列相互联系与制约的工序所构成,所以对施工过程的质量监控,必须以工序质量控制为基础和核心,落实在各项工序的质量监控上。

(1)工序质量控制的内容和实施要点

1)工序质量监控的内容　工序质量监控主要包括两方面:对工序活动条件的监控和对工序活动效果的监控,如图3.7所示。

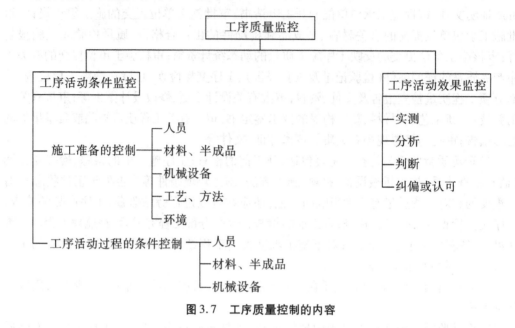

图3.7　工序质量控制的内容

①对工序活动条件的监控　即指对于影响工序生产质量的各因素进行控制,使工序活动能在良好的条件下进行,以确保工序产品的质量。工序活动条件的监控包括以下两个方面。

a.施工准备方面的控制　即在工序施工前,对影响工序质量的因素或条件进行的监控。要控制的内容一般包括人的因素、材料因素、施工机械设备因素、施工方法及工艺因素、施工的环境因素等。

b.施工过程中对工序活动条件的监控　监理工程师应着重抓好以下监控工作:对投入材料的监控,即在工序施工过程中,随时对所投入的物料等的质量特性指标的检查、控制;对施工操作或工艺过程的控制,即在工序施工过程中,监理人员通过旁站监督等方式,监督、控制施工及检验人员按规定和要求的操作规程或工艺标准进行施工;其他方面的监控,如施工机械设备和施工环境条件及人员状况方面的监控。

②对工序活动效果的监控　主要是指对工序活动的产品采取一定的检测手段进行检验,根据检验结果分析、判断该工序活动的效果,从而实现对工序质量的控制。其监控步骤如下:实测→分析→判断→纠正或认可。

2)工序活动质量监控实施要点

①确定工序质量控制计划　工序质量控制计划是以完善的质量体系和质量检查制度为基础的。工序质量控制计划要明确规定质量监控的工作程序或工作流程和质量检查制度等,作为监理和施工单位共同遵循的准则。

②进行工序分析,分清主项,重点控制　工序分析就是在众多的影响工程质量的因素中,找出对特定工序或重要的、关键的质量特征性能指标起支配作用或具有重要影响的主

工程建设监理概论

要因素,以便在工序施工中针对这些主要因素制定出控制措施及标准,进行主动的、预防性的重点控制。

③对工序活动实施动态跟踪控制　监理人员和施工管理者应当在整个工序活动中连续地实施动态跟踪控制,通过对工序产品的检查,判定其产品质量波动状态。若工序活动处于异常状态,则应查找出影响质量的原因,采取措施排除系统性因素的干扰,使工序活动恢复到正常状态。

④设置工序活动的质量控制点,进行预控　质量控制点是指为了保证工序质量而确定的重点控制对象,关键部位或薄弱环节。对于质量控制点,一般要事先分析可能造成的质量问题的原因,再针对原因制定对策和措施进行预控。

(2)质量控制点的设置　质量控制点是施工质量控制的重点。选择与设置质量控制点的要点如下。

1)选择质量控制点的一般原则　概括说来,应当选择那些质量难度大的、对质量影响大的或者是发生质量问题时危害大的对象作为质量控制点。具体来说,选择作为质量控制点的对象可以是:施工过程中的关键工序或环节以及隐蔽工程;施工中的薄弱环节,或质量不稳定的工序、部位或对象;对后续工程施工或后续工序质量或安全有重大影响的工序、部位或对象;采用新技术、新工艺、新材料的部位或环节;施工上无足够把握的、施工条件困难的或技术难度大的工序或环节。

2)可作为质量控制点的对象　一般来说,质量控制点可从以下几方面选择:人的行为;物的状态;材料的质量与性能;关键的操作;施工技术参数;施工顺序;技术间歇;易发生或常见的施工质量通病;新工艺、新技术、新材料的应用;产品质量不稳定、不合格率较高的工序;易对工程质量产生重大影响的施工方法;特殊地基或特种结构。

3)质量控制中的见证点和停止点　见证点和停止点实际上都是质量控制点,只是它们的重要性或其质量后果影响程度不同,所以在实施监督控制时的运作程序和监督要求也有所区别。凡是列为见证点的质量控制对象,在规定的控制点施工前,施工单位应提前通知监理人员在约定的时间内到现场进行见证和对其施工实施监督。如果监理人员未能在约定的时间内到现场见证和监督,则施工单位有权进行该控制点相应的工序操作和施工。停止点的重要性高于见证点。凡列为停止点的控制对象,要求必须在规定的控制点到来之前通知监理方派员对控制点实施监控。如果监理方未在约定的时间内到现场监督、检查,施工单位应停止进行该停止点的工序,并按合同规定等待监理方,未经认可不能越过该点继续活动。

(3)工程质量的预控　所谓工程质量的预控,就是针对所设置的质量控制点或分部、分项工程,事先分析在施工中可能发生的质量问题和隐患,分析可能的原因,并提出相应的对策,采取有效的措施进行预先控制,以防止在施工中发生质量问题。

(4)施工过程中的质量检查　监理人员在施工过程中应重点进行以下几方面的质量监督与检查。

1)施工过程中的旁站监督与现场巡视检查　在施工过程中监理人员必须加强对现场的巡视、旁站监督与检查,及时发现违章操作和不按设计要求,不按施工图纸或施工规范、规程或质量标准施工的现象,对不符合质量要求的要及时进行纠正和严格控制。

2）在施工过程中严格实施复核性检验　监理工程师应把技术复核工作列入监理规划及质量控制计划中，并看做一项经常性任务，贯穿于整个施工过程中。

①复核工作的主要内容

a.隐蔽工程的检查验收　隐蔽工程检查是指某些将被其他后续的工序施工所隐蔽或覆盖的分部、分项工程，必须在被隐蔽或覆盖前，经监理人员检查、验收，确认其质量合格后，才允许加以覆盖。

b.工序间交接检查验收　交接检查是指前道工序完工后，经监理人员检查，认可其质量合格并签字确认后，方可移交下道工序继续施工。

c.工程施工预检　工程施工预检是指在该工程尚未施工之前所进行的复核性预先检查。这种预检的目标和对象主要是针对在该工程施工之前已进行的一些与之有密切关系的工作的质量及正确性进行复核。因为这些工作如果存在质量问题，就将给整个工程质量带来难以补救的或全局性的危害。

②复核的程序　施工单位向监理工程师提交有关质量资料→监理工程师检查、复核→质量符合要求，给予书面确认；不符合要求，则以书面形式指令施工单位改正或返工。

3）严格执行对成品保护的质量检查

①成品保护的要求　施工单位必须负责对已完部分工程采取妥善措施予以保护，以免因成品缺乏保护或保护不善而造成损伤或污染，影响工程质量，监理人员应对施工单位所承担的成品保护工作的质量与效果进行经常性的检查。

②成品保护的一般方法　根据需要保护的建筑产品的特点与形式不同，可以分别对成品采取防护、包裹、覆盖、封闭等保护措施，以及合理安排施工顺序等来达到成品保护的目的。

3.2.3　质量验收方法和评定标准

3.2.3.1　质量验收评定标准

（1）建筑工程施工质量验收统一标准、规范体系的构成　建筑工程施工质量验收统一标准、规范体系由 GB 50300—2001《建筑工程施工质量验收统一标准》和各专业验收规范共同组成，在使用中配套使用。各专业验收规范具体包括：

GB 50202—2002《建筑地基基础工程施工质量验收规范》；

GB 50203—2002《砌体工程施工质量验收规范》；

GB 50204—2002《混凝土结构工程施工质量验收规范》；

GB 50205—2001《钢结构工程施工质量验收规范》；

GB 50206—2002《木结构工程施工质量验收规范》；

GB 50207—2002《屋面工程施工质量验收规范》；

GB 50208—2002《地下防水工程施工质量验收规范》；

GB 50209—2002《建筑地面工程施工质量验收规范》；

GB 50210—2001《建筑装饰装修工程施工质量验收规范》；

GB 50242—2002《建筑给水排水及采暖工程施工质量验收规范》；

GB 50243—2002《通风与空调工程施工质量验收规范》；

GB 50303—2002《建筑电气工程施工质量验收规范》；

GB 50310—2002《电梯工程施工质量验收规范》;

GB 50339—2003《智能建筑工程质量验收规范》等。

在建筑工程施工质量验收统一标准、规范体系的编制中坚持了"验评分离、强化验收、完善手段、过程控制"的指导思想。

(2)建筑工程施工质量验收的术语和基本规定

1)施工质量验收的有关术语 《建筑工程施工质量验收统一标准》中共有17个术语,这些术语对规范有关建筑工程施工质量验收活动中的用语、加深对标准的理解是十分必要的。以下是几个常用的术语。

①建筑工程质量 反映建筑工程满足相关标准规定或合同约定的要求,包括其在安全、使用功能及其在耐久性能、环境保护等方面所有明显和隐含能力的特性总和。

②验收 建筑工程在施工单位自行质量检查评定的基础上,参与建设活动的有关单位共同对检验批、分项、分部、单位工程的质量进行抽样复验,根据相关标准以书面形式对工程质量达到合格与否作出确认。

③检验批 按同一生产条件或按规定的方式汇总起来供检验用的,由一定数量样本组成的检验体。

④见证取样检测 在监理单位或建设单位监督下,由施工单位有关人员现场取样,并送至具备相应资质的检测单位所进行的检测。

⑤主控项目 建筑工程中的对安全、卫生、环境保护和公众利益起决定性作用的检验项目。

⑥一般项目 除主控项目以外的检验项目。

⑦抽样检验 按照规定的抽样方案,随机地从进场的材料、构配件、设备或建筑工程检验项目中,按检验批抽取一定数量的样本所进行的检验。

⑧观感质量 通过观察和必要的量测所反映的工程外在质量。

⑨返修 对工程不符合标准规定的部位采取整修等措施。

⑩返工 对不合格的工程部位采取的重新制作、重新施工等措施。

2)施工质量验收的基本规定

①施工现场质量管理应有相应的施工技术标准、健全的质量管理体系、施工质量检验制度和综合施工质量水平评定考核制度。

②建筑工程应按下列规定进行施工质量控制:

a.建筑工程采用的主要材料、半成品、成品、建筑构配件、器具和设备应进行现场验收。凡涉及安全、功能的有关产品,应按各专业工程质量验收规范规定进行复验,并应经监理工程师(建设单位技术负责人)检查认可。

b.各工序应按施工技术标准进行质量控制,每道工序完成后,应进行检查。

c.相关各专业工种之间,应进行交接检验,并形成记录。并经监理工程师(建设单位技术负责人)检查认可。

③建筑工程施工质量应按下列要求进行验收:

a.建筑工程质量应符合本标准和相关专业验收规范的规定;

b.建筑工程施工应符合工程勘察、设计文件的要求;

c. 参加工程施工质量验收的各方人员应具备规定的资格；

d. 工程质量的验收均应在施工单位自行检查评定的基础上进行；

e. 隐蔽工程在隐蔽前应由施工单位通知有关单位进行验收，并应形成验收文件；

f. 涉及结构安全的试块、试件以及有关材料，应按规定进行见证取样检测；

g. 检验批的质量应按主控项目和一般项目验收；

h. 对涉及结构安全和使用功能的重要分部工程应进行抽样检测；

i. 承担见证取样检测及有关结构安全检测的单位应具有相应资质；

j. 工程的观感质量应由验收人员通过现场检查，并应共同确认。

3.2.3.2 建筑工程施工质量验收方法

（1）建筑工程施工质量验收的划分 随着经济的发展和施工技术的进步，出现了大量建筑规模较大的单体工程和具有综合使用功能的综合性建筑物。这些建筑物的施工周期一般较长，在建设期间可能会出现诸如后期建设资金不足，部分停缓建，已建成可使用部分须投入使用，以发挥投资效益等；投资者为追求最大的投资效益，在建设期间，需要将其中一部分提前建成使用；同时，规模特别大的工程，一次性验收也不方便，等等。因此《建筑工程施工质量验收统一标准》规定，可将此类工程划分为若干个子单位工程进行验收。同时，随着生产、工作、生活条件要求的提高，建筑物的内部设施也越来越多样化；建筑物相同部位的设计也呈多样化；新型材料大量涌现；加之施工工艺和技术的发展，使分项工程越来越多，因此，按建筑物的主要部位和专业来划分分部工程已不适应要求，故《建筑工程施工质量验收统一标准》提出，在分部工程中按相近工作内容和系统划分若干子分部工程，这样有利于正确评价建筑工程质量，有利于进行验收。

如上所述，建筑工程质量验收按由整体到局部划分为单位（子单位）工程、分部（子分部）工程、分项工程和检验批。

1）单位工程的划分 应按下列原则确定：

①具备独立施工条件并能形成独立使用功能的建筑物及构筑物为一个单位工程，如一个学校中的教学楼、一座工厂的一个车间等。

②建筑规模较大的单位工程，可将其能形成独立使用功能的部分作为一个子单位工程。子单位工程的划分可根据工程的建筑设计分区、使用功能的显著差异、结构缝的位置等实际情况确定。

③室外工程可根据专业类别和工程规模划分单位（子单位）工程，见表 3.1。

表 3.1 室外工程的划分

单位工程	子单位工程	分部（子分部）工程
室外建筑环境	附属建筑	车棚，围墙，大门，挡土墙，收集站
	室外	建筑小品，道路，亭台，连廊，花坛，场坪绿化
室外安装	给排水与采暖	室外给水系统，室外排水系统，室外供热系统
	电气	室外供电系统，室外照明系统

2)分部工程的划分　应按下列原则确定：

①分部工程的划分应按专业性质、建筑部位确定。如建筑工程划分为地基与基础,主体结构,建筑装饰装修,建筑屋面,建筑给水、排水及采暖,建筑电气,智能建筑,通风与空调,电梯等九个分部工程。

②当分部工程较大或较复杂时,可按材料种类、施工特点、施工程序、专业系统及类别等划分为若干个子分部工程。如主体结构分部工程就包含混凝土结构、劲钢(管)混凝土结构、砌体结构、钢结构、木结构、网架和索膜结构等六个子分部工程。

3)分项工程的划分　应按主要工种、材料、施工工艺、设备类别等进行划分。如砌体结构子分部工程可划分为砖砌体、混凝土小型空心砌块砌体、石砌体、填充墙砌体、配筋砖砌体等五个分项工程。

4)检验批的划分　分项工程可由一个或若干个检验批组成,检验批可根据施工及质量控制和专业验收需要按楼层、施工段、变形缝等进行划分。

分项工程划分成检验批进行验收有利于及时纠正施工中出现的质量问题,确保工程质量,也符合施工实际需要。多层及高层建筑工程中主体分部的分项工程可按楼层或施工段来划分检验批,单层建筑工程的分项工程可按变形缝等划分检验批;地基基础分部工程中的分项工程一般划分为一个检验批,有地下层的基础工程可按不同地下层划分检验批;屋面分部工程中的分项工程不同楼层屋面可划分为不同的检验批;其他分部工程中的分项工程,一般按楼面划分检验批;对于工程量较少的分项工程可统一划分为一个检验批。安装工程一般按一个设计系统或设备组别划分为一个检验批。室外工程统一划分为一个检验批。散水、台阶、明沟等含在地面检验批中。

(2)建筑工程施工质量验收的内容

1)检验批的质量验收　检验批合格质量规定如下：

①主控项目和一般项目的质量经抽样检验合格;

②具有完整的施工操作依据、质量检查记录。

检验批是工程验收的最小单位,是分项工程乃至整个建筑工程质量验收的基础。检验批是施工过程中条件相同并有一定数量的材料、构配件或安装项目,由于其质量基本均匀一致,因此可以作为检验的基础单位,并按批验收。

检验批质量合格的条件共两个方面:资料检查,主控项目检验和一般项目检验。

质量控制资料反映了检验批从原材料到最终验收的各施工工序的操作依据,检查情况以及保证质量所必需的管理制度等。对其完整性的检查,实际是对过程控制的确认,这是检验批合格的前提。

为了使检验批的质量符合安全和功能的基本要求,达到保证建筑工程质量的目的,各专业工程质量验收规范应对各检验批的主控项目、一般项目的子项合格质量给予明确的规定。

检验批的合格质量主要取决于对主控项目和一般项目的检验结果。主控项目是对检验批的基本质量起决定性影响的检验项目,因此必须全部符合有关专业工程验收规范的规定。这意味着主控项目不允许有不符合要求的检验结果,即这种项目的检查具有否决权。鉴于主控项目对基本质量的决定性影响,从严要求是必须的。

2）分项工程质量验收　分项工程质量验收合格应符合下列规定：

①分项工程所含的检验批均应符合合格质量的规定；

②分项工程所含的检验批的质量验收记录应完整。

分项工程的验收在检验批的基础上进行。一般情况下，两者具有相同或相近的性质，只是批量的大小不同而已。因此，将有关的检验批汇集构成分项工程。分项工程合格质量的条件比较简单，只要构成分项工程的各检验批的验收资料文件完整，并且均已验收合格，则分项工程验收合格。

3）分部（子分部）工程质量验收　分部（子分部）工程质量验收合格应符合下列规定：

①分部（子分部）工程所含工程的质量均应验收合格；

②质量控制资料应完整；

③地基与基础、主体结构和设备安装等分部工程有关安全及功能的检验和抽样检测结果应符合有关规定；

④观感质量验收应符合要求。

分部工程的验收在其所含各分项工程验收的基础上进行。首先，分部工程的各分项工程必须已验收合格且相应的质量控制资料文件必须完整，这是验收的基本条件。此外，由于各分项工程的性质不尽相同，因此作为分部工程不能简单地组合而加以验收，尚须增加以下两类检查项目。

涉及安全和使用功能的地基基础、主体结构、有关安全及重要使用功能的安装分部工程应进行有关见证取样送样试验或抽样检测。关于观感质量验收，这类检查往往难以定量，只能以观察、触摸或简单量测的方式进行，并由个人的主观印象判断，检查结果并不给出"合格"或"不合格"的结论，而是综合给出质量评价。对于"差"的检查点应通过返修处理等补救。

4）单位（子单位）工程质量验收　单位（子单位）工程质量验收合格应符合下列规定：

①单位（子单位）工程所含分部（子分部）工程的质量均应验收合格；

②质量控制资料应完整；

③单位（子单位）工程所含分部工程有关安全和功能的检测资料应完整；

④主要功能项目的抽查结果应符合相关专业质量验收规范的规定；

⑤观感质量验收应符合要求。

单位工程质量验收也称质量竣工验收，是建筑工程投入使用前的最后一次验收，也是最重要的一次验收。验收合格的条件有五个：除构成单位工程的各分部工程应该合格，并且有关的资料文件应完整以外，还须进行以下三个方面的检查。

涉及安全和使用功能的分部工程应进行检验资料的复查。不仅要全面检查其完整性（不得有漏检缺项），而且对分部工程验收时补充进行的见证抽样检验报告也要复核。这种强化验收的手段体现了对安全和主要使用功能的重视。

此外，对主要使用功能还须进行抽查。使用功能的检查是对建筑工程和设备安装工程最终质量的综合检验，也是用户最为关心的内容。因此，在分项、分部工程验收合格的基础上,竣工验收时再作全面检查。抽查项目是在检查资料文件的基础上由参加验收的各方人员商定,并由计量、计数的抽样方法确定检查部位。检查要求按有关专业工程施工质量验收标准要求进行。

最后,还须由参加验收的各方人员共同进行观感质量检查。检查的方法、内容、结论等已在分部工程的相应部分中阐述,最后共同确定是否验收。

5)工程施工质量不符合要求时的处理　当建筑工程质量不符合要求时,应按下列规定进行处理:

①经返工重做或更换器具、设备的检验批,应重新进行验收;

②经有资质的检测单位检测鉴定能够达到设计要求的检验批,应予以验收;

③经有资质的检测单位检测鉴定达不到设计要求,但经原设计单位核算认可能够满足结构安全和使用功能的检验批,可予以验收;

④经返修或加固处理的分项、分部工程,虽然改变外形尺寸但仍能满足安全使用要求,可按技术处理方案和协商文件进行验收。

一般情况下,不合格现象在最基层的验收单位——检验批时就应发现并及时处理,否则将影响后续检验批和相关的分项工程、分部工程的验收。因此所有质量隐患必须尽快消灭在萌芽状态,这也是《建筑工程施工质量验收统一标准》以强化验收、促进过程控制原则的体现。非正常情况的处理分以下四种情况:

第一种情况,是指在检验批验收时,其主控项目不能满足验收规范或一般项目超过偏差限值的子项不符合检验规定的要求时,应及时进行处理的检验批。其中,严重的缺陷应推倒重来;一般的缺陷通过翻修或更换器具、设备予以解决,应允许施工单位在采取相应的措施后重新验收。如能够符合相应的专业工程质量验收规范,则应认为该检验批合格。

第二种情况,是指个别检验批发现试块强度等不满足要求等问题,难以确定是否验收时,应请具有资质的法定检测单位检测。当鉴定结果能够达到设计要求时,该检验批仍应认为通过验收。

第三种情况,如经检测鉴定达不到设计要求,但经原设计单位核算,仍能满足结构安全和使用功能的情况,该检验批可以予以验收。一般情况下,规范标准给出了满足安全和功能的最低限度要求,而设计往往在此基础上留有一些余量。不满足设计要求和符合相应规范标准的要求,两者并不矛盾。

第四种情况,更为严重的缺陷或者超过检验批的更大范围内的缺陷,可能影响结构的安全性和使用功能。若经法定检测单位检测鉴定以后认为达不到规范标准的相应要求,即不能满足最低限度的安全储备和使用功能,则必须按一定的技术方案进行加固处理,使之能保证其满足安全使用的基本要求。这样会造成一些永久性的缺陷,如改变结构外形尺寸、影响一些次要的使用功能等。为了避免社会财富更大的损失,在不影响安全和主要使用功能条件下可按处理技术方案和协商文件进行验收,责任方应承担经济责任,但不能作为轻视质量而回避责任的一种出路,这是应该特别注意的。

⑤通过返修或加固处理仍不能满足安全使用要求的分部工程、单位(子单位)工程,严禁验收。

（3）建筑工程施工质量验收的程序和组织

1）检验批及分项工程的验收程序及组织　检验批及分项工程应由监理工程师（建设单位项目技术负责人）组织施工单位项目专业质量（技术）负责人等进行验收。

检验批和分项工程是建筑工程质量的基础，因此，所有检验批和分项工程均应由监理工程师或建设单位项目技术负责人组织验收。验收前，施工单位先填好"检验批和分项工程的质量验收记录"（有关监理记录和结论不填），并由项目专业质量检验员和项目专业技术负责人分别在检验批和分项工程质量检验记录中相关栏目签字，然后由监理工程师组织，严格按规定程序进行验收。

2）分部工程的验收程序与组织　分部工程应由总监理工程师（建设单位项目负责人）组织施工单位项目负责人和技术、质量负责人等进行验收；地基与基础、主体结构分部工程的勘察、设计单位工程项目负责人和施工单位技术、质量部门负责人也应参加相关分部工程验收。

工程监理实行总监理工程师负责制，因此分部工程应由总监理工程师（建设单位项目负责人）组织施工单位的项目负责人和项目技术、质量负责人及有关人员进行验收。因为地基基础、主体结构的主要技术资料和质量问题是归技术部门和质量部门掌握，所以规定施工单位的技术、质量部门负责人参加验收是符合实际的。

由于地基基础、主体结构技术性能要求严格，技术性强，关系到整个工程的安全，因此规定这些分部工程的勘察、设计单位工程项目负责人也应参加相关分部的工程质量验收。

3）单位（子单位）工程的验收程序与组织　单位工程完工后，施工单位应自行组织有关人员进行检查评定，并向建设单位提交工程验收报告。单位工程完成后，施工单位首先要依据质量标准、设计图纸等组织有关人员进行自检，并对检查结果进行评定，符合要求后向建设单位提交工程验收报告和完整的质量资料，请建设单位组织验收。

建设单位收到工程报告后，应由建设单位（项目）负责人组织施工（含分包单位）、设计、监理等单位（项目）负责人进行单位（子单位）工程验收。单位工程质量验收应由建设单位负责人或项目负责人组织，由于设计、施工、监理单位都是责任主体，因此设计、施工单位负责人或项目负责人及施工单位的技术、质量负责人和监理单位的总监理工程师均应参加验收（勘察单位虽然亦是责任主体，但已经参加了地基验收，故单位工程验收时，可以不参加）。

在一个单位工程中，对满足生产要求或具备使用条件，施工单位已预验，监理工程师已初验通过的子单位工程，建设单位可组织进行验收。由几个施工单位负责施工的单位工程，当其中的施工单位所负责的子单位工程已按设计完成，并经自行检验，也可按规定的程序组织正式验收，办理交工手续。在整个单位工程进行全部验收时，已验收的子单位工程验收资料应作为单位工程验收的附件。

单位工程有分包单位施工时，分包单位对所承包的工程按本标准规定的程序检查评定，总包单位应派人参加。分包工程完成后，应将工程有关资料交总包单位。

由于《建设工程承包合同》的双方主体是建设单位和总承包单位，总承包单位应按照承包合同的权利义务对建设单位负责。分包单位对总承包单位负责，亦应对建设单位负责。因此，分包单位对承建的项目进行检验时，总包单位应参加，检验合格后，分包单位应

将工程的有关资料移交总包单位,待建设单位组织单位工程质量验收时,分包单位负责人应参加验收。

当参加验收各方对工程质量验收意见不一致时,可请当地建设行政主管部门或工程质量监督机构协调处理。

单位工程质量验收合格后,建设单位应在规定时间内将工程竣工验收报告和有关文件,报建设行政管理部门备案。建设工程竣工验收备案制度是加强政府监督管理,防止不合格工程流向社会的一个重要手段。建设单位应依据《建设工程质量管理条例》和建设部有关规定,到县级以上人民政府建设行政主管部门或其他有关部门备案。否则,不允许投入使用。

3.3　建设工程进度控制

3.3.1　建设工程进度控制概述

3.3.1.1　建设工程进度控制的含义

建设工程的进度控制是指对工程项目各建设阶段的工作内容、工作程序、持续时间和衔接关系编制计划,将该计划付诸实施,在实施的过程中经常检查实际进度是否按计划要求进行,对出现的偏差分析原因,采取补救措施或调整、修改原计划,直至工程竣工交付使用,从而确保项目进度目标实现的过程。

进度控制与质量控制、投资控制有着相互依赖和相互制约的关系:进度加快,需要增加投资,但工程提前使用就可以提高投资效益;进度加快,有可能影响工程质量,而质量控制严格,则有可能影响进度,但如因质量的严格控制而不致返工又会加快进度。因此,进度控制不仅仅是单纯从进度考虑,而且应同时考虑质量和投资对进度控制的影响。

3.3.1.2　影响进度的因素

影响建设项目进度的因素,可归纳为人的因素,技术因素,设备与构配件因素,机具因素,资金因素,水文、地质与气象因素,其他环境、社会因素以及其他难以预料的因素等。

3.3.1.3　工程延误和工程延期

工程延误和工程延期都是工期延长,但它们产生的原因和承担的后果不同。

(1)工程延误　由于承包商自身的原因造成的工期延长,称为工程延误。其一切损失由承包商自己承担,包括承包商在监理工程师的同意下采取加快工程进度的任何措施所增加的各种费用。同时,由于工程延误所造成的工期延长,承包商还要向业主支付误期损失赔偿费。

(2)工期延期　由于承包商以外的原因造成的工期延长,称为工期延期。经过监理工程师批准的工程延期,所延长的时间属于合同工期的一部分,即工程竣工的时间,等于标书中规定的时间加上监理工程师批准的工程延期时间。可能导致工程延期的原因主要有工程量增加、未按时向承包商提供设计图纸、恶劣的气候条件、业主的干扰和阻碍等。

3.3.1.4 进度控制方法、措施及项目实施阶段进度控制的主要任务

（1）进度控制方法

1）进度控制的行政方法　进度控制的行政方法是指上级单位及上级领导、本单位的领导，利用其行政地位和权力，通过发布进度指令，进行指导、协调、考核。利用激励手段（奖罚、表扬、批评）以及监督、督促等方式进行进度控制。这种方法的优点是直接、迅速、有效。但要提倡科学性，防止主观、武断、片面的瞎指挥。

2）进度控制的经济方法　进度控制的经济方法是指有关部门和单位用经济类手段对进度控制进行影响和制约。主要有以下几种：银行通过投资的投放速度控制工程项目的实施进度；在承发包合同中写进有关工期进度的条款；业主通过招标的进度优惠条件鼓励施工单位加快进度；业主通过工期提前奖励和延期罚款实施进度控制。

3）进度控制的管理技术方法　进度控制的管理技术方法主要是监理工程师的规划、控制和协调。规划，就是确定项目的总进度目标和分进度目标；控制，就是在项目进展的全过程中，进行计划进度与实际进度的比较，发现偏离，就及时采取措施进行纠正；协调，就是协调参加单位之间的进度关系。

（2）进度控制的措施　包括组织措施、技术措施、合同措施、经济措施和信息管理措施等。组织措施主要有：落实项目监理班子中进度控制部门的人员及其具体控制任务和管理职责分工；进行项目分解，如按项目结构分、按项目进展阶段分、按合同结构分，并建立编码体系；确定进度协调工作制度，如协调会议举行的时间和参加人员；对影响进度目标实现的干扰和风险因素进行分析。技术措施是指采用先进的施工方法和施工机械以加快施工进度。合同措施主要有分段发包、提前施工以及合同的施工期与进度计划的协调等。经济措施是指各项保证资金供应的措施。信息管理措施是指通过计划进度与实际进度的动态比较，定期地向建设单位提供比较报告等。

（3）进度控制的基本思想　对于进度控制工作，要明确一个基本思想：计划不变是相对的，而变是绝对的；平衡是相对的，不平衡是绝对的。要针对变化采取对策，定期地、经常地调整计划。

（4）项目实施阶段进度控制的主要任务

1）设计前的准备阶段进度控制　包括向建设单位提供有关工期的信息，协助建设单位确定工期总目标；编制项目总进度计划；编制准备阶段详细工作计划，并控制该计划的执行；施工现场条件调研和分析等。

2）设计阶段进度控制　包括编制设计阶段工作进度计划并控制其执行；编制详细的出图计划并控制其执行等。

3）施工阶段进度计划控制　包括编制施工总进度计划并控制其执行；编制施工年、季、月实施计划并控制其执行等。

3.3.2　建设工程进度计划实施中的监测与调整

3.3.2.1　实际进度监测与调整的系统过程

制订一个科学、合理的工程建设进度计划是监理工程师实现进度控制的首要前提。但在项目实施过程中，由于某些因素的干扰，往往造成实际进度与计划进度产生偏差。为

此,在项目进度计划的执行过程中,必须采取系统的进度控制措施,即采用准确的监测手段不断发现问题,并用行之有效的进度调整方法及时解决问题。

(1)进度监测的系统过程 进度监测系统过程主要包括以下工作。

1)进度计划执行中的跟踪检查 跟踪检查的主要工作是定期收集反映实际工程进度的有关数据。为了全面准确地了解进度计划的执行情况,监理工程师必须认真做好以下三方面的工作:定期地收集进度报表资料;派监理人员常驻现场,检查进度计划的实际执行情况;定期召开现场会议,了解实际进度情况。

2)整理、统计和分析收集的数据 对收集的数据进行整理、统计和分析,形成与计划具有可比性的数据。例如根据本期检查实际完成量确定的累计完成量、本期完成的百分比和累计完成的百分比等数据。

3)实际进度与计划进度对比 将实际进度的数据与计划进度的数据进行比较,从而得出实际进度比计划进度是拖后、超前还是一致。

建设工程进度监测系统过程如图3.8所示。

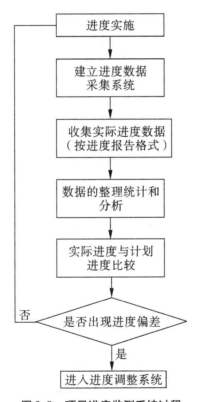

图3.8 项目进度监测系统过程

(2)进度调整的系统过程 在项目进度监测过程中,一旦发现实际进度与计划进度不符,即出现进度偏差时,进度控制人员必须认真分析产生的原因及对后续工作或总工期的影响,并采取合理的调整措施,确保进度总目标的实现。具体过程如下:

1)分析产生偏差的原因 经过进度监测的系统过程,了解到实际进度产生了偏差。

为了调整进度,监理工程师应深入现场,进行调查,分析产生偏差的原因。

2)分析偏差对后续工作和总工期的影响 在查明产生偏差的原因之后,要分析偏差对后续工作和总工期的影响,确定是否应当调整。

3)确定影响后续工作和总工期的限制条件 确定进度可调整的范围,主要指后续工作的限制条件以及总工期允许变化的范围。

4)采取进度调整措施 即以后续工作和总工期的限制条件为依据,对原进度计划进行调整,以保证要求的进度目标实现。

5)实施调整后的进度计划 在工程继续实施中,将执行调整后的进度计划。监理工程师要及时协调有关单位的关系,并采取相应的经济、组织与合同措施。

建设工程进度调整系统过程如图 3.9 所示。

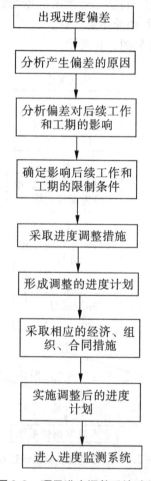

图 3.9 项目进度调整系统过程

3.3.2.2 实际进度与计划进度的比较方法

常用的比较方法有以下几种。

(1)横道图比较法 横道图比较法是将在项目实施中检查实际进度所收集的信息,

经调整后直接用横道线并列标于原计划的横道线处,进行直观比较的方法。

例如某基础工程的施工实际进度与计划进度比较,如图3.10所示。其中细实线表示计划进度,粗实线则表示工程施工的实际进度。从比较中可以看出,在第七周进行施工进度检查时,第1、3项工作已完成,第2项工作按计划进度应当完成83%,而实际施工进度只完成了67%,已经拖后了16%。

通过上述记录与比较,找出了实际进度与计划进度之间的偏差,以便采取有效措施调整进度计划。

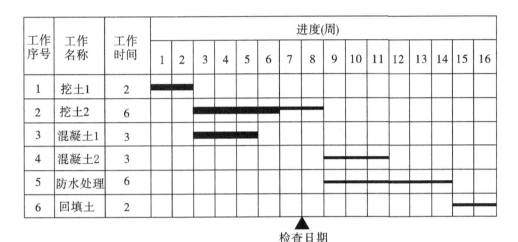

图3.10 某基础工程实际进度与计划进度比较图

(2)S型曲线比较法 从整个工程项目的进展全过程看,一般是工程项目开始和结尾时,单位时间投入的资源量较少,中间阶段单位时间投入的资源量较多,与其相关单位时间完成的任务量也是呈同样变化的,如图3.11(a)所示;而随时间进展累计完成的任务量,则应该呈S型变化,如图3.11(b)所示。

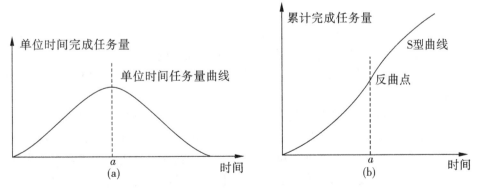

图3.11 时间与完成任务量关系曲线

利用 S 型曲线比较,可在图上直观地进行工程项目实际进度与计划进度比较。在一般情况下,进度控制人员在计划实施前绘制出计划 S 曲线,在项目实施过程中,按规定时间将检查的实际完成任务情况,绘制在同一张图上,可得出实际进度曲线。比较两条 S 型曲线可以得到如下信息,如图 3.12 所示。

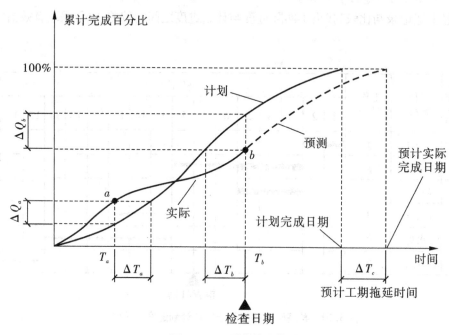

图 3.12 S 型曲线比较图

1)工程项目实际进度与计划进度比较情况　当实际进展点落在计划 S 型曲线左侧,则表示此时实际进度比计划进度超前;若落在其右侧,则表示拖后;若刚好落在其上,则表示二者一致。

2)工程项目实际进度比计划进度超前或拖后的时间　如图 3.12 所示,ΔT_a 表示 T_a 时刻实际进度超前的时间,ΔT_b 表示 T_b 时刻实际进度拖后的时间。

3)工程项目实际进度比计划进度超额或拖欠的任务量　如图 3.12 所示,ΔQ_a 表示 T_a 时刻超额完成的任务量,ΔQ_b 表示 T_b 时刻拖欠的任务量。

4)预测工程进度　如图 3.12 所示,后期工程如果按原计划速度进行,则工期拖延预测值为 ΔT_c。

(3)前锋线比较法　前锋线比较法主要适用于时标网络计划。该方法是从检查时刻的时标点出发,首先联结与其相邻的工作箭线的实际进度点,由此再去联结与该箭线相邻工作箭线的实际进度点,依此类推,将检查时刻正在进行的工作实际进度点都依次联结起来,组成一条一般为折线的前锋线(图 3.13)。按前锋线与箭线交点的位置判断工作实际进度与计划进度的偏差。

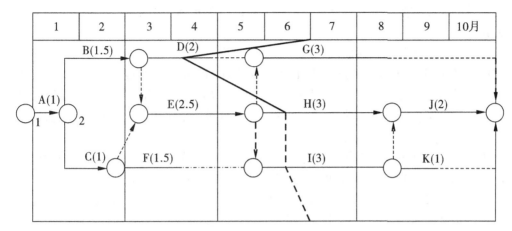

图 3.13　前锋线网络图

前锋线比较法的步骤如下。

第一步:绘制早时标网络计划图。工程实际进度的前锋线是在早时标网络计划上标志。为了反映清楚,需要在图面上方和下方各设一时间坐标。

第二步:绘制前锋线。一般从上方时间坐标的检查日画起,依次联结相邻工作箭线的实际进度,最后与下方坐标的检查日联结。

第三步:比较实际进度与计划进度。

前锋线明显地反映出检查日有关工作实际进度与计划进度的关系,有以下三种情况:

1)工作实际进度点位置与检查日时间坐标相同,则该工作实际进度与计划进度一致;

2)工作实际进度点位置在检查日时间坐标右侧,则该工作实际进度超前,超前天数为二者之差;

3)工作实际进度点位置在检查日时间坐标左侧,则该工作实际进展拖后,拖后天数为二者之差。

3.3.2.3　进度计划实施中的调整方法

(1)分析偏差对后续工作及总工期的影响　当出现进度偏差时,需要分析该偏差对后续工作及总工期产生的影响。偏差的大小及其所处的位置,对后续工作和总工期的影响程度是不同的。分析的方法主要是利用网络计划中工作的总时差和自由时差的概念进行判断。由时差概念可知:当偏差小于该工作的自由时差时,对进度计划无影响;当偏差大于自由时差,而未超过总时差时,对后续工作的最早开始时间有影响,对总工期无影响;当偏差大于总时差时,对后续工作和总工期都有影响。

(2)进度计划的调整方法　在对实施的进度计划分析的基础上,确定调整原计划的方法,一般有以下两种。

1)改变某些工作间的逻辑关系　若实施中的进度产生的偏差影响了总工期,并且有关工作之间的逻辑关系允许改变,可以改变关键线路和超过计划工期的非关键线路上的有关工作之间的逻辑关系,以达到缩短工期的目的。例如可以把依次进行的有关工作改变为平行的或互相搭接的以及分成几个施工段进行流水施工的工作,都可以达到缩短工期的目的。

2)缩短某些工作的持续时间 这种方法不改变工作之间的逻辑关系,只是缩短某些工作的持续时间,而使施工进度加快,以保证实现计划工期。这些被压缩持续时间的工作是位于因实际施工进度的拖延而引起总工期增长的关键线路和某些非关键线路上的工作,同时,这些工作又是可压缩持续时间的工作。这种方法通常可在网络图上直接进行,其调整方法一般可分为以下两种情况。

①当网络计划中某项工作进度拖延的时间在该项工作的总时差范围内和自由时差以外时:若用 Δ 表示此项工作拖延的时间,FF 表示该工作的自由时差,FT 表示该工作的总时差,则有 FF<Δ<TF。此时并不会对总工期产生影响。因此,在进行调整前,须确定后续工作允许拖延的时间限制,并以此作为进度调整的限制条件。当后续工作由多个平行的分包单位负责实施时,后续工作在时间上的拖延可能使合同不能正常履行而使受损的一方提出索赔。因此,监理工程师应注意寻找合理的调整方案,把对后续工作的影响减小到最低程度。

②当网络计划中某项工作进度拖延的时间在该项工作的总时差以外时:即 Δ>TF。此时,不管该工作是否为关键工作,这种拖延都对后续工作和总工期产生影响,其进度计划的调整方法又可分为以下三种情况:

a.项目总工期不允许拖延 这时只能通过缩短关键线路上后续工作的持续时间来保证总工期目标的实现。

b.项目总工期允许拖延 此时可用实际数据代替原始数据,并重新计算网络计划有关参数即可。

c.项目总工期允许拖延的时间有限 此时可以总工期的限制时间作为规定工期,并对还未实施的网络计划进行工期优化,通过压缩网络计划中某些工作持续时间,来使总工期满足规定工期的要求。

当网络计划中某项工作进度超前时:在一个项目施工总进度计划中,由于某些工作的超前,致使资源的使用发生变化,打乱了原计划对资源的合理安排,特别是当采用多个平行分包单位进行施工时。因此,实际中若出现进度超前的情况,进度控制人员必须综合分析对后续工作产生的影响,提出合理的进度调整方案。

3.3.3 工程建设施工阶段的进度控制

3.3.3.1 施工阶段进度控制目标的确定

(1)施工进度控制目标及其分解 保证工程项目按期建成交付使用,是工程建设施工阶段进度控制的最终目标。为了有效地控制施工进度,首先要对施工进度总目标进行层层分解,形成施工进度控制目标体系,作为实施进度控制的依据。

工程建设施工进度目标体系如图 3.14 所示。

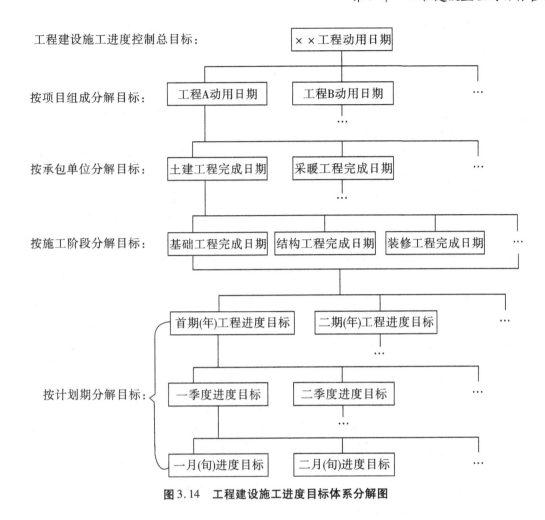

图3.14　工程建设施工进度目标体系分解图

从图3.14中可以看出,工程建设不但要有项目建成交付使用的总目标,还要有各个单项工程交工动用的分目标以及按承包单位、施工阶段和不同计划期划分的分目标。其中、下级目标受上级目标的制约,下级目标保证上级目标,最终保证施工进度总目标的实现。

(2)施工进度控制目标的确定　确定施工进度控制目标的主要依据有工程建设总进度目标对施工工期的要求,工期定额、类似工程项目的实际进度、工程难易程度和工程条件的落实情况等。

在确定施工进度分解目标时,还要考虑以下几个方面:

1)对大型工程建设项目,应根据尽早提供可动用单元的原则,集中力量分期分批建设,以便尽早投入使用,尽快发挥投资效益。

2)合理安排土建与设备安装的综合施工。合理安排土建施工与设备安装的先后顺序及搭接、交叉或平行作业。

3)结合本工程特点,参考同类工程建设的经验来确定施工进度目标。避免只按主观愿望盲目确定进度目标,而在实施过程中造成进度失控。

4）做好资金供应、施工力量配备、物资供应与施工进度需要的平衡工作,确保工程进度目标不落空。

5）考虑外部协作条件的配合情况,包括施工过程中及项目竣工动用所需的水、电、气、通讯、道路及其他社会服务项目的满足程序和满足时间。

6）考虑工程项目所在地区的地形、地质、水文、气象等方面的限制条件。

3.3.3.2 施工阶段进度控制的工作内容

监理工程师对工程项目的施工进度控制从审核承包单位提交的施工进度计划开始,直至工程项目保修期满为止,其工作内容主要有以下几个方面。

(1)编制施工阶段进度工作细则　其主要内容包括:①施工进度控制目标分解图;②施工进度控制的主要工作内容和深度;③进度控制人员的具体分工;④与进度控制有关各项工作的时间安排及工作流程;⑤进度控制的方法(包括进度检查日期、数据收集方式、进度报表格式、统计分析方法等);⑥进度控制的具体措施(包括组织措施、技术措施、经济措施及合同措施等);⑦施工进度控制目标实现的风险分析;⑧尚待解决的问题。

(2)编制或审核施工进度计划　对于大型工程项目,由于单项工程较多、施工工期长,且采取分批分期发包而又没有一个负责全部工程的总承包单位,或当工程项目由若干个承包单位平行承包时,监理工程师应当负责编制施工总进度计划。当工程项目有总承包单位时,监理工程师只须对总承包单位提交的施工总进度计划进行审核;对于单位工程施工进度计划,监理工程师只负责审核而不管编制。

施工进度计划审核的内容主要有:①进度安排是否符合工程项目建设总进度计划中总目标和分目标的要求,是否符合施工合同中开、竣工日期的规定;②施工总进度计划中的项目是否有遗漏,分期施工是否满足分批动用的需要和配套动用的要求;③施工顺序的安排是否符合施工程序的要求;④劳动力、材料、构配件、机具和设备的供应计划是否能保证进度计划的实现,供应是否平衡,需求高峰期是否有足够能力实现计划供应;⑤业主的资金供应能力是否满足进度需要;⑥施工进度的安排是否与设计单位的图纸供应进度相一致;⑦业主应提供的场地条件及原材料和设备,特别是国外设备的到货与进度计划是否衔接;⑧总分包单位分别编制的各单位工程施工进度计划之间是否协调,专业分工与计划衔接是否明确合理;⑨进度安排是否合理,是否有造成业主违约而导致索赔的可能性存在。

如果监理工程师在审查施工进度计划的过程中发现问题,应及时向承包单位提出书面修改意见,并协助承包单位修改,其中重大问题应及时向业主汇报。

尽管承包单位向监理工程师提交施工进度计划是为了听取建设性意见,但施工进度计划一经监理工程师确认,即应当视为合同文件的一部分。它是以后处理承包单位提出的工程延期或费用索赔的一个重要依据。

(3)按年、季、月编制工程综合计划　监理工程师在按计划工期编制的进度计划中,应着重解决各承包单位施工进度计划之间、施工进度计划与资源保障计划之间及外部协作条件的延伸性计划之间的综合平衡与相互衔接问题。并根据上期计划的完成情况对本期计划作必要的调整,从而作为承包单位近期执行的指令性计划。

(4)下达工程开工令　在FIDIC合同条件下,监理工程师应根据承包单位和业主双方关于工程开工的准备情况,选择合适的时机发布工程开工令。工程开工令的发布,要尽可能及时。因为从发布工程开工令之日算起,加上合同工期后即为工程竣工日期。如果开工令发布拖延,就等于推迟了竣工时间,甚至可能引起承包单位的索赔。

为了检查双方的准备情况,监理工程师应参加由建设单位主持、承包单位参加的第一次工地会议。业主应按照合同规定,做好征地拆迁工作,及时提供施工用地。同时还应当完成法律及财务方面的手续,以便能及时向承包单位支付工程预付款。承包单位应当将开工所需的人力、材料及设备准备好,同时还要按合同规定为监理工程师提供各种条件。

(5)协助承包单位实施进度计划 监理工程师要随时了解施工进度计划执行过程中所存在的问题,并帮助承包单位予以解决,特别是承包单位无力解决的内外关系协调问题。

(6)监督施工进度计划的实现 这是工程项目施工阶段进度控制的经常性工作。监理工程师不仅要及时检查承包单位报送的施工进度表和分析资料,同时还要进行必要的现场实地检查,核实所报送的已完项目时间及工程量,杜绝虚报现象。

在对工程实际进度资料进行整理的基础上,监理工程师应将其与计划进度相比较,以判定实际进度是否出现偏差。如果出现进度偏差,监理工程师应进一步分析此偏差对进度控制目标的影响程度及其产生的原因,以便研究对策、提出纠偏措施。必要时还应对后期工程进度计划作适当的调整。

(7)组织现场协调会 监理工程师应每月、每周定期组织召开不同层级的现场协调会议,以解决工程施工过程中的相互协调配合问题。

在平行交叉施工单位多、工序交接频繁且工期紧迫的情况下,现场协调会甚至需要每日召开。在会上通报和检查当天的工程进度,确定薄弱环节,部署当天的赶工任务,以便为次日正常施工创造条件。

对于某些未曾预料的突发变故或问题,监理工程师还可以通过发布紧急协调指令,督促有关单位采取应急措施维护工程施工的正常秩序。

(8)签发工程进度款支付凭证 监理工程师应对承包单位申报的已完分项工程量进行核实,在其质量通过检查验收后签发工程进度款支付凭证。

(9)审批工程延期

1)工期延误 当出现工期延误时,监理工程师有权要求承包单位采取有效措施加快施工进度。如果经过一段时间后,实际进度没有明显改进,仍然拖后于计划进度,而且将影响工程按期竣工时,监理工程师应要求承包单位修改进度计划,并提交监理工程师重新确认。

监理工程师对修改后的施工进度计划的确认,并不是对工程延期的批准,他只是要求承包单位在合理的状态下施工。因此,监理工程师对进度计划的确认,并不能解除承包单位应负的一切责任,承包单位需要承担赶工的全部额外开支和误期损失赔偿。

2)工期延期 如果由于承包单位以外的原因造成工期拖延,承包单位有权提出延长工期的申请。监理工程师应根据合同规定,审批工程延期时间,经监理工程师核实批准的工程延期时间,应纳入合同工期,作为合同工期的一部分。即新的合同工期应等于原定的合同工期加上监理工程师批准的工程延期时间。

监理工程师对于施工进度的拖延,是否批准为工期延期,对承包单位和业主都十分重要。如果承包单位得到监理工程师批准的工程延期,不仅可以不赔偿由于工期延长而支付的误期损失费,而且还要由业主承担由于工期延长所增加的费用。因此,监理工程师应按照合同的有关规定,公正地区分工期延误和工程延期,并合理地批准工程延期时间。

(10)向业主提供进度报告 监理工程师应随时整理进度资料,并做好工程记录,定期向业主提交工程进度报告。

(11)督促承包单位整理技术资料 监理工程师要根据工程进展情况,督促承包单位及时整理有关技术资料。

(12)审批竣工申请报告,协助组织竣工验收 当工程竣工后,监理工程师应审批承包单位在自行预检基础上提交的初验申请报告,组织业主和设计单位进行初验。在初验通过后填写初验报告及竣工验收申请书,并协助业主组织工程项目的竣工验收,编写竣工验收报告书。

(13)处理争议和索赔 在工程结算过程中,监理工程师要处理有关争议和索赔问题。

(14)整理工程进度资料 在工程完工后,监理工程师应将工程进度资料收集起来,进行归类、编目和建档,以便为今后其他类似工程项目的进度控制提供参考。

(15)工程移交 监理工程师应督促承包单位办理工程移交手续,颁发工程移交证书。在工程移交后的保修期内,还要处理验收后质量问题的原因及责任等争议问题,并督促责任单位及时修理。当保修期结束且再无争议时,工程项目进度控制的任务即告完成。

3.3.3.3 施工进度计划实施中的检查与调整

施工进度计划由承包单位编制完成后,应提交给监理工程师审查,待监理工程师审查确认后即可付诸实施。承包单位在执行施工进度计划的过程中,应接受监理工程师的监督与检查。而监理工程师应定期向业主报告工程进度状况。

(1)施工进度的检查与监督

1)施工进度的检查方式

①定期地、经常地收集由承包单位提交的有关进度报表资料。在一般情况下,进度报表格式由监理单位提供给施工承包单位,施工承包单位按时填写完后提交给监理工程师核查。报表的内容一般应包括工作的开始时间、完成时间、持续时间、逻辑关系、实物工程量和工作,以及工作时差的利用情况等。承包单位若能准确地填报进度报表,监理工程师就能从中了解到工程项目的实际进度情况。

②由驻地监理人员现场跟踪检查工程项目实际进展情况。为了避免施工承包单位超报已完工程量,驻地监理人员有必要进行现场实地检查和监督。可以每月或每半月检查一次,也可以每旬或每周检查一次。如果在某一施工阶段出现不利情况时,甚至需要每天检查。

③由监理工程师定期组织现场施工负责人召开现场会议,从而获得工程项目实际进度情况。

2)施工进度的检查方法 施工进度检查的主要方法是对比法。即将经过整理的实际进度数据与计划进度数据进行比较,从中发现是否出现进度偏差以及进度偏差的大小。

通过检查分析,如果进度偏差比较小,应在分析其产生原因的基础上采取有效措施,解决矛盾、排除障碍,继续执行原进度计划。如果经过努力,确实不能按原计划实现时,再考虑对原计划进行必要的调整,即适当延长工期,或改变施工速度。计划的调整一般是不可避免的,但应当慎重,尽量减少变更计划性的调整。

(2)施工进度计划的调整　施工进度计划的调整方法主要有两种:一种是通过压缩关键工作的持续时间来缩短工期;另一种是通过组织搭接作业或平行作业来压缩工期。在实际工作中应根据具体情况选用上述方法进行进度计划的调整。

在缩短关键工作的持续时间时,通常需要采取一定的措施来达到目的。具体措施包括:

1)组织措施　增加工作面,组织更多的施工队伍;增加每天的施工时间(如采用二班制、三班制);增加劳动力和施工机械的数量。

2)技术措施　改进施工工艺和施工技术,缩短工艺技术间歇时间;采用更先进的施工方法,以减少施工过程的数量(如将现浇框架方案改为预制装配方案);采用更先进的施工机械。

3)经济措施　实行包干奖励,提高奖金数额,对所采取的技术措施给予相应的经济补偿。

4)其他配套措施　改善外部配合条件,改善劳动条件,实施强有力的调度等。

3.3.3.4　工程延期

(1)工程延期的申报与审批

1)申报工程延期的条件　由于以下原因导致工程拖期,承包单位有权提出延长工期的申请,监理工程师应按合同规定,批准工程延期的时间:①监理工程师发出工程变更指令而导致工程量增加;②合同中所涉及的任何可能造成工程延期的原因,如延期交图、工程暂停、对合格工程的剥离检查及不利的外界条件等;③异常恶劣的气候条件;④由业主造成的任何延误、干扰或障碍,如未及时提供施工场地、未及时付款等;⑤承包单位自身以外的其他任何原因。

2)工程延期的审批程序　工程延期的审批程序如图3.15所示。当工程延期时间发生后,承包单位应在合同规定的有效期内以书面形式通知监理工程师(即工程延期意向通知),以便于监理工程师尽早了解所发生的事件,及时作出一些减少延期损失的决定,随后,承包单位应在合同规定的有效期内(或监理工程师可能同意的合理期限内)向监理工程师提交详细的申述报告(延期理由及依据)。监理工程师收到该报告后应及时进行调查核实,准确地提出工程延期的时间。

当延期事件具有持续性,承包单位在合同规定的有效期内不能提交最终详细的申述报告时,应先向监理工程师提交阶段性的详细报告。监理工程师应在调查核实阶段性报告的基础上,尽快作出延长工期的临时决定。临时决定的延期事件不宜太长,一般不应超过最终批准的延期时间。

待延期事件结束后,承包单位应在合同规定的期限内向监理工程师提交最终的详情报告。监理工程师应复查详细报告的全部内容,然后确定该延期事件所需要的延期时间。

对于一时难以作出结论的延期事件,即使不属于持续性的事件,也可以采用先作出临

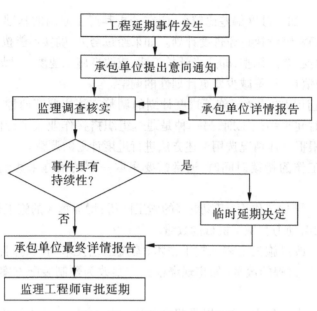

图 3.15　工程延期的审批程序

时延期的决定,然后再作出最后决定的办法。这样既可以保证充足的时间处理延期事件,又可以避免由于处理不及时而造成的损失。

3)工程延期的审批原则　监理工程师在审批工程延期时应遵循下列原则:

①合同条件　监理工程师批准的工程延期必须符合合同条件。也就是说,导致工期拖延的原因确定是属于承包单位自身以外的,否则不能批准为工程延期。这是监理工程师审批工程延期的根本原则。

②关键线路　发生延期事件的工程部位,必须在施工进度计划的关键线路上时,才能批准工程延期。如果延期事件发生在非关键线路上,且延长的时间并未超过其总时差时,即使符合批准为工程延期的合同条件,也不能批准工程延期。

③实际情况　批准的工程延期必须符合实际情况。为此,承包单位应对延期事件发生后的各类有关细节进行详细记录,并及时向监理工程师提交详细报告。与此同时,监理工程师也应对施工现场进行详细考察和分析,并做好有关记录,从而为合理确定工程延期时间提供可靠依据。

(2)工程延期的控制　发生工程延期事件,不仅影响工程的进展,而且会给业主带来损失。因此,监理工程师应做好以下工作,以减少或避免工程延期事件的发生:

1)选择合适的时机下达工程开工令　在 FIDIC 合同条件下,监理工程师在下达工程开工令之前,应充分考虑业主的前期准备工作是否充分,特别是征地、拆迁问题是否解决,设计图纸能否及时提供,以及付款方面有无问题等,以避免由于上述问题缺乏准备而造成工程延期。

2)提醒业主履行施工承包合同中所规定的义务　在施工过程中,监理工程师应经常提醒业主履行自己的职责,提前做好施工场地及设计图纸的提供工作,并能及时支付工程进度款,以减少或避免由此而造成的工程延期。

3)妥善处理工程延期事件　当延期事件发生后,监理工程师应根据合同规定进行妥善处理。既要尽量减少工程延期时间及损失,又要在详细调查研究的基础上合理批准工程延期时间。

此外,业主在施工过程中应尽量少干预、多协调,以避免由于业主干扰和阻碍而导致延期时间的发生。

3.4　安全管理

随着改革的不断深入、社会发展的日新月异,建筑市场逐步规范并形成了一个有序、公平、公正的竞争环境,随着科学技术的进步,基本建设规模的大型建筑、高层建筑以及地下结构形式越来越多。新技术、新材料、新设备的广泛应用;工艺设计、结构设计越来越复杂;自动化施工程度日渐提高,而传统的安全管理模式受到极大的冲击,安全事故频繁发生尤其是触目惊心的安全事故现状,告诫人们,仅靠政府职能部门加强监督管理和依法干预以及施工企业安全生产管理是不够的,还必须动员社会力量参与安全管理的某些活动,落实“安全第一、预防为主、综合治理”的安全方针,属于社会属性的安全监理便应运而生了。安全监理是建设监理的重要组成部分,是建设工程安全管理的重要内容,还是促进施工现场安全管理水平提高的有效方法。实践说明,多数施工企业通过内部实施了各种强化的安全管理措施和有效地实施了安全监理,使安全生产逐步走向规范化、程序化、科学化,使施工中的安全风险程度降低,消除了事故隐患,制止了建设行为中的冒险性、盲目性和随意性,确保了工程建设的安全性。建设工程安全顺利地实施,对建设单位、施工单位和监理单位都是有利的。

3.4.1　安全管理的基本概念和内容、工作、责任及义务

3.4.1.1　**安全管理基本概念**

《建筑法》第三十六条指出:建筑工程安全生产管理必须坚持“安全第一,预防为主”的方针,建立健全安全生产的责任制度和群防群治制度。

建筑安全生产管理是指建设行政主管部门、建筑安全监督管理机构、建筑施工企业及有关单位对建筑生产过程中的安全工作,进行计划、组织、指挥、控制、监督等一系列的管理活动。

安全第一是从保护和发展生产力的角度,表明在生产范围内安全与生产的关系,肯定安全在建筑生产活动中的首要位置和重要性。

预防为主是指在建筑生产活动中,针对建筑生产的特点,对生产要素采取管理措施,有效地控制不安全因素的发展与扩大,把可能发生的事故消灭在萌芽状态,以保证生产活动中人的安全与健康。安全第一、预防为主的方针,体现了国家对在建筑工程安全生产过程中“以人为本”,保护劳动者权利、保护社会生产力、保护建筑生产的高度重视。

安全管理的内容包括安全生产的法规建设、监督管理、文明施工、事故处理、安全教育培训、安全管理资料等。

安全管理的根本问题主要有两个方面,一是抓安全管理的正确态度;二是抓安全组

织和技术措施。生产活动中必须坚持全员、全过程、全方位、全天候的动态安全管理。

3.4.1.2　建设工程安全监理的主要工作内容

监理单位应当按照法律、法规和工程建设强制性标准及监理委托合同实施监理,对所监理工程的施工安全生产进行监督检查,具体内容如下。

(1)施工准备阶段安全监理的主要工作内容

1)监理单位应根据《建设工程安全生产管理条例》(以下简称《条例》)的规定,按照工程建设强制性标准、《建设工程监理规范》和相关行业监理规范的要求,编制包括安全监理内容的项目监理规划,明确安全监理的范围、内容、工作程序和制度措施,以及人员配备计划和职责等。

2)对中型及以上项目,按照《条例》第二十六条规定,施工单位应当在施工组织设计中编制安全技术措施和施工现场临时用电方案,对下列达到一定规模的危险性较大的分部分项工程编制专项施工方案,并附具安全验算结果,经施工单位技术负责人、总监理工程师签字后实施,由专职安全生产管理人员进行现场监督:①基坑支护与降水工程;②土方开挖工程;③模板工程;④起重吊装工程;⑤脚手架工程;⑥拆除、爆破工程;⑦国务院建设行政主管部门或者其他有关部门规定的其他危险性较大的工程。

对前款所列工程中涉及深基坑、地下暗挖工程、高大模板工程的专项施工方案,施工单位还应当组织专家进行论证、审查。

本条第一款规定的达到一定规模的危险性较大工程的标准,由国务院建设行政主管部门会同国务院其他有关部门制定。

规定的危险性较大的分部分项工程,监理单位应当编制监理实施细则。实施细则应当明确安全监理的方法、措施和控制要点,以及对施工单位安全技术措施的检查方案。

3)审查施工单位编制的施工组织设计中的安全技术措施和危险性较大的分部分项工程安全专项施工方案是否符合工程建设强制性标准要求。审查的主要内容应当包括:①施工单位编制的地下管线保护措施方案是否符合强制性标准要求;②基坑支护与降水、土方开挖与边坡防护、模板、起重吊装、脚手架、拆除、爆破等分部分项工程的专项施工方案是否符合强制性标准要求;③施工现场临时用电施工组织设计或者安全用电技术措施和电气防火措施是否符合强制性标准要求;④冬季、雨季等季节性施工方案的制定是否符合强制性标准要求;⑤施工总平面布置图是否符合安全生产的要求,办公、宿舍、食堂、道路等临时设施设置以及排水、防火措施是否符合强制性标准要求。

4)检查施工单位在工程项目上的安全生产规章制度和安全监管机构的建立、健全及专职安全生产管理人员配备情况,督促施工单位检查各分包单位的安全生产规章制度的建立情况。

5)审查施工单位资质和安全生产许可证是否合法有效。

6)审查项目经理和专职安全生产管理人员是否具备合法资格,是否与投标文件相一致。

7)审核特种作业人员的特种作业操作资格证书是否合法有效。

8)审核施工单位应急救援预案和安全防护措施费用使用计划。

(2)施工阶段安全监理的主要工作内容

1）监督施工单位按照施工组织设计中的安全技术措施和专项施工方案组织施工,及时制止违规施工作业。

　　2）定期巡视检查施工过程中的危险性较大工程作业情况。

　　3）核查施工现场施工起重机械、整体提升脚手架、模板等自升式架设设施和安全设施的验收手续。

　　4）检查施工现场各种安全标志和安全防护措施是否符合强制性标准要求,并检查安全生产费用的使用情况。

　　5）督促施工单位进行安全自查工作,并对施工单位自查情况进行抽查,参加建设单位组织的安全生产专项检查。

3.4.1.3　建设工程安全监理的工作程序

　　(1)监理单位按照《建设工程监理规范》和相关行业监理规范要求,编制含有安全监理内容的监理规划和监理实施细则。

　　(2)在施工准备阶段,监理单位审查核验施工单位提交的有关技术文件及资料,并由项目总监在有关技术文件报审表上签署意见;审查未通过的,安全技术措施及专项施工方案不得实施。

　　(3)在施工阶段,监理单位应对施工现场安全生产情况进行巡视检查,对发现的各类安全事故隐患,应书面通知施工单位,并督促其立即整改;情况严重的,监理单位应及时下达工程暂停令,要求施工单位停工整改,并同时报告建设单位。安全事故隐患消除后,监理单位应检查整改结果,签署复查或复工意见。施工单位拒不整改或不停工整改的,监理单位应当及时向工程所在地建设主管部门或工程项目的行业主管部门报告,以电话形式报告的,应当有通话记录,并及时补充书面报告。检查、整改、复查、报告等情况应记载在监理日志、监理月报中。

　　监理单位应核查施工单位提交的施工起重机械、整体提升脚手架、模板等自升式架设设施和安全设施等验收记录,并由安全监理人员签收备案。

　　(4)工程竣工后,监理单位应将有关安全生产的技术文件、验收记录、监理规划、监理实施细则、监理月报、监理会议纪要及相关书面通知等按规定立卷归档。

3.4.1.4　建设工程安全生产的监理责任

　　(1)监理单位应对施工组织设计中的安全技术措施或专项施工方案进行审查,未进行审查的,监理单位应承担《条例》第五十七条规定。违反本条例的规定,工程监理单位有下列行为之一的,责令限期改正;逾期未改正的,责令停业整顿,并处 10 万元以上 30 万元以下的罚款;情节严重的,降低资质等级,直至吊销资质证书;造成重大安全事故,构成犯罪的,对直接责任人员,依照刑法有关规定追究刑事责任;造成损失的,依法承担赔偿责任:①未对施工组织设计中的安全技术措施或者专项施工方案进行审查的;②发现安全事故隐患未及时要求施工单位整改或者暂时停止施工的;③施工单位拒不整改或者不停止施工,未及时向有关主管部门报告的;④未依照法律、法规和工程建设强制性标准实施监理的法律责任。

　　施工组织设计中的安全技术措施或专项施工方案未经监理单位审查签字认可,施工单位擅自施工的,监理单位应及时下达工程暂停令,并将情况及时书面报告建设单位。监理单位未及时下达工程暂停令并报告的,应承担《条例》第五十七条规定的法律责任。

(2)监理单位在监理巡视检查过程中,发现存在安全事故隐患的,应按照有关规定及时下达书面指令要求施工单位进行整改或停止施工。监理单位发现安全事故隐患没有及时下达书面指令要求施工单位进行整改或停止施工的,应承担《条例》第五十七条规定的法律责任。

(3)施工单位拒绝按照监理单位的要求进行整改或者停止施工的,监理单位应及时将情况向当地建设主管部门或工程项目的行业主管部门报告。监理单位没有及时报告的,应承担《条例》第五十七条规定的法律责任。

(4)监理单位未依照法律、法规和工程建设强制性标准实施监理的,应当承担《条例》第五十七条规定的法律责任。

监理单位履行了上述规定的职责,施工单位未执行监理指令继续施工或发生安全事故的,应依法追究监理单位以外的其他相关单位和人员的法律责任。

3.4.1.5 落实安全生产监理责任的主要工作

(1)健全监理单位安全监理责任制 监理单位法定代表人应对本企业监理工程项目的安全监理全面负责。总监理工程师要对工程项目的安全监理负责,并根据工程项目特点,明确监理人员的安全监理职责。

(2)完善监理单位安全生产管理制度 在健全审查核验制度、检查验收制度和督促整改制度基础上,完善工地例会制度及资料归档制度。定期召开工地例会,针对薄弱环节,提出整改意见,并督促落实;指定专人负责监理内业资料的整理、分类及立卷归档。

(3)建立监理人员安全生产教育培训制度 监理单位的总监理工程师和安全监理人员须经安全生产教育培训后方可上岗,其教育培训情况记入个人继续教育档案。

各级建设主管部门和有关主管部门应当加强建设工程安全生产管理工作的监督检查,督促监理单位落实安全生产监理责任,对监理单位实施安全监理给予支持和指导,共同督促施工单位加强安全生产管理,防止安全事故的发生。

3.4.2 实施建设工程安全监理的措施

随着我国建筑行业体制改革的深入,建设监理制度已得到全面推广,建设单位、施工单位和监理单位都认识到:抓好建筑施工安全工作,不仅是员工生命安全和身体健康的保障,也是保证建设工程施工工期和发挥投资效益的基础。

3.4.2.1 应增强监理人员的责任意识,落实安全监督管理机制

建设工程安全责任是法律责任的一部分,来源于法律和委托合同。国家已颁布有关法规,对监理单位、建设单位、勘察设计单位、施工机械设备安装单位等工程建设各相关单位所承担的安全责任提出了明确规定,所以监理企业承担安全责任已有法律依据。监理单位的服务范围除"三控制二管理一协调"外,还加上了安全监理,实质上是监理的业务范围扩大了,这是监理行业逐步与国际惯例接轨的决策,也是适合中国建筑市场整体发展所需要的。为适应安全监理业务的需求,监理单位要对从事安全监理工作的人员进行安全监理业务培训,提高监理业务水平,并要求其取得相应的岗位资格证书,尽快进入角色,以适应建筑市场发展。工程项目监理组作为监理单位派驻工程现场全面履行监理合同的

机构,将直接承担安全监理的职责,总监理工程师是项目监理组安全监理第一责任人。项目总监必须在自觉提高自身安全监理业务素质的同时,强化项目监理人员安全监理责任意识,牢固树立"安全第一,预防为主"的思想,真正把安全监理作为监理的主要工作之一并始终贯穿于工程项目监理的全过程。

3.4.2.2 明确各施工阶段安全监理重心,有效开展安全监理工作

安全监理作为建设监理的重要组成部分,应划分为施工招投标、施工准备、施工实施、竣工验收四个阶段的安全监理,各阶段工作各有所不同。施工招投标阶段应审查施工单位的专业资质,协助建设单位拟定与施工单位之间有关协议及审查总包单位与分包单位之间的安全协议;施工准备阶段应依据有关安全生产的法令、法规和工程建设强制性标准规定,明确项目安全监理人员的职责,制定安全监理程序,审查总承包单位项目安全生产责任制、安全管理网络和各项安全技术措施,核查已到达施工现场的材料、工具、机械设备的检验证明和安全状态等;施工阶段应严格按安全监理程序开展安全监理工作,各岗位监理人员应履行其相应职责,总监的主管部门应根据工程进度对现场监理工作检查和指导;竣工验收阶段应督促施工单位制定安全保卫、防火制度,防止建筑产品及设备损坏。以房屋建筑施工阶段安全监理为例,监理企业应按施工准备阶段、地基与基础施工阶段、土方开挖工程施工阶段、主体结构工程施工阶段、装饰工程施工阶段、竣工验收阶段包括特殊施工场所的安全防火监理的特点编制监理要求和监理工作程序,指导项目监理组工作,监理人员应严格按其要求开展安全监理工作。

3.4.2.3 应用危险控制技术确保施工安全

控制事故隐患是安全监理的最终目的,系统危险的辨别预测、分析评价都是危险控制技术。危险控制技术分宏观控制技术和微观控制技术两大类。宏观控制技术以整个工程项目为对象,对危险进行控制。采用的技术手段有法制手段(政策、法令、规章)、经济手段(奖、罚、惩)和教育手段(入场安全教育、特殊工种教育),安全监理则以法律和教育手段为主。微观控制技术以具体的危险源为控制对象,以系统工程为原理,对危险进行控制。所采用的手段主要是工程技术措施和管理措施,安全监理则以管理措施为主,加强有关的安全检查和技术方案审核工作。安全监理随着研究对象不同,方法措施也完全不同,应做到宏观控制与微观控制互相依存、缺一不可。

通过利用危险控制技术,做到预知危险、杜绝危险,把安全事故发生降到最低,为安全施工保驾护航。

3.4.2.4 工程项目施工过程的安全监理

施工安全监理的目的是通过对项目施工单位安全保证体系的审核及现场安全措施实施效果的检查来实施控制,消除施工现场人的不安全行为和物的不安全状态来保证项目施工按照既定的施工方案进行,不发生安全事故,不造成人身伤亡和财产损失,使施工项目效益目标的实现得到充分保证。

(1)督促施工单位落实安全生产组织保证体系,建立健全安全生产责任制。工程项目总承包单位企业法定代表人对本企业施工安全生产负全面责任;项目经理是本项目安全生产第一责任人,对项目施工中安全生产负责。实行总分包的总包单位,要对分包单位的安全生产工作实行统一领导、统一管理。对分包单位承揽的工程,总包单位要做详细的

安全交底,提出明确的安全要求,并认真实施监督检查。监理要检查施工单位安全生产组织保证体系是否建立,安全生产责任制是否落实,安全生产保证体系是否有效运行,要求所有参与工程的施工单位都必须严格贯彻执行安全生产的各项规章制度。

(2)要求施工单位持之以恒地开展遵章守纪安全教育。要求项目部加强法制教育;督促施工单位项目经理部定期或不定期组织项目部管理人员及作业人员学习国家和行业现行的安全生产法规和施工安全技术规范、规程、标准;抓好工人入场"三级安全教育";督促施工单位在每道工序施工前,认真进行书面和口头的安全技术交底,并办理签名手续;根据工程进度并针对事故多发季节,组织施工方召开安全工作专题会议,鼓励其开展各种形式的安全教育活动。

(3)督促施工方在狠抓安全检查的同时及时落实安全隐患的整改工作。建立健全施工现场安全管理机构,配备专职安全人员;加强施工现场外脚手架、洞口、临边、安全网架设、施工用电的动态巡视检查。对整体提升脚手架、模板、塔吊、机具应要求施工单位在安装后组织验收,严格办理合格使用移交手续,防止防护措施不足及带病运转使用。

(4)监督施工单位使用合格的安全防护用品。施工现场必须使用质量合格的安全防护用品。对安全网、安全帽、安全带、漏电保护开关、标准配电箱、脚手架连接件等要进行材料报审工作,确保采购符合国家标准要求的产品。施工单位按规定使用前要进行检查和检测,严禁使用劣质、失效或国家明令淘汰产品,以保证防护用品的安全使用。

(5)审批施工单位施工方案及安全技术措施并督促其实施。

3.4.2.5 对工程参与各方履行安全职责行为的检查

监理单位除了对施工单位加强安全监理外,还有权对建设、勘察、设计、机械设备安装等工程参与各方履行其安全责任的行为进行监督,对违反有关条文规定或拒不履行其相应职责而可能严重影响施工安全的行为,通报政府有关建设工程安全监督部门,以确保工程施工安全。

此外,现场安全监理工作是一项动态管理工作,应注重长效管理。在不同施工阶段,对重要部位及事故易发场所应加强巡视检查,对发现的不安全因素及安全隐患,总监理工程师或专职安全监理员应及时发出整改指令,督促有关责任单位制定切实有效的整改措施报总承包单位技术部门审核后实施。工程监理单位在实施监理过程中,发现存在安全隐患的,应当要求施工单位整改;情况严重的应当要求施工单位暂时停止施工,并及时报告建设单位;施工单位拒不整改或者不停止施工的,工程监理单位应及时向有关主管部门报告。

3.4.3 项目机构的人员岗位安全职责

3.4.3.1 总监理工程师职责

(1)审查分包单位的安全生产许可证,并提出审查意见。

(2)审查施工组织设计中的安全技术措施。

(3)审查专项施工方案。

(4)参与工程安全事故的调查。

(5)组织编写并签发安全监理工作阶段报告、专题报告和项目安全监理工作总结。

（6）组织监理人员定期对工程项目进行安全检查。

（7）核查承包单位的施工机械、安全设施的验收手续。

（8）发现存在安全事故隐患的，应当要求施工单位限期整改。

（9）发现存在情况严重的安全事故隐患的，应当要求施工单位暂停施工；并及时报告建设单位。

（10）施工单位拒不整改或拒不停工的，应及时向政府有关部门报告。

3.4.3.2 专业监理工程师安全监理职责

（1）审查施工组织设计中专业安全技术措施，并向总监提出报告。

（2）审查本专业专项施工方案，并向总监提出报告。

（3）核查本专业的施工机械、安全设施的验收手续，并向总监提出报告。

（4）组织专业人员对工程项目进行安全检查。

（5）检查现场安全物资（材料、设备、施工机械、安全防护用具等）的质量证明文件及其情况。

（6）检查、督促承办单位建立健全并落实施工现场安全管理体系和安全生产管理制度。

（7）监督承包单位按照法律法规、工程建设强制性标准和审查的施工组织设计、专项施工方案组织施工。

（8）发现存在安全事故隐患的，应当要求施工单位整改，情况严重的安全隐患，应当要求施工单位暂停施工，并向总监报告。

（9）督促施工单位做好逐级安全技术交底工作。

（10）每周例行检查并做好检查记录。

3.4.3.3 监理员安全岗位职责

（1）检查承包单位施工机械、安全设施的使用、运行状况并做好检查记录。

（2）按设计图纸和有关法律法规、工程建设强制性标准对承包单位的施工生产进行检查和记录。

（3）担任旁站工作。

3.4.4 安全监理资料

安全监理资料包括安全监理内部管理资料和审查或检查验收施工单位安全措施的管理资料。

3.4.4.1 安全监理内部管理资料

（1）安全监理规划。

（2）分项或分部安全监理实施细则。

（3）专项安全施工监理实施细则。

（4）监理日志。

（5）监理月报。

（6）安全监理台账。

（7）建筑施工现场安全检查日检表。

（8）安全检查隐患整改监理通知单。

3.4.4.2　审查或检查施工单位的安全管理资料

（1）现场安全管理资料

1）施工组织设计、专项安全施工方案。

2）现场安全文明施工管理组织机构及责任划分表。

（2）安全文明防护资料

1）安全生产协议书,安全文明生产承诺书以及安全生产措施备案表。

2）项目部安全生产责任制度。

3）分项或分部工程或专项安全施工方案的安全措施。

4）各类安全防护设施的检查验收记录。

5）安全技术交底记录。

6）特殊工种名册及复印件。

7）入场安全教育记录。

8）防护用品合格证及检测资料。

9）临时用电安全检查验收记录。

10）施工机械安全检查验收记录。

11）保卫、消防安全检查记录。

12）料具安全检查记录。

13）现场环境保护检查记录。

14）环境卫生检查记录。

15）安全检查评分表、汇总表。

3.5　目标管理

3.5.1　目标控制概述

3.5.1.1　控制流程及其基本环节

（1）控制流程　建设工程的目标控制是一个有限循环过程,表现为周期性的循环过程。通常,在工程建设监理的实践中,投资控制、进度控制和常规质量控制问题的控制周期按周或月计,而严重的工程质量问题和事故,则需要及时加以控制。目标控制也可能包含着对已采取的目标控制措施的调整或控制。建设工程目标控制的流程可用图 3.16 表示。

由于工程项目系统本身的状态和外部环境是不断变化的,相应地就要求控制工作也随之变化,目标控制的能力和水平也要不断提高,这表明目标控制是一种动态控制过程。

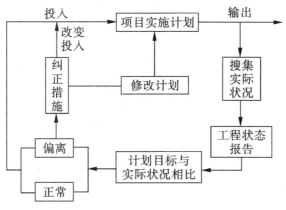

图 3.16　控制程序流程图

(2)控制流程的基本环节　控制流程可以进一步抽象为投入、转换、反馈、对比、纠正五个基本环节。

1)投入　控制流程的每一循环始于投入。对于建设工程的目标控制流程来说,投入首先涉及的是传统的生产要素,包括人力(管理人员、技术人员、工人)、建筑材料、工程设备、施工机具、资金等;此外还包括施工方法、信息等。要使计划能够正常实施并达到预定的目标,就应当保证将质量、数量符合计划要求的资源按规定时间和地点投入到建设工程实施过程中去,投入是建设工程目标控制流程的基本环节。

2)转换　所谓转换,是指由投入到产出的转换过程,如建设工程的建造过程、设备购置等活动。转换过程,通常表现为劳动力(管理人员、技术人员、工人)运用劳动资料(如施工机具)将劳动对象(如建筑材料、工程设备等)转变为预定的产出品,在转换过程中,计划的运行往往受到来自外部环境和内部系统的多因素干扰,从而造成实际状况偏离预定的目标和计划。同时,由于计划本身不可避免地存在一定问题,从而造成实际输出与计划输出之间发生偏差。对于可以及时解决的问题,应及时采取纠偏措施,避免"积重难返"。

在建设工程实施过程中,监理工程师应当跟踪了解工程进展情况,掌握第一手资料,为分析偏差原因、确定纠偏措施提供可靠依据,是建设工程目标控制中转换环节的重要工作。

3)反馈　由于建设工程实施过程中的每个变化都会给目标和计划的实现带来一定的影响,所以控制部门和控制人员需要全面、及时、准确地了解计划的执行情况及其结果,而这就需要通过反馈信息来实现。需要设计信息反馈系统,预先确定反馈信息的内容、形式、来源、传递等,使每个控制部门和人员都能及时获得他们所需要的信息。

信息反馈方式可以分为正式和非正式两种。对非正式信息反馈也应当予以足够的重视。非正式信息反馈应当适时转化为正式信息反馈,才能更好地发挥其对控制的作用。

4)对比　对比是将目标的实际值与计划值进行比较,以确定是否发生偏离。目标的

实际值来源于反馈信息。在对比工作中,要注意以下几点:

①明确目标实际值与计划值的内涵 从目标形成的时间来看,在前者为计划值,在后者为实际值。

②合理选择比较的对象 在实际工作中,最为常见的是相邻两种目标值之间的比较。在许多建设工程中,我国业主往往以批准的设计概算作为投资控制的总目标,这时,合同价与设计概算、结算价与设计概算的比较也是必要的。另外,结算价以外各种投资值之间的比较都是一次性的,而结算价与合同价(或设计概算)的比较则是经常性的,一般是定期(如每月)比较。

③建立目标实际值与计划值之间的对应关系 目标的分解深度、细度可以不同,但分解的原则、方法必须相同,从而可以在较粗的层次上进行目标实际值与计划值的比较。

④确定衡量目标偏离的标准 要正确判断某一目标是否发生偏差,就要预先确定衡量目标偏离的标准。

5)纠正(或称纠偏) 对于目标实际值偏离计划值的情况要采取措施加以纠正。根据偏差的具体情况,进行纠偏应采取的措施见表3.2。

表3.2 进行纠偏应采取的措施

纠偏项目	纠偏措施
直接纠偏	是在轻度偏离的情况下,不改变原定目标的计划值,基本不改变原定的实施计划,在下一个控制周期内,使目标的实际值控制在计划值范围内。例如,某建设工程某月的实际进度比计划进度拖延了1~2天,则在下个月中适当增加人力、施工机械的投入量即可使实际进度恢复到计划状态
不改变总目标的计划值,调整后期实施计划	是在中度偏离情况下所采取的对策
重新确定目标的计划值,并据此重新制订实施计划	是在重度偏离情况下所采取的对策

要正确判断某一目标是否发生偏差,就要预先确定衡量目标偏离的标准。

对于建设工程目标控制来说,纠偏一般是针对正偏差(实际值大于计划值)而言的,如投资增加、工期拖延。对于负偏差(如投资节约、工期提前)的情况,要仔细分析其原因,排除假象。建设工程实施过程中,产生负偏差的假象可能是:投资的实际值存在缺项、计算依据不当、投资计划值中的风险费估计过高。

3.5.1.2 控制类型

根据划分依据的不同,可将控制分为不同的类型,见表3.3。

表 3.3 控制类型的划分

划分依据	控制类型
按照控制措施作用于控制对象的时间	事前控制、事中控制和事后控制
按照控制过程是否形成闭合回路	开环控制和闭环控制
按照控制措施制定的出发点	主动控制和被动控制

控制类型的划分是人为的(主观的),是根据不同的分析目的而选择的,而控制措施本身是客观的。

同一控制措施可以表述为不同的控制类型,或者说,不同划分依据的不同控制类型之间存在内在的同一性。

主动控制与被动控制的概念分析见表 3.4。

表 3.4 主动控制与被动控制的概念分析

主动控制	被动控制
主动控制,是在预先分析各种风险因素及其导致目标偏离的可能性和程度的基础上,拟定和采取有针对性的预防措施,从而减少乃至避免目标偏离	被动控制,是从计划的实际输出中发现偏差,通过对产生偏差原因的分析,研究制定纠偏措施,以使偏差得以纠正,工程实施恢复到原来的计划状态,或虽然不能恢复到计划状态但可以减少偏差的严重程度
主动控制是一种事前控制。它必须在计划实施之前就采取控制措施,以降低目标偏离的可能性或其后果的严重程度,起到防患于未然的作用	被动控制是一种事中控制和事后控制。它是在计划实施过程中对已经出现的偏差采取控制措施,它虽然不能降低目标偏离的可能性,但可以降低目标偏离的严重程度,并将偏差控制在尽可能小的范围内
主动控制是一种前馈控制。它主要是根据已建同类工程实施情况的综合分析结果,结合拟建工程的具体情况和特点,将教训上升为经验,用以指导拟建工程的实施,起到避免重蹈覆辙的作用	被动控制是一种反馈控制。它是根据工程实施情况(即反馈信息)的综合分析结果进行的控制,其控制效果在很大程度上取决于反馈信息的全面性、及时性和可靠性
主动控制通常是一种开环控制	被动控制是一种闭环控制,即循环控制
主动控制是一种面对未来的控制,它可以解决传统控制过程中存在的时滞影响,尽最大可能避免偏差已经成为现实的被动局面,降低偏差发生的概率及其严重程度,从而使目标得到有效控制	被动控制是一种面对现实的控制。虽然目标偏离已成为客观事实,但是,通过被动控制措施,仍然可能使工程实施恢复到计划状态,至少可以减少偏差的严重程度

(1)主动控制 主动控制是在预先分析各种风险因素及其导致目标偏离的可能性和

程度的基础上,拟定和采取有针对性的预防措施,从而减少乃至避免目标偏离。主动控制是事前控制、前馈控制、开环控制,是面对未来的控制。

(2)被动控制　所谓被动控制,是从计划的实际输出中发现偏差,通过对产生偏差原因的分析,研究制定纠偏措施,以使偏差得以纠正,工程实施恢复到原来的计划状态,或虽然不能恢复到计划状态但可以减少偏差的严重程度。被动控制是事中控制和事后控制、反馈控制、闭环控制,是面对现实的控制。

(3)主动控制与被动控制的关系　在建设工程实施过程中,如果仅仅采取被动控制措施,难以实现预定的目标。但是,仅仅采取主动控制措施却是不现实的,或者说是不可能的,有时可能是不经济的。这表明,是否采取主动控制措施以及采取何种主动控制措施,应在对风险因素进行定量分析的基础上,通过技术经济分析和比较来决定。因此,对于建设工程目标控制来说,主动控制和被动控制两者缺一不可,应将主动控制与被动控制紧密结合起来。

要做到主动控制与被动控制相结合,关键在于处理好以下两方面问题:一是要扩大信息来源,即不仅要从本工程获得实施情况的信息,而且要从外部环境获得有关信息,包括已建同类工程的有关信息,这样才能对风险因素进行定量分析,使纠偏措施有针对性;二是要把握好输入这个环节,即要输入两类纠偏措施,不仅有纠正已经发生的偏差的措施,而且有预防和纠正可能发生的偏差的措施,这样才能取得较好的控制效果。

在建设工程实施过程中,应当认真研究并制定多种主动控制措施,尤其要重视那些基本上不需要耗费资金和时间的主动控制措施,如组织、经济、合同方面的措施,并力求加大主动控制在控制过程中的比例。

3.5.1.3　目标控制的前提工作

目标控制的前提工作包括两个方面:一是目标规划和计划;二是目标控制的组织。

(1)目标规划和计划　目标规划和计划越明确、越具体、越全面,目标控制的效果就越好。

1)目标规划和计划与目标控制的关系　目标规划需要反复进行多次,这表明目标规划和计划与目标控制的动态性相一致。随着建设工程的进展,目标规划需要在新的条件和情况下不断深入、细化,并可能需要对前一阶段的目标规划作出必要的修正或调整。由此可见,目标规划和计划与目标控制之间表现出一种交替出现的循环关系。

2)目标控制的效果　这在很大程度上取决于目标规划和计划的质量。应当说,目标控制的效果直接取决于目标控制的措施是否得力,是否将主动控制与被动控制有机地结合起来,以及采取控制措施的时间是否及时等。但是,虽然目标控制的效果是客观的,而人们对目标控制效果的评价却是主观的,通常是将实际结果与预定的目标和计划进行比较。如果出现较大的偏差,一般就认为控制效果较差;反之,则认为控制效果较好。从这个意义上讲,目标控制的效果在很大程度上取决于目标规划和计划的质量。因此,必须合理确定并分解目标,并制订可行且优化的计划。计划不仅是对目标的实施,也是对目标的进一步论证。计划是许多更细、更具体的目标的组合。制订计划首先要保证计划的技术、资源、经济和财务可行性,还应根据一定的方法和原则力求使计划优化。对计划的优化实际上是作多方案的技术经济分析和比较。

计划制订得越明确、越完善,目标控制的效果就越好。

(2)目标控制组织　目标控制的组织机构和任务分工越明确、越完善,目标控制的效果就越好。为了有效地进行目标控制,需要做好以下几方面的组织工作:①设置目标控制机构;②配备合适的目标控制人员;③落实目标控制机构和人员的任务和职能分工;④合理组织目标控制的工作流程和信息流程。

3.5.2　建设工程目标的确定

3.5.2.1　建设工程目标确定的依据

建设工程目标规划是一项动态性工作,在建设工程的不同阶段都要进行,因而建设工程的目标并不是一经确定就不再改变的。由于建设工程不同阶段所具备的条件不同,目标确定的依据自然也就不同。一般来说,在施工图设计完成之后,目标规划的依据比较充分,目标规划的结果也比较准确和可靠。但是,对于施工图设计完成以前的各个阶段来说,建设工程数据库具有十分重要的作用,应予以足够的重视。

建立建设工程数据库,至少要做好以下几方面工作:一是按照一定的标准对建设工程进行分类;二是对各类建设工程采用的结构体系进行统一分类;三是数据既要有一定的综合性又要能足以反映建设工程的基本情况和特征。

建设工程数据库对建设工程目标确定的作用,在很大程度上取决于数据库中与拟建工程相似的同类工程的数量。

3.5.2.2　建设工程数据库的应用

要确定某一拟建工程的目标,首先必须大致明确该工程的基本技术要求。在应用建设工程数据库时,往往要对其中的数据进行适当的综合处理,必要时可将不同类型工程的不同分部工程加以组合。同时,要认真分析拟建工程的特点,找出拟建工程与已建类似工程之间的差异,并定量分析这些差异对拟建工程目标的影响。另外,必须考虑时间因素和外部条件的变化,采取适当的方式加以调整。

3.5.3　建设工程三大目标之间的关系

从建设工程业主的角度出发,往往希望该工程的投资少、工期短(或进度快)、质量好。如果采取某种措施可以同时实现其中两个要求(如既投资少又工期短),则该两个目标之间就是统一的关系;反之,如果只能实现其中一个要求(如工期短),而另一个要求不能实现(如质量差),则该两个目标(即工期和质量)之间就是对立的关系。

3.5.3.1　建设工程三大目标之间的对立关系

建设工程三大目标之间的对立关系比较直观,易于理解。不能奢望投资、进度、质量三大目标同时达到"最优",即既要投资少,又要工期短,还要质量好。

3.5.3.2　建设工程三大目标之间的统一关系

建设工程的总目标由进度、质量、投资三大分目标组成,这三大目标之间存在着对立统一的关系,需要从不同的角度分析和理解。

通常情况下,如要缩短工期,就得增加投资;而加快进度、工期提前,则可提前发挥效益;不适当地加快进度,又会影响质量;质量要求高,投资要相应增加,进度也会受影响。

要实现三者的优化,就得利用网络优化技术。特别是施工阶段受到自然条件、工程变更等因素的影响,原定的网络计划则必须优化,即当约束条件一旦改变,整个网络也就改变了,也就是说,只要工期受影响,质量与投资势必会受影响,三者中总是侧重于某一方面的。于是便有了工期优化、质量优化、费用优化以及三者之间的混合优化。在对建设工程三大目标对立统一关系进行分析时,同样需要将投资、进度、质量三大目标作为一个系统统筹考虑,需要反复协调和平衡,力求实现整个目标系统最优。

对投资、进度、质量三大目标之间的统一关系进行分析时要注意以下几方面问题:一是掌握客观规律,充分考虑制约因素;二是对未来的、可能的收益不宜过于乐观;三是将目标规划和计划结合起来。

3.5.4 建设工程目标的分解

3.5.4.1 目标分解的原则

(1)能分能合。要求目标分解有明确的依据并采用适当的方式。

(2)按工程部位分解,不按工种分解。

(3)区别对待,有粗有细。对不同工程内容目标分解的层次或深度,要根据目标控制的实际需要和可能来确定。

(4)有可靠的数据来源。目标分解所达到的深度应以能够取得可靠的数据为原则。

(5)目标分解结构与组织分解结构相对应。目标分解结构在较粗的层次上应当与组织分解结构一致。

3.5.4.2 目标分解的方式

按工程内容分解建设工程是目标分解最基本的方式,适用于投资、进度、质量三个目标的分解。目标分解应当达到的层次,一方面取决于工程进度所处的阶段、资料的详细程度、设计所达到的深度等;另一方面还取决于目标控制工作的需要。

建设工程的投资目标还可以按总投资构成内容和资金使用时间(即进度)分解。

3.5.5 建设工程目标控制的任务和措施

3.5.5.1 建设工程设计阶段和施工阶段的特点

(1)设计阶段的特点

1)设计工作表现为创造性的脑力劳动。设计劳动投入量与设计产品的质量之间并没有必然的联系。

2)设计阶段是决定建设工程价值和使用价值的主要阶段。在设计阶段可以基本确定整个建设工程的价值,其精度取决于设计所达到的深度和设计文件的完善程度。

3)设计阶段是影响建设工程投资程度的关键阶段。这里所说的"影响投资的程度",不能仅从投资的绝对数额上理解,不能由此得出投资额越少、设计效果越好的结论。所谓节约投资,是相对于建设工程通过设计所实现的具体功能和使用价值而言,应从价值工程和全寿命费用的角度来理解。

4)设计工作需要反复协调。首先,建设工程的设计涉及许多不同的专业领域,需要在各专业设计之间进行反复协调;其次,在设计过程中,还要在不同设计阶段之间进行反复协调,既可能是同一专业之间的协调,也可能是不同专业之间的协调;再次,还需要与外部环境因素进行反复协调,主要涉及与业主需求和政府有关部门审批工作的协调。

5)设计质量对建设工程总体质量有决定性影响。在设计阶段,通过设计工作将工程实体的质量要求、功能和使用价值质量要求等都已确定下来,工程内容和建设方案也都十分明确。

(2)施工阶段的特点

1)施工阶段是以执行计划为主的阶段。进入施工阶段,建设工程目标规划和计划的制订工作基本完成,余下的主要工作是伴随着控制而进行的计划调整和完善。因此,施工阶段是以执行计划为主的阶段。

2)施工阶段是实现建设工程价值和使用价值的主要阶段。建设工程的价值主要是在施工过程中形成的,包括转移价值和活劳动价值或新增价值。

施工是形成建设工程实体、实现建设工程使用价值的过程。施工就是根据设计图纸和有关设计文件的规定,将施工对象由设想变为现实,由"纸上产品"变为实际的、可供使用的建设工程的物质生产活动。

3)施工阶段是资金投入量最大的阶段。建设工程价值的形成过程,也是其资金不断投入的过程。虽然施工阶段影响投资的程度只有10%左右,但在保证施工质量、保证实现设计所规定的功能和使用价值的前提下,仍然存在通过优化的施工方案来降低物化劳动和活劳动消耗、从而降低建设工程投资的可能性。

4)施工阶段需要协调的内容多。

5)施工质量对建设工程总体质量起保证作用。设计质量能否真正实现,或其实现程度如何,取决于施工质量的好坏。施工质量不仅对设计质量的实现起到保证作用,也对整个建设工程的总体质量起到保证作用。

施工阶段还有两个较为主要的特点:一是持续时间长,风险因素多;二是合同关系复杂,合同争议多。

3.5.5.2 建设工程目标控制的任务

(1)设计阶段的任务

1)投资控制任务 在设计阶段,监理单位投资控制的主要任务是协助业主制订建设工程投资目标规划;开展技术经济分析等活动,协调和配合设计单位力求使设计投资合理化;审核概(预)算,提出改进意见,优化设计,最终满足业主对建设工程投资的经济性要求。

2)进度控制任务 在设计阶段,监理单位设计进度控制的主要任务是协助业主确定合理的设计工期要求;制订建设工程总进度计划;协调各设计单位一体化开展设计工作,力求使设计能按进度计划要求进行;按合同要求及时、准确、完整地提供设计所需要的基础资料和数据;与外部有关部门协调相关事宜,保障设计工作顺利进行。

3)质量控制任务 在设计阶段,监理单位设计质量控制的主要任务是协助业主制订建设工程质量目标规划(如设计要求文件);及时、准确、完善地提供设计工作所需的基础数据和资料;配合设计单位优化设计,确认设计符合有关法规、技术、经济、财务、环境条件要求,满足业主对建设工程的功能和使用要求。

设计阶段监理工程师投资控制、进度控制、质量控制的主要工作不一一列举。

（2）施工招标阶段的任务

1）协助业主编制施工招标文件。

2）协助业主编制标底。

3）做好投标资格预审工作。

4）组织开标、评标、定标工作。

（3）施工阶段的任务

1）投资控制的任务　施工阶段建设工程投资控制的主要任务是通过工程付款控制、工程变更费用控制、预防并处理好费用索赔、挖掘节约投资潜力来努力实现实际发生的费用不超过计划投资。

2）进度控制的任务　施工阶段建设工程进度控制的主要任务是通过完善建设工程控制性进度计划、审查施工单位施工进度计划、做好各项动态控制工作、协调各单位关系、预防并处理好工期索赔，以求实际施工进度达到计划施工进度的要求。

3）质量控制的任务　施工阶段建设工程质量控制的主要任务是通过对施工投入、施工和安装过程、产出品进行全过程控制，以及对参加施工的单位和人员的资质、材料和设备、施工机械和机具、施工方案和方法、施工环境实施全面控制，以期按标准达到预定的施工质量目标。

施工阶段监理工程师投资控制、进度控制、质量控制的主要工作不一一列举。

3.5.5.3　建设工程目标控制的措施

为了取得目标控制的理想成果，可以在建设工程实施的各个阶段采取组织措施、技术措施、经济措施、合同措施等四方面措施。

组织措施是从目标控制的组织管理方面采取的措施（如落实目标控制的组织机构和人员，明确各级目标控制人员的任务和职能分工、权力和责任，改善目标控制的工作流程等）。组织措施是其他各类措施的前提和保障，而且一般不需要增加什么费用。对由于业主原因所导致的目标偏差，可能成为首选措施的是组织措施。

运用技术措施纠偏的关键：一是要能提出多个不同的技术方案；二是要对不同的技术方案进行技术经济分析。

经济措施除了审核工程量及相应的付款和结算报告等之外，还需要从一些全局性、总体性的问题上加以考虑。另外，不要仅仅局限在已发生的费用上。通过偏差原因分析和未完工程投资预测，可发现一些现有和潜在的问题将引起未完工程的投资增加，对这些问题应以主动控制为出发点，及时采取预防措施。

合同措施除了拟定合同条款、参加合同谈判、处理合同执行过程中的问题、防止和处理索赔等措施之外，还要协助业主确定对目标控制有利的建设工程组织管理模式和合同结构，分析不同合同之间的相互联系和影响，对每一个合同作总体和具体分析等。在采取合同措施时要特别注意合同中所规定的业主和监理工程师的义务和责任。

思考题

1. 试述工程监理的目标控制内容。

2. 控制目标之间的相互关系如何体现?

3. 质量控制目标怎样才能实现?

4. 投资目标是否起主要控制作用?

第4章 工程项目的合同管理

4.1 合同的法律概念

4.1.1 合同法概念

4.1.1.1 合同的概念

合同是平等主体的自然人、法人、其他组织之间设立、变更、终止民事权利义务关系的协议。各国的合同法规范的都是债权合同，它是市场经济条件下规范财产流转关系的基本依据，因此，合同是市场经济中广泛进行的法律行为。而广义的合同还应包括婚姻、收养、监护等有关身份关系的协议，以及劳动合同等，这些合同由其他法律进行规范，不属于《中华人民共和国合同法》（以下简称《合同法》）中规范的合同。

在市场经济中，财产的流转主要依靠合同。特别是工程项目，标的大、履行时间长、协调关系多，合同尤为重要。因此，建筑市场中各方主体，包括建设单位、勘察设计单位、施工单位、咨询单位、监理单位、材料设备供应单位等都要依靠合同确立相互之间的关系。如建设单位要与设计单位订立勘察设计合同、建设单位要与施工单位订立施工合同、建设单位要与监理单位订立监理合同等。在市场经济条件下，这些单位之间都没有隶属关系，相互之间的关系主要依据合同来规范和约束。这些合同都是属于《合同法》中规范的合同，当事人都要依据《合同法》的规定订立和履行。

合同作为一种协议，其本质是一种合意，必须是两个以上意思表示一致的民事法律行为。因此，合同的缔结必须由双方当事人协商一致才能成立。合同当事人作出的意思必须合法，这样才能具有法律效力。建设工程合同也是如此。即使在建设工程合同的订立中承包人一方存在激励的竞争（如施工合同的订立中，施工单位的激烈竞争是建设单位进行招标的基础），仍需双方当事人协商一致，发包人不能将自己的意志强加给承包人。双方订立的合同即使是协商一致的，也不能违反法律、行政法规，否则合同就是无效的，如施工单位超越资质登记许可的业务范围订立施工合同，该合同就没有法律约束力。

合同中所确立的权利义务，必须是当事人依法可以享有的权利和能够承担的义务，这是合同具有法律效力的前提。在建设工程合同中，发包人必须有已经合法立项的项目，承包人必须具有承担承包任务的相应的能力。如果在订立合同的工程中有违法行为，当事人不仅达不到预期的目的，还应根据违法情况承担相应的法律责任。如在建设工程合同中，当事人是通过欺诈、胁迫等手段订立的合同，则应当承担相应的法律责任。

4.1.1.2 合同法的内容和基本原则

合同法是调整平等主体的自然人、法人、其他组织之间在设立、变更、终止合同时所发生的社会关系的法律规范总称。

为了满足我国发展社会主义市场经济的需要,消除市场交易规则的分歧,1999 年 3 月 15 日,第九届全国人民代表大会第二次会议通过了《合同法》,于 1999 年 10 月 1 日起施行。

《合同法》由总则、分则和附则三部分组成。总则包括以下 8 章:一般规定、合同的订立、合同的效力、合同的履行、合同的变更和转让、合同的权利义务终止、违约责任、其他规定。分则按照合同标的的特点分为 15 类。在执行《合同法》时,要遵守以下原则。

(1)平等原则　合同当事人的法律地位平等,即享有民事权利和承担民事义务的资格是平等的,一方不得将自己的意志强加给另一方。在订立建设工程合同中双方当事人的意思表示必须是完全自愿的,不能在强迫和压力下作出非自愿的意思表示。因为建设工程合同是平等主体之间的法律行为,发包人与承包人的法律单位平等只有订立建设合同的当事人平等协商,才有可能订立意思表示一致的协议。

(2)自愿原则　合同当事人依法享有自愿订立合同的权利,不受任何单位和个人的非法干预。民事主体在民事活动中享有自主的决策权,其合法的民事权利可以抗御非正当行使的国家权力,也不受其他民事主体的非法干预。《合同法》中的自愿原则有以下含义:第一,合同当事人有订立或不订立合同的自由;第二,当事人有权选择合同相对人;第三,合同当事人有权决定合同内容;第四,合同当事人有权决定合同形式的自愿。即合同当事人有权决定是否订立合同,与谁订立合同,有权拟定或者接受合同条款,有权以书面或口头的形式订立合同。

当然,合同的自愿原则是要受到法律的限制的,这种限制对于不同的合同而有所不同。相对而言,由于建设工程合同的重要性,导致法律法规对于建设工程合同的干预较多,对当事人的合同自愿的限制也较多。例如建设工程合同内容中的质量条款,必须符合国家的质量标准,因为这是强制性的;建设工程合同的形式,则必须采用书面形式,当事人也没有选择的权利。

(3)公平原则　合同当事人应当遵循公平原则确定各方的权利和义务。在合同订立和履行中,合同当事人应当正当行使合同权利和履行合同义务,兼顾他人利益,使当事人的利益能够均衡。在双务合同中,一方当事人在享有权利的同时,也要承担相应义务,取得的利益要与付出的代价相适应。建设工程合同作为双务合同也不例外,如果建设工程合同明显丧失公平,则属于可变更或者可撤销的合同。

(4)诚实信用原则　建设工程合同当事人行使权利、履行义务应当遵循诚实信用原则。这是市场经济活动中形成的道德规则,它要求人们在交易活动(订立和履行合同)中讲究信用,恪守诺言,诚实不欺。不论是发包人还是承包人,在行使权利时都应当充分尊重他人和社会的利益,对约定的义务要忠实地履行。具体包括:在合同订立阶段,如招标投标时,在招标文件和投标文件中应当如实说明自己和项目的情况;在合同履行阶段应当相互协作,如发生不可抗力时,应当相互告知,并尽量减少损失。

(5)遵守法律法规和公序良俗原则　建设工程合同的订立和履行,应当遵守法律法规和公序良俗原则。建设工程合同的当事人应当遵守《中华人民共和国民法通则》、《中华人民共和国建筑法》、《中华人民共和国合同法》、《中华人民共和国招标投标法》等法律法规,只有将建设工程合同的订立和履行纳入法律的轨道,才能保障建设工程的正常秩序。

公序良俗从词义上理解就是公共秩序和善良风俗。善良风俗应当是以道德为核心的,是某一特定社会应有的道德准则。公序良俗原则要求当事人订立、履行合同时,不但应当遵守法律、行政法规,而且应当尊重社会公德,不得扰乱社会经济秩序,损害社会公共利益。这一原则在司法实践中体现为:如果出现了现行法律未能规定的情况或者按现行法律处理会损害社会公共利益,法官可据此进行价值补充。

4.1.2 合同的执行

4.1.2.1 合同的订立

(1)合同的内容　合同的内容由当事人约定,这是合同自由的重要体现。《合同法》规定了合同一般应当包括的条款,但具备这些条款不是合同成立的必要条件。建设工程合同也应当包括这些内容,但由于建设工程合同往往比较复杂,合同中的内容往往并不全部包括在狭义的合同文本中,如有些内容反映在工程量表中,有些内容反映在当事人约定采用的质量标准中。合同内容主要包括如下几个方面。

1)当事人的名称或者姓名和住所　合同主体包括自然人、法人、其他组织。明确合同主体,对了解合同当事人的基本情况、合同的履行和确定诉讼管辖具有重要的意义。自然人的姓名是指经户籍登记管理机关核准登记的正式用名。自然人的住所是指自然人有长期居住的意愿和事实的住所,即经常居住地。法人、其他组织的名称是指经登记主管机关核准登记的名称,如公司的名称以企业营业执照上的名称为准。法人和其他组织的住所是指它们的主要营业地或者主要办事机构所在地。当然,作为一种国家干预较多的合同,国家对建设工程合同的当事人有一些特殊的要求,如要求施工企业作为承包人时必须具有相应的资质等级。

2)标的　标的是合同当事人双方权利和义务共同指向的对象。标的的表现形式为物、劳务、行为、智力成果、工程项目等。没有标的的合同是空的,当事人的权利义务无所依托;标的不明确的合同无法履行,合同也不能成立。所以,标的是合同的首要条款,签订合同时,标的必须明确、具体,必须符合国家法律和行政法规的规定。

3)数量　数量是衡量合同标的多少的尺度,以数字和计量单位表示。没有数量或数量的规定不明确,当事人双方权利义务的多少,合同是否完全履行都无法确定。数量必须严格按照国家规定的法定计量单位填写,以免当事人产生不同的理解。施工合同中的数量主要体现的是工程量的大小。

4)质量　质量是标的的内在品质和外观形态的综合指标。签订合同的同时,必须明确质量标准。合同对质量标准的约定应当是准确而具体,对于技术上较为复杂的和容易引起歧义的词语、标准,应当加以说明和解释。对于强制性的标准,当事人必须执行,合同约定的质量不得低于该强制性标准。对于推荐性的标准,国家鼓励采用。当事人没有约定质量标准,如果有国家标准,则依据国家标准执行;如果没有国家标准,则依据行业标准执行;没有行业标准,则依据地方标准执行;没有地方标准,则依据企业标准执行。由于建设工程中的质量标准大多是强制性的质量标准,当事人的约定不能低于这些强制性的标准。

5）价款或者报酬　价款或者报酬是当事人一方向另一方交付标的的另一方支付的货币。标的物的价款由当事人双方协商,但必须符合国家的物价政策,劳务酬金也是如此。合同条款中应写明有关银行结算和支付方法的条款。价款或者报酬在勘察、设计合同中表现为勘察、设计费,在监理合同中则体现为监理费,在施工合同中则体现为工程款。

6）履行的期限、地点和方式　履行的期限是当事人各方依照合同规定全面完成各自义务的时间。履行的地点是指当事人交付标的和支付价款或酬金的地点,包括标的的交付、提取地点,服务、劳务或工程项目建设的地点,价款或劳务的结算地点。施工合同的履行地点是工程所在地。履行的方式是指当事人完成合同规定义务的具体方法,包括标的的交付方式和价款或酬金的结算方式。履行的期限、地点和方式是确定合同当事人是否适当履行合同的依据。

7）违约责任　违约责任是任何一方当事人不履行或不适当履行合同规定的义务而应当承担的法律责任。当事人可以在合同中约定,一方当事人在违反合同时,向另一方当事人支付一定数额的违约金;或者约定违约损害赔偿的计算方法。

8）解决争议的方法　在合同履行的过程中不可避免地会产生争议,为使争议发生后能够有一个双方都能接受的解决办法,应当在合同中对此作出规定。如果当事人希望通过仲裁作为解决争议的最终方式,则必须在合同中约定仲裁条款,因为仲裁是以自愿为原则的。

（2）要约与承诺　当事人订立合同,采用要约、承诺方式。合同的成立需要经过要约和承诺两个阶段,这是民法学界的共识,也是国际合同公约和世界各国合同立法的通行做法。建设工程合同的订立同样需要通过要约、承诺。

1）要约　要约是希望和他人订立合同的意思表示。提出要约的一方为要约人,接受要约的一方为受要约人。要约应当具有以下条件:①内容具体确定;②表明经受要约人承诺,要约即受该意思表示的约束。具体地讲,要约必须是特定人的意思表示,必须是以缔结合同为目的。要约必须是对相对人发出的行为,必须由相对人承诺,虽然相对人的人数可能为不特定的多数人。另外,要约必须具备合同的一般条款。

①要约邀请　要约邀请是希望他人向自己发出要约的意思表示。要约邀请并不是合同成立过程中的必经过程,它是当事人订立合同的预备行为,在法律上无须承担责任。这种意思表示的内容往往不确定,不含有合同得以成立的主要内容,也不含相对人同意后受其约束的表示。比如价目表的寄送、招标广告、商业广告、招股说明书等,即是要约邀请。商业广告的内容符合要约规定的,视为要约。

②要约撤回　指要约在发生法律效力之前,欲使其不发生法律效力而取消要约的意思表示。要约人可以撤回要约,撤回要约的通知应当在要约到达受要约人之前或同时到达受要约人。

③要约撤销　要约撤销是要约在发生法律效力之后,要约人欲使其丧失法律效力而取消该项要约的意思表示。要约可以撤销,撤销要约的通知应当在受要约人发出承诺通知之前到达受要约人。但有下列情形之一的,要约不得撤销:第一,要约人不确定承诺期限或者以其他形式明示要约不可撤销;第二,受要约人有理由认为要约是不可撤销,并已

经为履行合同做了准备工作。可以认为,要约的撤销是一种特殊情况,且必须在受要约人发出承诺通知之前到达受要约人。

2)承诺　承诺是受要约人作出的同意要约的意思表示。承诺具有以下条件:

①承诺必须由受要约人作出　非受要约人向要约人作出的接受要约的意思不是一种要约,而非承诺。

②承诺只能向要约人作出　非要约对象向要约人作出的完全接受要约的表示也不是承诺,因为要约人根本没有与其订立合同的愿意。

③承诺的内容应当与要约的内容一致　近年来,国际上出现了允许受要约人对要约内容进行非实质性变更的趋势。受要约人对要约的内容作出实质性变更的,视为新要约。有关合同标的、数量、质量、价款和报酬、履行期限和履行地点方式、违约责任和解决争议方法等的变更,是对要约内容的实质性变更。承诺对要约的内容作出非实质性变更的,除要约人及时反对或者要约表明不得对要约内容作任何变更以外,该承诺有效,合同以承诺的内容为准。

④承诺必须在承诺期限内发出　超过期限,除要约人及时通知受要约人该承诺有效外,为新要约。

在建设工程合同的订立过程中,招标人发出中标通知书的行为是承诺。因此,作为中标通知书必须由招标人向投标人发出,并且其内容应当与招标文件、投标文件的内容一致。

承诺的撤回是承诺人阻止或者消灭承诺发生法律效力的意思表示。承诺可以撤回。撤回承诺的通知应当在承诺通知到达要约人之前或者与承诺通知同时到达要约人。

(3)合同的成立　合同成立是指合同当事人对合同的标的、数量等内容协商一致。如果法律法规、当事人对合同的形式、程序没有特殊的要求,则承诺生效时合同成立。因为承诺生效即意味着当事人对合同的内容达成了一致,对当事人产生约束力。

在一般情况下要约生效的地点为合同成立的地点。采用数据电文形式订立合同的,收件人的主营地为合同成立的地点;没有主营地的,其经常居住地为合同成立的地点。当事人另有约定的,按照其约定。

当事人采用合同书形式订立合同的,自双方当事人签字或者盖章时合同成立。需要注意的是,合同书的表现形式是多样的,在很多情况下双方签字、盖章只要具备其中一项即可。双方签字或者盖章的地点为合同成立的地点。在建设工程施工合同履行中,有合法授权的一方代表签字确认的内容也可以作为合同的内容,就是这一法律规定在建设工程的延伸。

当事人采用信件、数据电文等形式订立合同的,可以在合同成立之前要求签订确认书。签订确认书时合同成立。

4.1.2.2　合同的效力

(1)合同的生效　合同生效是指合同对双方当事人的法律约束力的开始。合同成立后,必须具备相应的法律条件才能生效,否则合同是无效的。合同生效应当具备下列条件。

1)当事人具有相应的民事权利能力和民事行为能力　订立合同的人必须具备一定

的独立表达自己的意思和理解自己的行为的性质和后果的能力,即合同当事人应当具有相应的民事权利能力和民事行为能力。对于自然人而言,民事权利能力始于出生,完全民事行为能力可以订立一切法律允许自然人作为合同主体的合同。法人和其他组织的权利能力,就是它们的经营、活动范围,民事行为能力则与它们的权利能力相一致。

在建设工程合同中,合同当事人一般都应当具有法人资格,并且承包人还应当具备相应的资质等级,否则,当事人就不具有相应的民事权利能力和民事行为能力,订立的建设工程合同无效。

2)意思表示真实 合同是当事人意思表示一致的结果,因此,当事人的意思表示必须真实。但是,意思表示真实是合同的生效条件而非合同的成立条件。意思表示不真实包括意思与表示不一致、不自由的意思表示两种。含有意思表示不真实的合同是不能取得法律效力的。如建设工程合同的订立,一方采用欺诈、胁迫的手段订立的合同,就是意思表示不真实的合同,这样的合同就欠缺生效的条件。

3)不违反法律或者社会公共利益 不违反法律或者社会公共利益是合同生效的重要条件。所谓不违反法律或者社会公共利益,是就合同的目的和内容而言的。合同的目的,是指当事人订立合同的直接原因;合同的内容,是指合同中的权利义务及其指向的对象。不违反法律或者社会公共利益,实际是对合同自由的限制。

4)合同的生效时间 一般说来,依法成立的合同,自成立时生效。具体地讲,口头合同自受要约人承诺时生效;书面合同自当事人双方签字或者盖章时生效;法律规定应当采用书面形式的合同,当事人虽然为采用书面形式但已经履行全部或者主要义务的,可以视为合同有效。合同中有违反法律或者社会公共利益的条款的,当事人取消或者改正后,不影响合同其他条款的效力。法律、行政法规规定应当办理批准、登记等手续生效的,依照其规定。

当事人可以对合同生效约定附条件或者约定附期限。附条件的合同,包括附生效条件的合同和附解除条件的合同两类。附生效条件的合同,自条件成就时生效;附解除条件的合同,自条件成就时失效。当事人为了自己的利益不正当阻止条件成就的,视为条件已经成就;不正当促成条件成就的,视为条件不成就。附生效期限的合同,自期限截止时生效;附终止期限的合同,自期限届满时失效。

附条件合同的成立与失效不是同一时间,合同成立后虽然并未开始履行,但任何一方不得撤销要约和承诺,否则应承担缔约过失责任,赔偿对方因此而受到的损失;合同生效后,当事人双方必须忠实履行合同约定的义务,如果不履行或未正确履行义务,应按违约责任条款的约定追究责任。一方不正当地阻止条件成就,视为合同已生效,同样要追究其违约责任。

(2)合同的无效 无效合同是指当事人违反了法律规定的条件而订立的,国家不承认其效力,不给予法律保护的合同。无效合同从订立之时起就没有法律效力,不论合同履行到什么阶段,合同被确认无效后,这种无效的确认要溯及到合同订立时。

《合同法》把无效合同限定在违反法律和行政法规的强制性规定以及损害国家利益和社会公共利益的范围内。合同无效的情形如下。

1)一方以欺诈、胁迫的手段订立,损害国家利益的合同 欺诈是指一方当事人故意告知对方虚假情况,或者故意隐瞒真实情况,诱使对方当事人作出错误意思表示的行为。如施工企业伪造资质等级证书与发包人签订施工合同。胁迫是指以给自然人及其亲友的生命健康、荣誉、名誉、财产等造成损害或者以给法人的荣誉、名誉、财产等造成损害为要挟,迫使对方作出违背真实意思表示的行为。如材料供应商以败坏施工企业名誉为要挟,迫使施工企业与其订立材料买卖合同。以欺诈、胁迫的手段订立合同,如果损害国家利益,则合同无效。

2)恶意串通,损害国家、集体或第三人利益的合同　这种情况在建设工程领域中较为常见的是投标人串通投标或者招标人与投标人串通,损害国家、集体或第三人利益,投标人、招标人通过这样的方式订立的合同是无效的。

3)以合法形式掩盖非法目的的合同　如果合同要达到的目的是非法的,即使其以合法的形式作掩护,也是无效的。如企业之间为了达到借款的非法目的,即使设计了合法的形式也属于无效合同。

4)损害社会公共利益　如果合同违反公共秩序和善良风俗(即公序良俗),就损害了社会公共利益,这样的合同也是无效的。例如,施工单位在劳动合同中规定雇员应当接受搜身检查的条款,或者在施工合同的履行中规定以债务人的人身作为担保的约定,都属于无效的合同条款。

5)违反法律、行政法规的强制性规定的合同　违反法律、行政法规的强制性规定的合同也是无效的。如建设工程的质量标准是《中华人民共和国标准化法》、《中华人民共和国建筑法》规定的强制性标准,如果建设工程合同当事人约定的质量标准低于国家标准,则该合同是无效的。

《合同法》同时规定,合同中的下列免责条款无效:

1)造成对方人身伤害的;

2)因故意或者重大过失造成对方财产损失的。

上述两种免责条款具有一定的社会危害性,双方即使没有合同关系也可追究对方的侵权责任。因此这两种免责条款无效。

无效合同的确认权归人民法院或者仲裁机构,合同当事人或其他任何机构均无权认定合同无效。合同被确认无效后,合同规定的权利义务即为无效。履行中的合同应当终止履行,尚未履行的不得继续履行。对因履行无效合同而产生的财产后果应当依法进行处理。

(3)合同变更与撤销　可变更或可撤销的合同,是指欠缺生效条件,但一方当事人可依照自己的意思使合同的内容变更或者使合同的效力归于消灭的合同。如果合同当事人对合同的可变更或可撤销发生争议,只有人民法院或者仲裁机构有权变更或者撤销合同。可变更或可撤销的合同不同于无效合同,当事人提出请求是合同被变更、撤销的前提,人民法院或者仲裁机构不得主动变更或者撤销合同。当事人如果只要求变更,人民法院或者仲裁机构不得撤销其合同。

有下列情形之一的,当事人一方有权请求人民法院或者仲裁机构变更或者撤销其合同:

1)因重大误解而订立的合同:重大误解是指由于合同当事人一方本身的原因,对合同主要内容发生误解,产生错误认识。由于建设工程合同订立的程序较为复杂,当事人发生重大误解的可能性很小,但在建设工程合同的履行或者变更的具体问题上仍有发生重大误解的可能性。如在工程师发布的指令中,或者建设工程设计的秘密合同中等。行为人因对行为的性质,对方当事人,标的物的品种、质量、规格和数量等的错误认识,使行为的后果与自己的意思相悖,并造成较大损失时,可以认定为重大误解。当然,这里的重大误解必须是当事人在订立合同时已经发生的误解,如果是合同订立后发生的事实,且一方当事人订立时由于自己的原因而没有预见到,则不属于重大误解。

2)在订立合同时显失公平的合同:一方当事人利用优势或者利用对方没有经验,致使双方的权利与义务明显违反公平原则,可以认定为显失公平。最高人民法院的司法解释认为,民间借贷(包括公民与企业之间的借贷)约定的利息高于银行同期同种贷款利率的4倍,为显失公平。但在其他方面,显失公平尚无定量的规定。

3)以欺诈、胁迫等手段或者乘人之危,使对方在违背真实意思的情况下订立的合同,受损害方有权请求人民法院或者仲裁机构变更或者撤销。

4.1.2.3　合同的履行与转让

（1）合同履行的原则

1)全面履行的原则　当事人应当按照约定全面履行自己的义务。即按合同约定的标的、价款、数量、质量、期限、方式等全面履行各自的义务。按照约定履行自己的义务,既包括全面履行义务,也包括正确适当履行合同义务。建设工程合同订立后,双方应当严格履行各自的义务,不按期支付预付款、工程款,不按照约定时间开工、竣工,都是违约行为。

合同有明确约定的,应当依约定履行。但是,合同约定不明确并不意味着合同无须全面履行或约定不明确部分可以不履行。

合同实现后,当事人就质量、价款或者报酬、履行地点等内容没有约定或者约定不明的,可以协议补充。不能达成补充协议的,按照合同有关条款或者交易习惯确定。按照合同有关条款或者交易习惯确定,一般只能适用于部分常见条款欠缺或者不明确的情况,因为只有内容才能形成一定的交易习惯。如果按照上述办法仍不能确定合同如何履行的,适用下列规定进行履行:

质量要求不明的,按国家标准、行业标准履行,没有国家、行业标准的,按通常标准或者符合合同目的的特点标准履行。作为建设工程合同中的质量标准,大多是强制性的国家标准,因此,当事人的约定不能低于国家标准。

价款或报酬不明的,按订立合同时履行地的市场价格履行;依法应当执行政府定价或者政府指导价的,按规定履行。在建设工程施工合同中,合同履行地是不变的,肯定是工程所在地。因此,约定不明确时,应当执行工程所在地的市场价格。

履行地点不明确,给付货币的,在接收货币一方所在地履行;交付不动产的,在不动产所在地履行;其他标的在履行义务一方所在地履行。履行期限不明确的,债务人可以随时履行,债权人也可以随时要求履行,但应当给对方必要的准备时间。履行方式不明确的,按照有利于实现合同目的的方式履行。履行费用的负担不明确的,由履行义务一方承担。

合同在履行中既可能是按照市场行情约定价格,也可能执行政府定价或政府指导价。如果是按照市场行情约定价格履行,则市场行情的波动不影响合同价,合同仍执行原价格。

如果执行政府定价或政府指导价的,在合同约定的交付期限内政府价格调整时,按照交付时的价格计价。逾期交付标的物的,遇价格上涨时按照原价执行;遇价格下降时,按新价格执行。逾期提取标的物或者逾期付款的,遇价格上涨时,按新价格执行;价格下降时,按原价执行。

2)诚实信用原则　　当事人应当遵循诚实信用原则,根据合同性质、目的和交易习惯履行通知、协助和保密的义务。当事人首先要保证自己全面履行合同约定的义务,并为对方履行义务创造必要的条件。当事人双方应关心合同履行情况,发现问题及时协商解决。一方当事人在履行过程中发生困难,另一方当事人应在法律允许的范围内给予帮助。在合同履行过程中应信守商业道德,保守商业秘密。

(2)合同履行中的抗辩权　　抗辩权是指在双务合同的履行中,双方都应当履行自己的债务,一方不履行或者有可能不履行时,另一方可以据此拒绝对方的履行要求。

1)同时履行抗辩权　　当事人互负债务,没有先后顺序的,应当同时履行。同时履行抗辩权包括:一方在对方履行之前有权拒绝其履行要求;一方在对方履行债务不符合约定时,有权拒绝其相应的履行有。如施工合同中期付款时,对承包人施工质量不合格部分,发包人有权拒付该部分的工程款;如果发包人拖欠工程款,则承包人可以放慢施工进度,甚至停止施工。产生的后果,由违约方承担。

同时履行抗辩权的适用条件是:①由同一双务合同产生互负的对待给付债务;②合同中未约定履行的顺序;③对方当事人没有履行债务或者没有正确履行债务;④对方的对待给付是可能履行的义务。所谓对待给付是指一方履行的义务和对方履行的义务之间互为条件、互为牵连的关系并且在价格上基本相等。

2)后履行抗辩权　　后履行抗辩权也包括两种情况:当事人互负债务,有先后履行顺序的,应当先履行的一方未履行时,后履行的一方有权拒绝其对本方的履行要求;应当先履行的一方履行债务不符合规定的,后履行的一方也有权拒绝其相应的履行要求。如材料供应合同按照约定应由供货方先行支付交付订购的材料后,采购方再行付款结算,若合同履行过程中供货方交付的材料质量不符合约定的标准,采购方有权拒付货款。

后履行抗辩权应满足的条件为:①由同一双务合同产生互负的对价给付债务;②合同中约定了履行的顺序;③应当先履行合同的当事人没有履行债务或者没有正确履行债务;④应当先履行的对待给付是可能履行的义务。

3)先履行抗辩权　　先履行抗辩权又称不安抗辩权,是指合同中应当先履行的当事人,在合同成立后发生了应当后履行合同一方财务状况恶化的情况,应当先履行合同意思在对方未履行或者提供电报前有权拒绝先为履行。设立不安抗辩权的目的在于保护合同成立后情况发生变化而损害合同另一方的利益。

应当先履行合同的一方有确切证明对方有下列情形之一的,可以中止履行:经营状况严重恶化;转移财产、抽逃资金,以逃避债务的;丧失商业信誉;有丧失或者可能丧失履行债务能力的其他情形。

当事人终止履行合同的,应当及时通知对方。对方提供适当的担保时应当恢复履行。中止履行后,对方在合理的期限内未恢复履行能力并且未提供适当的担保,中止履行一方可以解除合同。当事人没有确切证据就中止履行合同的应承担违约责任。

4）合同不当履行中的保全措施 保全措施是指为防止因债务人的财产不当减少而给债权人带来危害时，允许债权人为确保其债权的实现而采取的法律措施。这些措施包括代位权和撤销权两种。

①代位权 代位权是指因为债务人怠于行使其到期债权，对债权人造成损害，债权人可以向人民法院请求以自己的名义代为行使债务人的债权。但该债权专属于债务人时不能行使代位权。代位权的行使范围以债权人的债权为限，其发生的费用由债务人承担。

②撤销权 撤销权是指因债务人放弃其到期债权或者无偿转让财产，对债权人造成损害的，债权人可以请求人民法院撤销债务人的行为。债务人以明显不合理低价转让财产，对债权人造成损害，并且让人知道该情形的，债权人可以请求人民法院撤销债务人的行为。撤销权的行使范围以债权人的债权为限，其发生的费用由债务人承担。撤销权自债权人知道或者应当知道撤销事由之日起1年内行使。自债务人的行为发生之日起5年内没有行使撤销权的，该撤销权消灭。

（3）合同的转让 合同转让是指合同一方将合同的权利、义务全部或部分转让给第三人的法律行为。《中华人民共和国民法通则》规定："合同一方将合同的权利、义务全部或者部分转让给第三人的，应当取得合同另一方的同意，并不得牟利。依照法律规定应当由国家批准的合同，需经原批准机关批准。但是，法律另有规定或者原合同另有约定的除外。"合同的权利、义务的转让、处分另有约定外，原合同的当事人之间以及转让人与受让人之间应当采用书面形式。转让合同权利、义务约定不明确的，视为未转让。合同的权利义务转让给第三人后，该第三人取代原当事人在合同中的法律地位。合同的权利义务转让给第三人后，该第三人取代原当事人在合同中的法律地位。合同的转让包括债权转让和债务承担两种情况，当事人也可将权利义务一并转让。

1）债权转让 债权转让是指合同债权人通过协议将债权全部或者部分转让给第三人的行为。债权人可以将合同的权利全部或者部分转让给第三人。法律、行政法规规定转让权利应当办理批准、登记手续的，应当办理批准、登记手续。

债权人转让权利的，应当通知债务人。未经通知的，该转让对债务人不发生效力。且转让权利的通知不得撤销，除经受让人同意。受让人取得权利后，同时拥有与此权利相对应的从权利。若从权利与原债权人不可分割，则从权利不随之转让。债权人对债权人的抗辩词同样可以针对受让人。

2）债务承担 债务承担是指债务人将合同的义务全部或者部分转移给第三人的情况。债务人将合同的义务全部或部分转移给第三人的必须经债权人的同意，否则，这种转移不发生法律效力。法律、行政法规规定转移义务应当办理批准、登记手续的，应当办理批准、登记手续。

债务人转移义务的，新债务人可以主张原债务人的抗辩。债务人转移义务的，新债务人应当承担与主债务有关的从债务，但该从债务专属于原债务人自身的除外。

3）权利和义务同时转让 当事人一方经对方同意后，可以将自己在合同中的权利和义务一并转让给第三人。当事人订立合同后合并的，由合并后的法人或者其他组织行使合同权利，履行合同义务；当事人订立合同后分立的，除债权人和债务人另有约定外，由分立的法人或其他组织对合同的权利和义务享有连带债权,承担连带债务。

4.1.3 合同的终止

合同权利义务的终止也称合同终止,指当事人之间根据合同确定的权利义务在客观上不复存在,据此合同终止对双方具有约束力。合同终止是随着一定法律事实发生而发生的,与合同中止不同之处在于,合同中止只是在法定的特殊情况下,当事人暂时停止履行合同,当这种特殊情况消失以后,当事人仍然承担继续履行的义务;而合同终止是合同关系的消灭,不可能恢复。按照《合同法》规定,有下列情形之一的,合同的权利义务终止:①债务已经按照约定履行;②合同解除;③债务相互抵消;④债务人依法将标的物提存;⑤债权人免除债务;⑥债权债务同归一人;⑦法律规定或者当事人约定终止的其他情形。

4.1.4 法律责任

4.1.4.1 缔约过失责任

缔约过失责任,是指在合同缔结过程中,当事人一方或双方因自己的过失而致合同不成立、无效或被撤销,应对信赖其合同为有效成立的相对人赔偿基于此项信赖而发生的损害。缔约过失责任既不同于违约责任,也有别于侵权责任,是一种独立的责任。现实生活中确实存在由于过失给当事人造成损失但合同尚未成立的情况。缔约责任的规定能够解决这种情况的责任承担问题。

(1)缔约过失责任的构成　缔约过失责任是针对合同尚未成立应当承担的责任,其成立必须具备一定的条件,否则将极大地损害当事人协商订立合同的积极性。

1)缔约一方损失　损害事实是构成民事赔偿的首要条件,如果没有损害事实的存在,也就不存在损害赔偿责任。缔约过失责任的损失是一致信赖利益的损失,即缔约人信赖合同有效成立,但因法定事由发生,致使合同不成立、无效或被撤销等而造成的损失。

2)缔约当事人有过错　承担缔约过失责任一方应当有过错,包括故意行为和过失行为导致的后果责任。这种过错主要表现为违反先合同义务。所谓先合同义务,是指自缔约人双方为签订合同而互相接触磋商开始但合同尚未成立,逐渐产生的注意义务(或称附随义务),包括协助、通知、照顾、保护、保密等义务,它自要约生效开始产生。

3)合同尚未成立　这是缔约过失责任有别于违约责任的最重要原因。合同一旦成立,当事人应当承担的是违约责任或者合同无效的法律责任。

4)缔约当事人的过错行为与该损失之间有因果关系　缔约当事人的过错行为与该损失之间有因果关系,即该损失是由违法先合同义务引起的。

(2)承担缔约过失责任的情形

1)假借订立合同,恶意进行磋商　恶意磋商,是指一方没有订立合同的诚意,假借订立合同与对方磋商而导致另一方遭受损失的行为。如甲施工企业知悉自己的竞争对手在协商与乙企业联合投标,为了与对手竞争,遂与乙企业谈判联合投标事宜,在谈判中故意拖延时间,使竞争对手失去与乙企业联合的机会,之后宣布谈判终止,致使乙企业遭受重大损失。

2)故意隐瞒与订立合同有关的重要事实或提供虚假情况　指对涉及合同成立与否的事实予以隐瞒或者提供与事实不符的情况而引诱对方订立合同的行为。如代理人隐瞒无权代理这一事实而与相对人进行磋商;施工企业不具有相应的资质等级而谎称具有;没有得到进(出)口许可而谎称获得;故意隐瞒标的物的瑕疵,等等。

3)有其他违背诚实信用原则的行为　其他违背诚实信用的行为主要指当事人一方对附随行为的违反,即违反了通知、保护、说明等义务。

4)违反缔约中的保密义务　当事人在订立合同过程中知悉的商业秘密,无论合同是否成立,均不得泄露或者不正当使用。泄露或者不正当使用该商业秘密给对方造成损失的,应当承担损害赔偿责任。例如,发包人在建设工程招标投标中或者合同谈判中知悉对方的商业秘密,如果泄漏或者不正当使用,给承包人造成损失的,应当承担损害赔偿责任。

4.1.4.2　违约责任

违约责任,是指当事人任何一方不履行合同义务或者履行合同义务不符合约定而应当承担的法律责任。违约行为的表现形式包括不履行和不适当履行。不履行是指当事人不能履行或者拒绝履行合同义务。不能履行的合同当事人一般也应当承担违约责任。不适当履行包括不履行以外的其他所有违约情况。当事人一方不履行合同义务,或履行合同义务不符合约定的,应当承担继续履行、采取补救措施或者赔偿损失等违约责任。当事人双方都违反合同的,应各自承担相应的责任。

对于违约产生的后果,并非一定要等到合同义务全部履行后才追究违约方的责任,按照《合同法》的规定对于预期违约的,当事人也应当承担违约责任。所谓预期违约,是指在履行期限届满之前,当事人一方明确表示或者以自己的行为表明不履行合同的义务,对方可以在履行期限届满之前要求其承担违约责任。这是《合同法》严格责任原则的重要体现。

违约责任制度,在合同法律制度中具有重要地位。《合同法》对此作了详细的规定,其目的在于用法律强制力督促当事人认真地履行合同,保护当事人的合法权益,维护社会秩序。

(1)承担违约责任的条件和原则　当事人承担违约责任的条件,是指当事人承担违约责任应当具备的要件。按照《合同法》规定,承担违约责任的条件采用严格责任原则,只要当事人有违约行为,即当事人不履行合同或者履行合同不符合约定的条件,就应当承担违约责任。

严格责任原则还包括,当事人一方因第三方的原因造成违约时,应当向对方承担违约责任。第三方造成的违约行为虽然不是当事人的过错,但客观上导致了违约行为,只要不是不可抗力,应属于当事人可能预见的情况。为了严格合同责任,故就签订的合同而言归于当事人应当承担的违约责任范围。承担违约责任后,与第三人之间的纠纷再按照法律或当事人与第三人之间的约定解决。如施工过程中,承包人因发包人委托设计单位提供的图纸错误而导致损失后,发包人应首先给承包人以相应损失的补偿,然后再依据设计合同追究设计承包人的违约责任。

当然,违反合同而承担的违约责任,是以合同有效为前提的。无效合同从订立之时起就没有法律效力,所以谈不上违约责任问题。但对部分无效合同中有效条款的不履行,仍应承担违约责任。所以,当事人承担违约责任的前提,必须是违反了有效的合同或合同条款的有效部分。

《合同法》规定的承担违约责任是以补偿性为原则的。补偿性是指违约责任旨在弥补或者补偿因违约行为造成的损失。对于财产损失的赔偿范围,《合同法》规定,赔偿损失额应相当于因违约行为所造成的损失,包括合同履行后可获得的利益。

但是,违约责任在有些情况下也具有惩罚性。如:合同约定了违约金,违约行为没有造成损失或者损失效益约定的违约金;约定了定金,违约行为没有造成损失或者损失小于约定的定金等。

（2）承担违约责任的方式

1）继续履行　继续履行是指违反合同的当事人不论是否承担了赔偿金或者承担了其他形式的违约责任,都必须根据对方的要求,在自己能够履行的条件下,对合同未履行的部分继续履行。因为订立合同的目的就是通过履行实现当事人的目的,从立法的角度,应当鼓励合同当事人要求合同的实际履行。承担赔偿金或者违约金责任不能免除当事人的履约责任。

特别是金钱债务,违约必须继续履行,因为金钱是一般等价物,没有别的方式可以替代履行。因此,当事人一方未支付价款或者报酬的,对方可以要求其支付价款或者报酬。

当事人就迟延履行约定违约金的,违约方支付违约金后,还应当履行债务。这也是承担继续履行违约责任的方式。如施工合同中约定了延期竣工的违约金,承包人没有按照约定期限完成施工任务,承包人应当支付延期竣工的违约金,但发包人仍然有权要求承包人继续施工。

2）采取补救措施　所谓的补救措施主要是指《中华人民共和国民法通则》和《合同法》中所确定的,在当事人违反合同的事实发生后,为防止损失发生或者扩大,而由违反合同一方依照法律规定或者约定采取的修理、更换、重新制作、退货、减少价格或者报酬等措施,以给权利人弥补或者挽回损失的责任形式。采取补救措施的责任形式,主要发生在质量不符合约定的情况下。建设工程合同中,采取补救措施是施工单位承担违约责任常用的方法。

采取补救措施的违约责任,在应用时应把握以下问题:第一,对于质量不合格的违约责任,有约定的,从其约定;没有约定或约定不明的,双方当事人可再协商确定;如果不能通过协商达成违约责任的补充协议的,则按照合同有关条款或者交易习惯确定,以上方法都不能确定违约责任时,可适用《合同法》的规定,即质量要求不明确的,按照国家标准、行业标准履行;没有国家标准、行业标准的,按照通常标准或者符合合同目的的特定标准履行。但是,由于建设工程中的质量标准往往都是强制性的,因此,当事人不能约定低于国家标准、行业标准的质量标准。第二,在确定具体的补救措施时,应根据建设项目性质以及损失的大小,选择适当的补救方式。

3）赔偿损失　当事人一方不履行合同义务或者履行合同义务不符合约定,给对方造成损失的,约定赔偿对方损失。赔偿损失额应当相当于因违约所造成的损失,包括合同履行后可以获得的利益,但不得超过违反合同一方订立合同时预见或应当预见的因违反合同可能造成的损失。这种方式是承担违约责任的主要方式。因为违约一般都会给当事人

120

造成损失,赔偿损失是守约者避免损失的方式。

当事人一方不履行合同义务或履行合同义务不符合约定的,在履行义务或采取补救措施后,对方还有其他损失的,应承担赔偿责任。当事人一方违约后,对方约定采取适当措施防止损失的扩大,没有采取措施致使损失扩大的,不得就扩大的损失请求赔偿,当事人因防止损失扩大而支出的合理费用,由违约方承担。

4)支付违约金　当事人可以约定一方违约时应当根据违约情况向对方支付一定数额的违约金,也可以约定因违约产生的损失额的赔偿办法。约定违约金低于所造成损失的,当事人可以请求人民法院或仲裁机构予以增加;约定违约金过分高于所造成损失的,当事人可以请求人民法院或仲裁机构予以适当减少。

违约金与赔偿损失不能同时采用。如果当事人约定了违约金,则应当按照支付违约金承担违约责任。

5)定金罚则　当事人可以约定一方向对方给付定金作为债权的担保。债务人履行债务后定金应当抵作价款或收回。给付定金的一方不履行约定债务的,无权要求返还定金;收受定金的一方不履行约定债务的,应当双倍返还定金。

当事人既约定违约金,又约定定金的,一方违约时,对方可以选择适用违约金或定金条款。但是,这两种违约责任不能合并使用。

4.1.4.3 合同争议解决的方式

合同争议也称合同纠纷,是指合同当事人对合同规定的权利和义务产生了不同的理解。合同争议的解决方式有和解、调解、仲裁、诉讼四种。在这四种解决争议的方式中,和解和调解的结果没有强制执行的法律效力,要靠当事人的自觉履行。当然,这里所说的和解和调解是狭义的,不包括仲裁和诉讼程序中在仲裁庭和法院主持下的和解和调解。这两种情况下的和解和调解属于法定程序,其解决方法仍有强制执行的法律效力。

(1)和解　和解是指合同纠纷当事人在自愿友好的基础上,互相沟通、互相谅解,从而解决纠纷的一种方式。

合同发生纠纷时,当事人应首先考虑通过和解解决纠纷。事实上,在合同的履行过程中,绝大多数纠纷都可以通过和解解决。合同纠纷和解解决有以下优点:

1)简便易行,能经济、及时地解决纠纷;

2)有利于维护合同双方的友好合作关系,使合同能更好地得到履行;

3)有利于和解协议的执行。

(2)调解　调解是指合同当事人对合同所约定的权利、义务发生争议,不能达成和解协议时,在经济合同管理机关或有关机关、团体等的主持下,通过对当事人进行说服教育,促使双方互相作出适当的让步,平息争端,自愿达成协议,以求解决经济合同纠纷的方法。

合同纠纷的调解往往是当事人经过和解仍不能解决纠纷后采取的方式,因此与和解相比,它面临的纠纷要大一些。与诉讼、仲裁相比,仍具有与和解相似的优点:它能够较经济、较及时地解决;有利于消除合同当事人的对立情绪,维护双方的长期合作关系。

(3)仲裁　仲裁亦称公断,是当事人双方在争议发生前或争议发生后达成的协议,自愿将争议交给第三者作出裁决,并负有自动履行义务的一种解决争议的方式。这种争议解决方式必须是自愿的,因此必须有仲裁协议。如果当事人之间有仲裁协议,争议发生后又无法通过和解和调解解决,则应及时将争议提交仲裁机构仲裁。

(4)诉讼　诉讼是指合同当事人一方请求人民法院行使审判权,审理双方之间发生的合同争议,作出由国家强制保证实现其合法权益、从而解决纠纷的审判活动。合同双方当事人如果未约定仲裁协议,则只能以诉讼作为解决争议的最终方式。

4.2　合同的形式

4.2.1　合同的分类

从不同的角度可以对合同作不同的分类。《合同法》分则部分将合同分为 15 类:买卖合同;供用电、水、气、热力合同;赠与合同;借款合同;租赁合同;融资租赁合同;承揽合同;建设工程合同;运输合同;技术合同;保管合同;仓储合同;委托合同;行纪合同;居间合同。这可以认为是《合同法》对合同的基本分类,《合同法》对每一类合同都作了较为详细的规定。其他分类是侧重学理分析的,如:

(1)计划合同与非计划合同　计划合同是依据国家有关计划签订的合同;非计划合同则是当事人根据市场需求和自己的意愿订立的合同。虽然在市场经济中,依计划订立的合同比重降低了,但仍然有一部分合同是依据国家有关计划订立的。对于计划合同,有关法人、其他组织之间应当依据有关法律、行政法规规定的权利和义务订立合同。

(2)双务合同与单务合同　双务合同是当事人双方相互享有权利和相互负有义务的合同。大多数合同都是双务合同,如建设工程合同。单务合同是指当事人双方并不相互享有权利、负有义务的合同,如赠与合同。

(3)诺成合同与实践合同　诺成合同是当事人意思表示一致即可成立的合同。实践合同则要求在当事人意思表示一致的基础上,还必须交付标的物或其他给付义务的合同。在现代经济生活中,大部分合同都是诺成合同。这种合同分类的目的在于确立合同的生效时间。

(4)主合同与从合同　主合同是指不依赖于其他合同而独立存在的合同。从合同是以合同的存在为存在前提的合同。主合同的无效、终止将导致从合同的无效、终止,但从合同的无效、终止不能影响主合同。担保合同是典型的从合同。

(5)有偿合同与无偿合同　有偿合同是指当事人双方任何一方均须给予另一方相应权益才能取得自己利益的合同。而无偿合同的当事人一方无须给予相应权益即可从另一方取得利益。在市场经济中,绝大部分合同都是有偿合同。

(6)要式合同与不要式合同　如果法律要求必须具备一定形式和手续的合同,称为要式合同。反之,法律不要求一定形式和手续的合同,称为不要式合同。

4.2.2　与工程相关的合同形式

《合同法》分总则、分则和附则三部分。总则部分由八章组成,第一章是对整部法律的纲领性规定,内容包括立法目的、调整对象和适用范围、当事人法律地位、当事人权利和义务关系。从第二章到第六章,分别讲述了合同的订立、效力、履行、变更、转让、权利义务终止程序,第七章讲述违约责任,第八章是一些补充说明。分则部分是 15 类基本合同,工程建设常用的合同形式如下。

4.2.2.1   买卖合同

买卖合同是出卖人转移标的物的所有权于买受人,买受人支付价款的合同。买卖合同的内容,除当事人的名称或者姓名和住所、标的、数量、质量、价款或者报酬、履行期限、履行地点、履行方式、违约责任、解决争议的方法外,通常还包括包装方式、检验标准和方法、结算方式、合同使用的文字及其效力等。

4.2.2.2   租赁合同

租赁合同是出租人将租赁物交付承租人使用、收益,承租人支付租金的合同。租赁合同的内容包括租赁物的名称、数量、用途、租赁期限、租金及其支付期限和方式、租赁物维修等条款。租赁期限不得超过 20 年,租赁期限 6 个月以上的,应当采用书面形式。租赁期届满,承租人继续使用租赁物,出租人没有提出异议的,原租赁合同继续有效,但租赁期限为不定期。

4.2.2.3   承揽合同

承揽合同是承揽人按照定作人的要求完成工作,交付工作成果。定作人给付报酬的合同。承揽包括加工、定作、修理、复制、测试、检验等工作。承揽合同的内容包括承揽的标的、数量、质量、报酬、承揽方式、材料的提供、履行期限、验收标准和方法等条款。

4.2.2.4   建设工程合同

建设工程合同是承包人进行工程建设,发包人支付价款的合同。建设工程合同包括工程勘察、设计、施工合同。建设工程合同应当采用书面形式,招投标活动依照有关法律的规定公开、公平、公正进行。

勘察、设计合同的内容包括提交有关基础资料和文件(包括概预算)的期限、质量要求、费用以及其他协作条件等条款。施工合同的内容包括工程范围、建设工期、中间交工工程的开工和竣工时间、工程质量、工程造价、技术资料交付时间、材料和设备供应责任、拨款和结算、竣工验收、质量保修范围和质量保证期、双方相互协作等条款。

建设工程实行监理的,发包人应当与监理人采用书面形式订立委托监理合同。发包人和监理人的权利和义务以及法律责任,应当依照委托合同的规定。

4.2.2.5   技术合同

技术合同是当事人就技术开发、转让、咨询或者服务订立的确立相互之间权利和义务的合同。订立技术合同,应当有利于科学的进步,加速科学技术成果的转化、应用和推广。技术合同的内容由当事人约定,一般包括项目名称,标的的内容、范围和要求,履行的计划、进度、期限、地点、地域和方式,技术情报和资料的保密,风险责任的承担,技术成果的归属和收益的分成方法,验收标准和方法,价款、报酬或者使用费及其支付方式,违约金或者损失赔偿的计算方法,解决争议的方法,名词和术语的解释。

技术开发合同是当事人之间就新技术、新产品、新工艺或者新材料及其系统的研究开发所订立的合同。技术开发合同包括委托开发和合作开发两种,应当采用书面形式;技术转让合同包括专利权转让、专利申请权转让、技术秘密转让、专利实施许可合同。技术转让合同应当采用书面合同。技术咨询合同包括就特定技术项目提供可行性论证、技术预测、专题技术调查、分析评价报告等合同,技术咨询合同的委托人应当按照约定阐明咨询的问题,提供技术背景资料及有关技术资料、数据,接受受托人的工作成果,支付报酬。受托人应当按照约定的期限完成咨询报告或者解答问题,提出的咨询报告应当达到约定的要求。技术服务合同是指当事人一方以技术知识为另一方解决特定技术问题所订立的合同,不包括建设工程合同和承揽合同。技术服务合同的委托人应当按照约定提供工作条件,完成配合事项,接受工作成果并支付报酬。受托人应当按照约定完成服务项目,解决技术问题,保证工作质量,并传授解决技术问题的知识。

4.2.2.6 FIDIC 合同

FIDIC 合同通用条件的条款规定,构成对业主和承包商有约束力的合同文件包括以下几个方面的内容:

(1)协议书。

(2)中标通知书或称中标函。

(3)标书、标书附录与投标保证。

(4)通用合同条件。

(5)专用合同条件。

(6)技术条款。

(7)图纸。

(8)填写了价钱的工程量清单。

(9)其他明确列入中标函和合同协议书中的文件。例如劳务费、材料供应协议、补遗、招标期间业主和承包商的来往信件、会议纪要、现场条件资料、水文地质及气候资料等。

协议书是专门用来使合同文件正规化的书面文件。根据法律规定,协议书不是为形成合同文件所必需的。但是,在大型工程项目施工合同中,签订协议书是一种惯例。协议书实际上是合同文件的浓缩。它列出合同各组成部分的名称,简略叙述合同的重要内容,如工程内容、完工时间、误期赔偿及付款办法等;同时,也可以包括某些类似于合同条款补充和扩展的条文。

中标函(通知书)是业主在投标书有效期结束前,以电报通知中标者,此电报随后以挂号信书面确认。中标通知书应在正文或附录中列入以下内容:①完整的合同文件清单,包括已被接受的投标书,双方对投标书修改的确认。这些修改包括纠正计算错误,修改或删除某些保留条件。②合同价。③涉及履约保证的递交,以及正式协议书的签字、盖章生效等问题。

4.3 建设工程委托监理合同管理

建设工程委托监理合同简称监理合同,是指委托人与监理人就委托的工程项目管理内容签订的明确双方权利、义务的协议。监理合同是委托合同的一种,除具有委托合同的共同特点外,还具有以下特点:

(1)监理合同的当事人双方应当是具有民事权利能力和民事行为能力、取得法人资格的企事业单位、其他社会组织,个人在法律允许的范围内也可以成为合同当事人。委托人必须是具有国家批准的建设项目,落实投资计划的企事业单位、其他社会组织及个人,作为委托人必须是依法成立具有法人资格的监理企业,并且所承担的工程监理业务应与企业资质等级和业务范围相符合。

(2)监理合同委托的工作内容必须符合工程项目建设程序,遵守有关法律、行政法规。监理合同是以对建设工程项目实施控制和管理为主要内容,因此监理合同必须符合建设工程项目的程序,符合国家和建设行政主管部门颁发的有关建设工程的法律、行政法规、部门规章和各种标准、规范要求。

(3)委托监理合同的标的是服务,建设工程实施阶段所签订的其他合同,如勘察设计合同、施工承包合同、物资采购合同、加工承揽合同的标的物是产生新的物质成果或信息成果,而监理合同的标的是服务,即监理工程师凭借自己的知识、经验、技能受业主委托为其所签订其他合同的履行实施监督和管理。

4.3.1 监理合同示范文本

《建设工程委托监理合同示范文本》由"建设工程委托监理合同"(下称"合同")、"建设工程委托监理合同标准条件"(下称"标准条件")、"建设工程委托监理合同专用条件"(下称"专用条件")组成。

4.3.1.1 建设工程委托监理合同

"合同"是一个总的协议,是纲领性的法律文件。其中明确了当事人双方确定的委托监理工程的概况(工程名称、地点、工程规模、总投资);委托人向监理人支付报酬的期限和方式;合同签订、生效、完成时间;双方愿意履行约定的各项义务的表示。"合同"是一份标准的格式文件,经当事人双方在有限的空格内填写具体规定的内容并签字盖章后,即发生法律效力。

对委托人和监理人有约束力的合同,除双方签署的"合同"协议外,还包括以下文件:

(1)监理委托函或中标函;

(2)建设工程委托监理合同标准条件;

(3)建设工程委托监理合同专用条件;

(4)在实施过程中双方共同签署的补充与修正文件。

4.3.1.2 建设工程委托监理合同标准条件

建设工程委托监理合同标准条件,其内容涵盖了合同中所用词语定义、适用范围和法规,签约双方的责任、权利和义务,合同生效变更与终止,监理报酬,争议的解决,以及其他一些情况。它是委托监理合同的通用文件,适用于各类建设工程项目监理。各个委托人、监理人都应遵守。

4.3.1.3 建设工程委托监理合同专用条件

由于"标准条件"适用于各种行业和专业项目的工程建设监理,因此其中的某些条款规定得比较笼统,需要在签订具体工程项目监理合同时,结合地域特点、专业特点和委托监理项目的工程特点,对"标准条件"中的某些条款进行补充、修正。

所谓补充是指"标准条件"中的条款明确规定,在该条款确定的原则下,"专用条件"

的条款中进一步明确具体内容,使两个条件中相同序号的条款共同组成一条内容完备的条款。如"标准条件"中规定建设工程委托监理合同适用的法律是国家法律、行政法规,以及"专用条件"中约定的部门规章或工程所在地的地方法规、地方章程。就具体工程监理项目来说,就要求在"专用条件"的相同序号条款内写入履行本合同必须遵循的部门规章和地方法规的名称,作为双方都必须遵守的条件。

所谓修改是指"标准条件"中规定的程序方面的内容,如果双方认为不合适,可以协议修改。如"标准条件"中规定"委托人对监理人提交的支付通知书中酬金或部分酬金项目提出异议,应在收到支付通知书24小时内向监理人发出异议的通知"。如果委托人认为这个时间太短,在与监理人协商达成一致意见后,可在"专用条件"的相同序号条款内另行写明具体的延长时间,如改为48小时。

4.3.2 监理合同的订立

4.3.2.1 委托工作的范围

监理合同的范围是监理工程师为委托人提供服务的范围和工作量。委托人委托监理业务的范围可以非常广泛。从工程建设各阶段来说,可以包括项目前期立项咨询、设计阶段、实施阶段、保修阶段的全部监理工作或某一阶段的监理工作。在每一阶段内,又可以进行投资、质量、工期的三大控制,及信息、合同两项管理。但就具体项目而言,要根据工作的点、监理人的能力、建设不同阶段的监理任务等诸方面因素,将委托的监理任务详细地写入合同的"专用条件"之中。如进行工程技术咨询服务,工作范围可确定为进行可行性研究,各种方案的成本效应分析,建筑设计标准,技术规范准备,提出质量保证措施,等等。施工阶段监理可包括以下几个方面。

(1)协助委托人选择承包人,组织设计、施工、设备采购等招标。

(2)技术监督和检查:检查工程设计,材料和设备质量;对操作或施工质量的监理和检查等。

(3)施工管理:包括质量控制、成本控制、计划和进度控制等。通常施工监理合同中"监理工作范围"条款,一般应与工程项目总概算、单位工程概算所涵盖的工程范围相一致,或与工程总承包合同、单位工程承包所涵盖的范围相一致。

4.3.2.2 对监理工作的要求

在监理合同中明确约定的监理人执行监理工作的要求,应当符合《工程建设监理规范》的规定。例如针对工程项目的实际情况派出监理工作需要的监理机构及人员,编制监理规划和监理实施细则,采取与监理工作目标相应的监理措施,从而保证监理合同得到真正的履行。

4.3.2.3 监理合同的履行期限、地点和方式

订立监理合同时约定的履行期限、地点和方式是指合同中规定的当事人履行自己的义务完成工作的时间、地点以及结算酬金。在签订《建设工程委托监理合同》时双方必须商定监理期限,标明何时开始,何时完成。合同中注明的监理工作开始实施和完成日期是根据工程情况估算的时间,合同约定的监理酬金是根据这个时间估算的。如果委托人根据实际需要增加委托工作范围或内容,导致需要延长合同期限,双方可以通过协商,另行

签订补充协议。

监理酬金支付方式也必须明确:首期支付多少,是每月等额支付还是根据工程形象进度支付,支付货币的币种等。

4.3.2.4 注意事项

(1)坚持按法定程序签署合同 监理委托合同的签订,意味着委托关系的形成,委托方与被委托方的关系都将受到合同的约束。因而签订合同必须是双方法定代表人或经其授权的代表签署并监督执行。在合同签署过程中,应检验代表对方签字人的授权委托书,避免合同失效或不必要的合同纠纷。不可忽视来往函件。

在合同洽商过程中,双方通常会用一些函件来确认双方达成的某些口头协议或书面交往文件,后者构成招标文件和投标文件的组成部分。为了确认合同责任以及明确合同双方对项目的有关理解和意图,以免将来产生分歧,签订合同时双方达成一致的部分应写入合同附录或专用条款内。

(2)意思表达准确 监理委托合同是双方承担义务和责任的协议,也是双方合作和相互理解的基础,一旦出现争议,这些文件也是保护双方权利的法律基础。因此在签订合同中应做到文字简洁、清晰、严密,以保证意思表达准确。

4.3.3 监理合同的履行

4.3.3.1 双方的权利

委托人与监理人签订合同,其根本目的就是为实现合同的标的,明确双方的权利和义务。在合同的每一条款当中,都反映了这种关系。

(1)委托人的权利

1)授予监理人权限的权利 监理合同是要求监理人对委托人与第三方签订的各种承包合同的履行实施监理,监理人在委托人授权范围内对其他合同进行监督管理,因此在监理合同内除须明确委托的监理任务外,还应规定监理人的权限。在委托人授权范围内,监理人可对所监理的合同自主地采取各种措施进行监督、管理和协调,如果超越权限时,应首先征得委托人同意后方可发布有关指令。委托人授予监理人权限的大小,要根据自身的管理能力、建设工程项目的特点及需要等因素考虑。监理合同内授予监理人的权限,在执行过程中可随时通过书面附加协议予以扩大或减小。

2)对其他合同承包人的选定权 委托人是建设资金的持有者和建筑产品的所有人,因此对设计合同、施工合同、加工制造合同等的承包单位有选定权和订立合同的签字权。监理人在选定其他合同承包人的过程中仅有建议权而无决定权。监理人协助委托人选择承包人的工作可能包括:邀请招标时提供有资格和能力的承包人名录;帮助起草招标文件;组织现场考察;参与评标,以及接受委托代理招标等。但"标准条件"中规定,监理人对设计和施工等总包单位所选定的分包单位,拥有批准权或否决权。

3)委托监理工程重大事项的决定权 委托人有对工程规模、规划设计、生产工艺设计、设计标准和使用功能等要求的认定权;工程设计变更审批权。

4)对监理人履行合同的监督控制权 委托人对监理人履行合同的监督权利体现在以下三个方面:

①对监理合同转让和分包的监督　除了支付款的转让外,监理人不得将所涉及的利益或规定义务转让给第三方。监理人所选择的建立工作分包单位必须事先征得委托人的认可。在没有取得委托人的书面同意前,监理人不得开始实行、更改或终止全部或部分服务的任何分包合同。

②对监理人员的控制监督　合同专用条款或监理人的投标书内,应明确总监理工程师人选、监理机构派驻人员计划。合同开始履行时,监理人应向委托人报送委派的总监理工程师及其监理机构主要成员名单,以保证完成监理合同"专用条件"中约定的监理工作范围内的任务。当监理人调换总监理工程师时,须经委托人同意。

③对合同履行的监督权　监理人有义务按时提交月、季、年度的监理报告,委托人也可以随时要求其对重大问题提交专项报告,这些内容应在专用条款中明确约定。委托人按照合同约定检查监理工作的执行情况,如果发现监理人员不按监理合同履行职责或与承包方串通,给委托人或工程造成损失,有权要求监理人更换监理人员,直至终止合同,并承担相应赔偿责任。

（2）监理人的权利　监理合同中涉及监理人权利的条款可分为两大类,一类是监理人在委托合同中应享有的权利,另一类是监理人履行委托人与第三方签订的承包合同的监理任务时可行使的权利。

1）委托监理合同中赋予监理人的权利　包括:

①完成监理任务后获得酬金的权利　监理人不仅可获得完成合同内规定的正常监理任务酬金,如果合同履行过程中因主、客观条件的变化,完成附加工作和额外工作后,也有权按照专用条件中约定的计算方法,得到额外工作的酬金。正常酬金的支付程序和金额,以及附加与额外工作酬金的计算方法,应在专用条款内写明。监理人在工作过程中作出了显著成绩,如由于监理人提出的合理化建议,使委托人获得实际经济利益,则应按照合同中规定的奖励办法,得到委托人给予的适当物质奖励。奖励办法通常参照国家颁布的合理化建议奖励办法,写明在"专用条件"相应的条款内。

②终止合同的权利　如果由于委托人违约严重拖欠应付监理人的酬金,或由于非监理人责任而使监理暂停的期限超过半年以上,监理人可按照终止合同规定程序,单方面提出终止合同,以保护自己的合法权益。

2）监理人执行监理业务可以行使的权利　按照监理合同范本通用条件的规定,监理委托人和第三方签订承包合同时可行使的权利包括以下几个方面。

①建设工程有关事项和工程设计的建议权。建设工程有关事项包括工程规模、设计标准、规划设计、生产工艺设计和使用功能要求。

监理人的建议权是指按照安全和优化方面的要求,就某些技术问题自主向设计单位提出建议。但如果由于提出的建议提高了工程造价,或延长工期,应事先征得委托人的同意,如果发现工程设计不符合建筑工程质量标准或约定的要求,应当报告委托人要求设计单位更改,并向委托人提出书面报告。

②对实施项目的质量、工期和费用的监督控制权。主要表现为:对承包人报的工程施工组织设计和技术方案,按照保质量、保工期和降低成本要求,自主进行审批和向承包人提出建议;征得委托人同意,发布开工令、停工令、复工令;对工程上使用的材料和施工质

量进行检验;对施工进度进行检查、监督,未经监理工程师签字,建筑材料、建筑构配件和设备不得在工地上使用,施工单位不得进行下一道工序的施工;工程实施竣工日期提前或延误期限的鉴定;在工程承包合同方定的工程范围内,工程款支付的审核和签认权,以及结算工程款的复核确认与否定权。未经监理人签字确认,委托人不支付工程款,不进行竣工验收。

③工程建设有关协作单位组织协调的主持权。

④在业务紧急情况下,为了工程和人身安全,尽管变更指令已超越了委托人授权而又不能事先得到批准时,也有权发布变更指令,但应尽快通知委托人。

⑤审核承包人索赔的权利。

4.3.3.2　双方的义务

(1)委托人的义务

1)委托人应负责建设工程的所有外部关系的协调工作,满足开展监理工作所须提供的外部条件。

2)与监理人做好协调工作。委托人要授权熟悉建设工程情况、能迅速作出决定的常驻代表,负责与监理人联系。更换此人要提前通知监理人。

3)为了不耽搁服务,委托人应在合理的时间内就监理人以书面形式提交并要求作出决定的一切事宜作出书面决定。

4)为监理人顺利履行合同义务,做好协助工作。协助工作包括以下几方面内容。

①将授予监理人的监理权利,以及监理人监理机构主要成员的职能分工、监理权限及时书面通知已选定的第三方,并在第三方签订的合同中予以明确。

②在双方协定的时间内,免费向监理人提供与工程有关的监理服务所需要的工程资料。

③为驻工地监理机构的监理人员开展正常工作提供协助服务。服务内容包括信息服务、物质服务和人员服务三个方面。

a.信息服务　指协助监理人获取工程使用的原材料、构配件、机构设备等生产厂家名录,以掌握产品质量信息,向监理人提供与本工程有关的协作单位、配合单位的名录,以方便监理工作的组织协调。

b.物质服务　指免费向监理人提供合同"专用条件"约定的设备、设施、生活条件等。一般包括检测试验设备、测量设备、通讯设备、交通设备、气象设备、照相录像设备、打字复印设备、办公用房及生活用房等。这些属于委托人财产的设备和物品,在监理任务完成和终止时,监理人应将其交还委托人。如果双方议定某些本应由委托人提供的设备由监理人自备,则应给监理人合理的经济补偿。对于这种情况,要在"专用条件"的相应条款内明确经济补偿的计算方法,通常为:

$$补偿金额=设施在工程使用时间占折旧年限的比例\times设施原值+管理费$$

c.人员服务　指如果双方议定,委托人应免费向监理人提供职员和服务人员,也应在"专用条件"中写明提供的人数和服务时间。当涉及监理服务工作时,委托人所提供的职员只应从监理工程师处接受指示。监理人应与这些提供服务人员密切合作,但不对他们的失职行为负责。如委托人选定某一科研机构的实验室负责对材料和工艺质量的检测试验,并与其签订委托合同。试验机构的人员应接受监理工程师的指示完成相应的试验工作,但监理人既不对检测试验数据的错误负责,也不对由此而导致的判断失误负责。

（2）监理人的义务

1）监理人在履行合同的义务期间,应运用合理的技能认真勤奋地工作,公正地维护有关方面的合法权益。当委托人发现监理人员不按监理合同履行监理职责,或与承包人串通给委托人或工程造成损失时,委托人有权要求监理人更换监理人员,直到终止合同并要求监理人承担相应的赔偿责任或连带赔偿责任。

2）合同履行期间应按合同约定派驻足够的人员从事监理工作。开始执行监理业务前向委托人报送派往该工程项目的总监理工程师及该项目监理机构的人员情况。合同履行过程中如果需要调换总监理工程师,必须首先经过委托人同意,并派出具有相应资质和能力的人员。

3）在合同期内或合同终止后,未征得有关方同意,不得泄露与本工程、合同业务有关的保密资料。

4）任何由委托人提供的供监理人使用的设施和物品都属于委托人的财产,监理工作完成或中止时,应将设施和剩余物品归还委托人。

5）非经委托人书面同意,监理人及其职员不应接受委托监理合同约定以外的与监理工程有关的报酬,以保证监理行为的公正性。

6）监理不得参与可能与合同规定的与委托人利益相冲突的任何活动。

7）在监理过程中,不得泄露委托人申明的秘密,亦不得泄露设计、承包等单位申明的秘密。

8）负责合同的协调管理工作。在委托工程范围内,委托人或承包人对对方的任何意见和要求（包括索赔要求）,均必须首先向监理机构提出,由监理机构研究处置意见,再同双方协商确定。当委托人和承包人发生争议时,监理机构应根据自己的职能,以独立的身份判断,公正地进行调解。当双方的争议由政府行政主管部门调解或仲裁机构仲裁时,应当提供作证的真实材料。

4.3.3.3 正常监理工作的酬金

正常的监理酬金的构成,是监理单位在工程项目监理中所需的全部成本,再加上合理的利润和税金。

（1）直接成本 包括以下几个方面:

1）监理人员和监理辅助人员的工资,包括津贴、附加工资、奖金等;

2）用于该项工程监理人员的其他专项开支,包括差旅费、补助等;

3）监理期间使用与监理工作相关的计算机和其他检测仪器、设备的摊销费用;

4）所需的其他外部协作费用。

（2）间接成本 间接成本包括全部业务经营开支和非工程项目的特定开支:

1）管理人员、行政人员、后勤服务人员的工资;

2）经营业务费,包括为招揽业务而支出的广告费等;

3）办公费,包括文具、纸张、账表、报刊、文印费用等;

4）交通费、差旅费、办公设备费（公司使用的水、电、气、环卫、治安等费用）;

5）固定资产及常用工器具、设备的使用费；

6）业务培训费、图书资料购置费；

7）其他行政活动费。

我国现行的监理费计算方法主要有四种，即国家物价局、建设部颁发的价费字479号文《关于发布工程建设监理费有关规定的通知》中规定的：

①按照监理工程概预算的百分比计收；

②按照参与监理工作的年度平均人数计算；

③不宜按①、②两项办法计收的，由委托人和监理人按商定的其他方法计收；

④中外合资、合作、外商独资的建设工程，工程建设监理收费双方参照国际标准协商确定。

上述四种取费方法，其中第③、第④种的具体适用范围，已有明确的界定；第①、第②种的适用范围，按照我国目前情况，有如下规定：

第①种方法，即按监理工程概预算百分比计收，这种方法比较简便、科学，在国际上也是一种常用的方法，一般情况下，新建、改建、扩建的工程，都应采用这种方式。

第②种方法，即按照参与监理工作的年度平均人数计算收费，1994年5月5日建设部监理司以建监工便（1994）第5号文作了简要说明。这种方法，主要适用于单工种或临时性，或不宜按工程概预算的百分比计取监理费的监理项目。

4.3.3.4 附加监理工作的酬金

（1）增加监理工作时间的补偿酬金 计算方法如下：

$$报酬 = 附加工作天数 \times 合同约定的报酬 / 合同中约定的监理服务天数$$

（2）增加监理工作内容的补偿酬金 增加监理工作的范围或内容属于监理合同的变更，双方应另行签订补充协议，并具体商定报酬额或报酬的计算方法。

在监理合同实施中，监理酬金支付方式可以根据工程的具体情况双方协商确定。一般采取首期支付多少，以后每月（季）等额支付，工程竣工验收后结算尾款。支付过程中，如果委托人对监理人提交的支付通知书中酬金或部分酬金项目提出异议，应在收到支付通知书24小时内向监理人发出表示异议的通知，但不得拖延其他无异议酬金项目支付。当委托人在议定的支付期限内未予支付的，自规定之日起向监理人补偿应支付酬金的利息。利息按规定支付期限最后1日银行贷款利息率乘以拖欠酬金时间计算。

4.3.3.5 违约责任

合同履行过程中，由于当事人一方的过错，造成合同不能履行或者不能完全履行，由有过错的一方承担违约责任；如属双方的过错，根据实际情况，由双方分别承担各自的违约责任。为保证监理合同规定的各项权利义务的顺利实现，在《建设工程委托监理合同示范文本》中，制定了约束双方的条款："委托人责任"，"监理人责任"。这些规定归纳为以下几点。

（1）在合同责任期内，如果监理人未按合同中要求的职责勤恳认真地服务；或委托人违背了他对监理人的责任时，应当向对方承担赔偿责任。

（2）任何一方对另一方负有责任时的赔偿原则是：

1）委托人违约承担违约责任，赔偿监理人的经济损失。

2）因监理人过失造成经济损失，应向委托人进行赔偿，累计赔偿额不能超出监理酬金总额（除去税金）。

3）当一方向另一方的索赔要求不成立时，提出索赔的一方应补偿由此所导致的对方各种费用支出。

工程建设监理是以监理人向委托人提出技术服务为特性，在服务过程中，监理人主要凭借自身知识、技术和管理经验，向委托人提出咨询、服务，替委托人管理工程。同时，在工程项目的建设过程中，会受到多方面因素限制。鉴于上述情况，在责任方面作了如下规定：监理人在责任期内，如果因过失而造成经济损失，要负监理失职的责任；监理人不对责任期以外发生的任何事情所引起的损失或损害承担责任，也不对第三方违反合同规定的质量要求和完工（交图、交货）时限承担责任。

4.4　建设工程施工合同管理

建设工程施工合同是发包人与承包人就完成具体工程项目的建筑施工、设备安装、设备调试、工程保修等工作内容，确定双方权利和义务的协议。施工合同是建设工程合同的一种，它与其他建设工程合同一样是双务有偿合同，在订立时应遵守自愿、公平、诚实信用等原则。

4.4.1　施工合同示范文本

鉴于施工合同的内容复杂、涉及面宽，为了避免施工合同的编制者遗漏某些方面的重要条款，或条款约定责任不够公平合理，建设部和国家工商行政管理局于 1999 年 12 月 24 日印发了《建设工程施工合同（示范文本）》（GF-1999-0201）（以下简称示范文本）。

施工合同文本的条款内容不仅涉及各种情况下双方的合同责任和规范化的履行管理程序，而且涵盖了非正常情况的处理原则，如变更、索赔、不可抗力、合同的被迫终止、争议的解决等方面。示范文本的条款属于推荐作用，应结合具体工程的特点加以取舍、补充，最终形成责任明确、操作性强的合同。

作为推荐使用的施工合同范本由协议书、通用条款、专用条款三部分组成，并附有三个附件。

（1）协议书　合同协议书是施工合同的总纲性法律文件，经过双方当事人签字盖章后合同即成立。标准化的协议书格式文字量不大，需要结合承包工程特点填写，主要内容包括工程概况、工程承包范围、合同工期、质量标准、合同价款、合同生效时间，并明确对双方有约束力的合同文件组成。

（2）通用条款　"通用"的含义是，所列条款的约定不区分具体工程的行业、地域、规模等特点，只要属于建筑安装工程均可适用。通用条款是在广泛总结国内工程实施中成功经验和失败教训基础上，参考 FIDIC 编写的《土木工程施工合同条件》相关内容的规定，编制的规范承发包双方履行合同义务的标准化条款。通用条件包括：词语定义及合同文件；双方一般权利和义务；施工组织设计和工期；质量与检验；安全施工；合同价款与支付；材料设备供应；工程变更；竣工验收与结算；违约、索赔和争议；其他是一部分，共 47 个

132

条款。通用条款在适用时不作任何改动,应原文照搬。

（3）专用条款 由于具体实施工程项目的工作内容各不相同,施工现场和外部环境各异,因此还必须有反映招标工程具体特点和要求的专用条款的约定。合同范本中的专用条款部分只为当事人提供了编制具体合同应包括内容的指南,具体内容由当事人根据发包工程的实际要求细化。

具体工程项目编制专用条款的原则是,结合项目特点,针对通用条款的内容进行补充修正,达到相同序号的通用条款和专用条款共同组成对某一方面问题内容完备的约定。因此,专用条款的序号不必依次排列,通用条件已构成完善的部分不需要重复抄录,只需要对通用条款部分需要补充、细化甚至弃用的条款作相应说明后,按照通用条款对该问题的编号顺序排列即可。

（4）附件 范文中为使用者提供了"承包人承揽工程项目一览表"、"发包人供应材料设备一览表"和"房屋建筑工程质量保修书"三个标准化附件,如果具体项目的实施为包工包料承包,则可以不使用发包人供应材料设备表。

4.4.2 施工合同的订立

4.4.2.1 工期和合同价款

（1）工期 在合同协议书内应明确注明开工日期、竣工日期和合同工期总日历天数。如果是招标选择的承包人,工期总日历天数应为投标书内承包人承诺的天数,不一定是招标文件要求的天数。因此招标文件通常规定本招标工程最长允诺的完工时间,而承包人为了竞争,申报的投标工期往往短于招标文件限定的最长工期,此项因素通常也是评标比较的一项内容。因此,在中标通知书中已注明发包人接受的投标工期。

合同内如果有发包人要求分阶段移交的单位工程或部分工程时,在专用条款内还须明确约定中间交工工程的范围和竣工时间。此项约定也是判定承包人是否按合同履行了义务的标准。

（2）合同价款

1）合同约定的合同价款 在合同协议书内同样要注明合同价款。虽然中标通知书中已写明了来源于投标书的中标合同价款,但考虑到某些工程可能不是通过招标选择承包人,如合同价值低于法规要求必须招标的小型工程或出于保密要求直接发包的工程等,因此,标准化合同协议书内仍要求填写合同价款。非招标工程的合同价款,由当事人双方依据工程预算书协商后,填写在协议书内。

2）追加合同价款 在合同的许多条款内涉及"费用"和"追加合同价款"两个专用术语。追加合同价款是指,合同履行中发生需要增加合同价款的情况,经发包人增加的合同价款。费用指不包含在合同价款之中的应当由发包人或承包人承担的经济支出。

3）工程预付款的约定 施工合同的支付过程中是否有预付款,取决于工程的性质、承包工程量的大小以及发包人在招标文件中的规定。预付款是发包人为了帮助承包人解决工程施工前期资金紧张的困难,提前给付的一笔款项。在专用条款内应约定预付款总额、一次或分阶段支付的时间及每次付款的比例（或金额）、扣回的时间及每次扣回的计算方法、是否需要承包人提供预付款保函等相关内容。

4）支付工程进度款的约定　在专用条款内约定工程进度款的支付时间和支付方式。工程进度款支付可以采用按月计量支付、按里程碑完成工程的进度分阶段支付或完成工程后一次性支付等方式。对合同内不同的工程部位或工作内容可以采用不同的支付方式，只要在专用条款中具体明确即可。

4.4.2.2　发包人和承包人的工作

（1）发包人的义务　通用条款规定以下工作属于发包人应完成的工作：

1）办理土地征用、拆迁补偿、平整施工场地等工作，使施工场地具备施工条件，并在开工后继续解决以上事项的遗留问题。专用条款内需要约定施工场地具备施工条件的要求及完成的时间，以便承包人能够及时接收适用的施工现场，按计划开始施工。

2）将施工所需水、电、电讯线路从施工场地外部接至专用条款约定地点，并保证施工期间需要。专用条款内需要约定三通的时间、地点和供应要求，某些偏僻地域的工程或大型工程，可能要求承包人自己从水源地（如附近的河水中）取水或自己用柴油机发电解决施工用电，则也应在专用条款内明确，说明通用条款的此项规定本合同不采用。

3）开通施工现场与城乡公共道路的通道，以及专用条款约定的施工场地内的主要交通干道，保证施工期间的畅通，满足施工运输的需要。专用条款内需要约定移交给承包人交通通道或设施的开通时间和应满足的要求。

4）向承包人提供施工现场、施工场地的工程地质和地下管线资料，保证数据真实，位置准确。专用条款内需要约定向承包人提供工程地质和地下管线资料的时间。

5）办理施工许可证和临时用地、停水、停电、中断道路交通、爆破作业以及可能损坏道路、管线、电力、通讯等公共设施法律、法规规定的申请批准手续及其他施工所需的证件（证明承包人自身资质的证件除外）。专用条款内需要约定发包人提供施工所需证件、批件的名称和时间，以便承包人合理进行施工组织。

6）确定水准点与坐标控制点，以书面形式交给承包人，并进行现场交验。专用条款内需要分项明确约定放线依据资料的交验要求，以便合同履行过程中合理地区分放线错误的责任归属。

7）组织承包人和设计单位进行图纸会审和设计交底。专用条款内需要约定具体的时间。

8）协调处理施工现场周围地下管线和临近建筑物、构筑物（包括文物保护建筑）、古树名木的保护工作，并承担有关费用。专用条款内需要约定具体的范围和内容。

9）发包人应做的其他工作，双方在专用条款内约定。专用条款内需要根据项目的特点和具体情况约定相关的内容。

虽然通用条款内规定上述工作内容属于发包人的义务，但发包人可以将上述部分工作委托承包方办理，具体内容可以在专用条款内约定，其费用由发包人承担。属于合同约定的发包人义务，如果出现不按合同约定完成，导致工期延误或给承包人造成损失时，发包人应赔偿承包人的有关损失，延误的工期相应顺延。

（2）承包人的义务　通用条款规定，以下工作属于承包人的义务：

1）根据发包人的委托，在其设计资质允许的范围内，完成施工图设计或与工程配套的设计，经工程师确认后使用，发生的费用由发包人承担。如果属于设计施工总承包人合同或承包工作范围内包括部分施工图设计任务,则专用条款内需要约定承担设计任务单位的设计资质等级及设计文件的提交时间和文件要求(可能属于施工承包人的设计分包人)。

2)向工程师提供年、季、月工程进度计划及相应进度统计报表。专用条款内需要约定应提供计划、报表的具体名称和时间。

3)按工程需要提供和维修非夜间施工使用的照明、围栏设施,并负责安全保卫。专用条款内需要约定具体的工作位置和要求。

4)按专用条款约定的数量和要求,向发包人提供在施工现场办公和生活的房屋及设施,发生的费用由发包人承担。专用条款内需要约定设施名称、要求和完成时间。

5)遵守有关部门对施工场地交通、施工噪音以及环境保护和安全生产等的管理规定,按管理规定办理有关手续,并以书面形式通知发包人。发包人承担由此发生的费用,因承包人责任造成的罚款除外。专用条款内需要约定承包人办理的有关内容。

6)已竣工工程未交付发包人之前,承包人按专用条款约定负责已完成工程的成品保护工作,保护期间发生损坏,承包人自费予以修复。要求承包人采取特殊措施保护的单位工程的部位和相应追加合同价款,在专用条款内约定。

7)按专用条款的约定做好施工现场地下管线和临近建筑物、构筑物(包括文物保护建筑)、古树名木的保护工作。专用条款内约定需要保护的范围和费用。

8)保证施工场地清洁符合环境卫生管理的有关规定。交工前清理现场达到专用条款约定的要求,承担因自身原因违反有关规定造成的损失和罚款。专用条款内需要根据施工管理规定和当地的环保法规,约定对施工现场的具体要求。

9)承包人应做的其他工作,双方在专用条款内约定。

承包人不履行上述各项义务、造成发包人损失的,应对发包人的损失给予赔偿。

4.4.2.3　材料和设备的供应

目前很多工程采用包工部分包料承包的合同,主材经常采用由发包人提供的方式。在专用条款中应明确约定发包人提供材料和设备的合同责任。施工合同范本附件提供了标准化的表格格式。

4.4.3　施工准备阶段的合同管理

4.4.3.1　施工图纸

(1)发包人提供的图纸　我国目前的建设工程项目通常由发包人委托设计单位负责,在工程准备阶段应完成施工图设计文件的审查。施工图纸经过工程师审核签认后,在合同约定的日期前发放给承包人,以保证承包人及时编制施工进度计划和组织施工。施工图纸可以一次提供,也可以各单位工程开始施工前分阶段提供,只要符合专用条款的约定,不影响承包人按时开工即可。

发包人应免费按专用条款约定的份数供应承包人图纸。承包人要求增加图纸套数时,发包人应代为复制,但复制费用由承包人承担。发放承包人的图纸中,应在施工现场保留一套完整图纸供工程师及有关人员进行工程检查时使用。

(2)承包人负责设计的图纸　有些情况下承包人享有专利权的施工技术,若具有设计资质和能力,可以由其完成部分施工图的设计,或由其委托设计分包人完成。在承包工作范围内,包括部分由承包人负责设计的图纸,则应在合同约定的时间内将按规定的审查程序批准的设计文件提交工程师审核,经过工程师签认后才可以使用。但工程师对承包人设计的认可,不能解除承包人的设计责任。

4.4.3.2 施工进度计划

就合同工程的施工组织而言,招标阶段承包人在投标书内提交的施工方案或施工组织设计的深度相对较浅,签订合同后通过对现场的进一步考察和工程交底,对工程的施工有了更深入的了解,因此,承包人应当在专用条款约定的日期,将施工组织计划和施工进度计划提交工程师。群体工程中采取分阶段进行施工的单项工程,承包人则应按照发包人提供图纸及有关资料的时间,按单项工程编制进度计划,分别向工程师提交。

工程师接到承包人提交的进度计划后,应当予以确认或者提供修改意见,否则视为已经同意。工程师对进度计划和对承包人施工进度的认可,不免除承包人对施工组织设计和工程进度计划本身的缺陷所应承担的责任。进度计划工程师予以认可的主要目的,是作为发包人和工程师依据计划进行协调和对施工进度控制的依据。

4.4.3.3 双方做好施工前的有关准备工作

开工前,合同双方还应当做好其他各项准备工作。如发包人应当按照专用条款的规定使施工现场具备施工条件、开通施工现场公共道路,承包人应当做好施工人员和设备的调配工作。

对工程师而言,特别需要做好水准点与坐标点的交验,按时提供准备、规范。为了能够按时向承包人提供设计图纸,工程师可能还需要做好设计单位的协调工作,按照专用条款的约定组织图纸会审和设计交底。

4.4.3.4 开工

承包人应在专用条款约定的时间按时开工,以便保证在合理工期内及时竣工。但在特殊情况下,工程的准备工作不具备开工条件,则应按合同的约定区分延期开工的责任。

(1)承包人要求的延期开工 如果是承包人要求的延期开工,则工程师有权批准是否同意延期开工。

承包人不能按时开工,应在不迟于协议书约定的开工日期前7天,以书面形式向工程师提出延期开工的理由和要求,工期相应顺延。如果工程师不同意延期要求,工期不予顺延;如果承包人未在规定时间内提出延期开工要求,工期也不予顺延。

(2)发包人原因的延期开工 因发包人的原因施工现场尚不具备施工的条件,影响了承包人不能按照协议书约定的日期开工时,工程师应以书面形式通知承包人推迟开工日期。发包人应当赔偿承包人因此造成的损失,相应顺延工期。

4.4.3.5 支付工程预付款

合同约定有工程预付款的,发包人应按规定的时间和数额支付预付款。为了保证承包人如期开始施工前的准备工作和开始施工,预付时间应不迟于约定的开工日期前7天。

发包人不按约定预付,承包人在约定预付时间7天后向发包人发出要求预付的通知。发包人收到通知后仍不能按要求预付,承包人可在发出通知后7天停止施工,发包人应从约定应付之日起向承包人支付应付款的贷款利息,并承担违约责任。

4.4.4 施工过程的合同管理

4.4.4.1 材料和设备的质量控制

工程项目使用的建筑材料和设备按照专用条款约定的采购供应责任,可以由承包人负责,也可以由发包人提供全部或部分材料和设备。

(1)发包人供应的材料设备 发包人应按照专用条款的材料设备供应一览表,按时、按质、按量将采购的材料和设备运抵施工现场,与承包人共同进行到货清点。

1)发包人供应材料设备的现场接受 发包人应当向承包人提供其供应材料设备产品合格证明,并对这些材料设备的质量负责。发包人在其所供应的材料设备到货前24小时,应以书面形式通知承包人,由承包人派人与发包人共同清点。清点的工作主要包括外观质量检查;对照发货单、证进行数量清点(检斤、检尺);大宗建筑材料进行必要的抽样检验(物理、化学试验)等。

2)材料设备接受后移交承包人保管 发包人供应的材料设备经双方共同清点接受后,由承包人妥善保管,发包人支付相应的保管费用。因承包人的原因发生损失丢失,由承包人负责赔偿。发包人不按规定通知承包人验收,发生的损失丢失由发包人负责。

3)发包人供应的材料设备与约定不符时的处理 发包人供应的材料设备与约定不符时,应当由发包人承担有关责任。视具体情况不同,按照以下原则处理:

①材料设备单价与合同约定不符时,由发包人承担所有差价。

②材料设备种类、规格、型号、数量、质量等级与合同约定不符时,承包人可以拒绝接受保管,由发包人运出施工场地并重新采购。

③发包人供应材料的规格、型号与合同约定不符时,承包人可以代为调剂串换,发包方承担相应的费用。

④到货地点与合同约定不符时,发包人将数量补齐;多于合同约定的数量时,发包人负责将多出部分运出施工现场。

⑤供应数量少于合同约定的数量时,发包人将数量补齐;多于合同约定的数量时,发包人负责将多出部分运出施工现场。

⑥到货时间早于合同约定时间,发包人承担因此发生的保管费用;到货时间迟于合同约定的供应时间,由发包人承担相应的追加合同价款。发生延误,相应顺延工期,发包人赔偿由此给承包人造成的损失。

(2)承包人采购的材料设备

1)承包人负责采购材料设备的,应按照合同专用条款约定及设计要求和有关标准采购,并提供产品合格证明,对材料设备质量负责。

2)承包人在材料设备到货前24小时内应通知工程师共同进行到货清点。

3)承包人采购的材料设备与设计或标准要求不符时,承包人应在工程师要求的时间内运出施工现场,重新采购符合要求的产品,承担由此发生的费用,延误的工期不予顺延。

为了防止材料和设备在现场储存时间过长或保管不善而导致质量的降低,应在用于永久工程施工前进行必要的检查试验。按照材料设备的供应义务,对合同责任作了区分。

（3）发包人供应材料设备　发包人供应的材料设备进入施工现场后需要在使用前检验或者试验的，由承包人负责检查试验，费用由发包人负责。按照合同对质量责任的约定，此次检查试验通过后，仍不能解除发包人供应材料设备存在的质量缺陷责任。即承包人检验通过之后，如果又发现材料设备有质量问题时，发包人仍应承担重新采购及拆除重建的追加合同价款，并相应顺延由此延误的工期。

（4）承包人负责采购的材料和设备

1）采购的材料设备在使用前，承包人应按工程师的要求进行检验或试验，不合格的不得使用，检验或试验费用由承担人承担。

2）工程师发现承包人采购并使用不符合设计或标准要求的材料设备时，应要求由承担人负责修复、拆除或重新采购，并承担发生的费用，由此延误的工期不予顺延。

3）承包人需要使用代用材料时，应经工程师认可后才能使用，由此增减的合同价款双方以书面形式决定。

4）由承包人采购的材料设备，发包人不得指定生产厂或供应商。

4.4.4.2　对施工质量的监督管理

工程师在施工过程中应采用巡视、旁站、平行检验等方式监督检查承包人的施工工艺和产品质量，对建筑产品的生产过程进行严格控制。

（1）工程师对质量标准的控制　承包人施工的工程质量应当达到合同约定的标准。发包人对部分或者全部工程质量有特殊要求的，应支付由此增加的追加合同价款，对工期有影响的应给予相应顺延。

工程师依据合同约定的质量标准对承包人的工程质量进行检查，达到或超过约定标准的，给予质量认可（不评定质量等级）；达不到要求时，则予拒收。

（2）不符合质量要求的处理　不论何时，工程师一经发现质量达不到约定标准的工程部分，均可要求承包人返工。承包人应当按照工程师的要求返工，直到符合约定标准。因承包人的原因达不到约定标准，由承包人承担返工费用，工期不予顺延。因发包人的原因达不到约定标准，责任由双方分别承担。

如果双方对工程质量有争议，由专用条款约定的工程质量监督部门鉴定，所需费用及因此造成的损失，由责任方承担。双方均有责任的，由双方根据其责任分别承担。

（3）施工过程中的检查和返工　承包人应认真按照标准、规范和设计要求以及工程师依据合同发出的指令施工，随时接受工程师及其委派人员的检查检验，并为检查检验提供便利条件。工程质量达不到约定标准的部分，工程师一经发现，可要求承包人拆除和重新施工，承包人应按工程师及其委派人员的要求拆除和重新施工，承担由于自身原因导致拆除和重新施工的费用，工期不予顺延。

经过工程师检查检验合格后，又发现因承包人原因出现的质量问题，仍由承包人承担责任，赔偿发包人的直接损失，工期不应顺延。

工程师的检查检验原则上不应影响施工正常进行。如果实际影响了施工的正常进行，其后果责任由检验结果的质量是否合格来区分合同责任。检查检验不合格时，影响正常施工的费用由承包人承担。除此之外，影响正常施工的追加合同价款由发包人承担，相应顺延工期。

因工程师指令失误和其他非承包人原因发生的追加合同价款,由发包人承担。

4.4.4.3　隐蔽工程与重新检验

由于隐蔽工程在施工中一旦完成隐蔽,将很难再对其进行质量检查(这种检查往往成本很大),因此必须在隐蔽前进行检查验收。对于中间验收,应在专用条款中约定,对需要进行中间验收的单项工程和部位及时进行检查、试验,不应影响后续工程的施工。发包人应为检验和试验提供便利条件。

(1)承包人自检　工程具备隐蔽条件或达到专用条款约定的中间验收部位,承包人进行自检,并在隐蔽或中间验收前 48 小时以书面形式通知工程师验收。通知包括隐蔽和中间验收的内容、验收时间和地点。承包人准备验收记录。

(2)共同检验　工程师接到承包人的请求验收通知后,应在通知约定的时间与承包人共同进行检查或试验。检测结果表明质量验收合格,经工程师在验收记录上签字后,承包人可进行工程隐蔽和继续施工。验收不合格,承包人应在工程师限定的时间内修改后重新验收。

如果工程师不能按时进行验收,应在承包人通知的验收时间前 24 小时,以书面形式向承包人提出延期验收要求,但延期不能超过 48 小时。

若工程师未能按以上时间提出延期要求,又未按时参加验收,承包人可自行组织验收。承包人经过验收的检查、试验程序后,将检查、试验记录送交工程师。本次检验视为工程师不在场情况下进行的验收,工程师应承认验收记录的正确性。

经工程师验收,工程质量符合标准、规范和设计图纸等要求,验收 24 小时后,工程师不在验收记录上签字,视为工程师已经认可验收记录,承包人可进行隐蔽或继续施工。

(3)重新检验　无论工程师是否参加了验收,当其对某部分的工程质量有怀疑,均可要求承包人对已经隐蔽的工程进行重新检验。承包人接到通知后,应按要求进行剥离或开孔,并在检验后重新覆盖或修复。

重新检验表明质量合格,发包人承担由此发生的全部追加合同价款,赔偿承包人损失,并相应顺延工期;检验不合格,承包人承担发生的全部费用,工期不予顺延。

4.4.4.4　施工进度管理

工程开工后,合同履行即进入施工阶段,直至工程竣工。这一段工程师进行进度管理的主要任务是控制施工工作按进度计划执行,确保施工任务在规定的合同工期内完成。

(1)按计划施工　开工后,承包人应按照工程师确认的进度计划组织施工,接受工程师对进度的检查、监督。一般情况下,工程师每月均应检查一次承包人的进度计划执行情况,由承包人提交一份上月进度计划执行情况和本月的施工方案和措施。同时,工程师还应进行必要的现场实地检查。

(2)承包人修改进度计划　实际施工过程中,由于受到外界环境条件、人为条件、现场情况等的限制,经常出现与承包人开工前编制施工进度计划时预计的施工条件有出入的情况,导致实际施工进度与计划进度不符。不管实际进度是超前还是滞后于计划进度,只要与计划进度不符时,工程师都有权通知承包人修改进度计划,以便更好地进行后续施工的协调管理。承包人应当按照工程师的要求修改进度计划并提出相应措施,经工程师确认后执行。

因承包人自身的原因造成工程实际进度滞后于计划进度,这种确认并不是工程师对工期延期的批准,而仅仅是要求承包人在合理的状态下施工。因此,如果修改后的进度计划不能按期完工,承包人仍应承担相应的违约责任。

(3)暂停施工

1)暂停施工的原因 在施工过程中,有些情况会导致暂停施工。虽然暂停施工会影响工程进度,但在工程师认为确有必要时,可以根据现场的实际情况发布暂停施工的指示。发出暂停施工指示的起因可能源于以下情况:

①外部条件的变化 如后续法规政策的变化导致工程停、缓建;地方法规要求在某一时段内不允许施工等。

②发包人应承担责任的原因 如发包人未能按时完成后续施工的现场或通道的移交工作;发包人订购的设备不能按时到货;施工中遇到了有考古价值的文物或古迹需要进行现场保护等。

③协调管理的原因 如同时在现场的几个独立承包人之间出现施工交叉干扰,工程师需要进行必要的协调。

④承包人的原因 如发现施工质量不合格;施工作业方法可能危及现场或毗邻地区建筑物或人身安全等。

2)暂停施工的管理程序 不论发生上述何种情况,工程师应当以书面形式通知承包人暂停施工,并在发出暂停施工通知后的 48 小时内提出书面处理意见。承包人应当按照工程师的要求停止施工,并妥善保护已完工工程。

承包人实施工程师作出的处理意见后,可提出书面复工要求。工程师应当在收到复工通知后的 48 小时内给予相应的答复。如果工程师未能在规定的时间内提出处理意见,或收到承包人复工要求后 48 小时内未予答复,承包人可以自行复工。

停工责任在发包人,由发包人承担所发生的追加合同价款,赔偿承包人由此造成的损失,相应顺延工期;如果停工责任在承包人,由承包人承担发生的费用,工期不予顺延。如果因工程师未及时作出答复,导致承包人无法复工,由发包人承担违约责任。

(4)工期延误 施工过程中,由于社会条件、人为条件、自然条件和管理水平等因素的影响,可能导致工期延误不能按时竣工。是否应给承包人合理延长工期,应依据合同责任来判定。

按照施工合同范本通用条件的规定,以下原因造成的工期延误,经工程师确认后工期相应顺延:

1)发包人不能按专用条款的约定提供开工条件;

2)发包人不能按约定日期支付工程预付款、进度款,致使工程不能正常进行;

3)工程师未按合同约定提供所需指令、批准等,致使工程不能正常进行;

4)设计变更和工程量增加;

5)一周内非承包内原因停水、停电、停气造成停工累计超过 8 小时;

6)不可抗力;

7)专用条款中约定或工程师同意工期顺延的其他情况。

这些情况工期中可以顺延的根本原因在于:这些情况属于发包人违约或者是应当由

发包人承担的风险。反之,如果造成工期延误的原因是承包人的违约或者应当由承包人承担的风险,则工期不能顺延。

承包人在工期可以顺延的情况发生后 14 天内,应将延误的工期向工程师提出书面报告。工程师在收到报告后 14 天内予以确认答复,视为报告要求已经被确认。工程师确认工期是否应予以顺延,应当首先考察事件实际造成的延误时间,然后依据合同、施工进度计划、工期定额等进行判定。经工程师确认顺延的工期应纳入合同工期,作为合同工期的一部分。如果承包人不同意工程师的确认结果,则按合同规定的争议解决方式处理。

(5)发包人要求提前竣工 施工中如果发包人出于某种考虑要求提前竣工,应与承包人协商。双方达成一致后签订提前竣工协议,作为合同文件的组成部分。提前竣工协议应包括以下几方面的内容:

1)提前竣工的时间;

2)发包人为赶工期提供的方便条件;

3)承包人在保证工程质量和安全的前提下,可能采用的赶工措施;

4)提前竣工所需的追加合同价款等。

承包人按照协议修订进度计划和指定相应的措施,工程师同意后执行。发包方为赶工提供必要的方便条件。

4.4.4.5 设计变更管理

施工合同范本中将工程变更分为工程设计变更和其他变更两类。其他变更是指,合同履行中发包人要求变更工程质量标准及其他性质变更。发生这类情况后,由当事人双方协商解决。因工程施工中经常发生设计变更,对此通用条款作出了较详细的规定。

工程师在合同履行管理中应严格控制变更,施工中承包人未得到工程师的同意也不允许对工程设计随意变更。如果由于承包人擅自变更设计,发生的费用和因此而导致的发包人的直接损失,应由承包人承担,延误的工期不予顺延。

(1)工程师指示的设计变更 施工合同范本通用条款中明确规定,工程师依据工程项目的需要和施工现场的实际情况,可以就以下方面向承包人发出变更通知:

1)更改工程有关部分的标高、基线、位置和尺寸;

2)增减合同中约定的工程量;

3)改变有关工程的施工时间和顺序;

4)其他有关工程变更需要的附加工作。

(2)设计变更程序 施工中发包人须对原工程设计进行变更,应提前 14 天以书面形式向承包人发出变更通知。变更超过原设计标准或批准的建设规模时,发包人应报规划管理部门和其他有关部门重新审查批准,并由原设计单位提供变更的相应图纸和说明。工程师向承包人发出设计变更通知后,承包人按照工程师发出的变更通知及有关要求,进行所需的变更。因设计变更导致合同价款的增减及造成的承包人损失由发包人承担,延误的工期相应顺延。

施工中承包人不得因施工方便而要求对原工程设计进行变更。承包人在施工中提出的合理化建议被发包人采纳,若建议涉及对设计图纸或施工组织设计的变更及对材料、设备的换用,则须经工程师同意。未经工程师同意承包人擅自更改或换用,承包人应承担由此发生的费用,并赔偿发包人的有关损失,延误的工期不予顺延。工程师同意采用承包人的合理化建议,所发生费用和获得收益的分担或分享,由发包人和承包人另行约定。

（3）变更价款的确定

1）确定变更价款的程序　承包人在工程变更确定后 14 天内,可提出变更涉及的追加合同价款要求的报告,经工程师确认后相应调整合同价款。如果承包人在双方确定变更后的 14 天内,未向工程师提出变更工程价款的报告,视为该项目变更不涉及合同价款的调整。

工程师应在收到承包人的变更合同价款报告后 14 天内,对承包人的要求予以确认或作出其他答复。工程师无正当理由不确认或答复时,自承包人的报告送达之日起 14 天后,视为变更价款报告已被确认。

工程师确认增加的工程变更价款作为追加合同价款,与工程进度款同期支付。工程师不同意承包人提出的变更价款,按合同约定的争议条款处理。

因承包人自身原因导致的工程变更,承包人无权要求追加合同价款。如由于承包人原因实际施工进度滞后于计划进度,某工程部位的施工与其他承包人的施工发生干扰,工程师发布指示改变了他的施工时间和顺序导致施工成本的增加或效率降低,承包人无权要求补偿。

2）确定变更价款的原则　确定变更价款时,应维持承包人投标报价单内的竞争性水平。合同中已有适用于变更工程的价格,按合同已有的价格变更合同价款;合同中只有类似于变更工程的价格,可以参照类似价格变更合同价款;合同中没有适用或类似于变更工程的价格,由承包人提出适当的变更价格,经工程师确认后执行。

4.4.4.6　工程量的确认

由于签订合同时在工程量清单内开列的工程量是估计工程量,实际施工可能与其有差异,因此发包人支付工程进度款前应对承包人完成的实际工程量予以确认或核实,按照承包人实际完成永久工程的工程量进行支付。

（1）提交工程量报告　承包人应按专用条款约定的时间,向工程师提交本阶段（月）已完工程量的报告,说明本期完成的各项工作内容和工程量。

（2）工程量计量　工程师接到承包人的报告后 7 天内,按设计图纸核实已完工程量,并在现场实际计量前 24 小时内通知承包人共同参加。承包人为计量提供便利条件并派人参加。如果承包人收到通知后不参加计量,工程师自行计量的结果有效,即作为工程价款支付的依据。若工程师不按约定时间通知承包人,致使承包人未能参加计量,工程师单方计量的结果无效。

工程师收到承包人报告后 7 天内未进行计量,从第 8 天起,承包人报告中开列的工程量即视为已被确认,作为工程价款支付的依据。

（3）工程量的计量原则　工程师对照设计图纸,只对承包人完成的永久工程合格工程量进行计量。因此,属于承包人超出设计图纸范围（包括超挖、涨线）的工程量不予计量;因承包人原因造成返工的工程量不予计量。

4.4.4.7　支付管理

计算本期应支付承包人的工程进度款的该项计算内容包括:

1）经过确认核实的完成工程量应按工程量清单或报价单的相应价格计算应支付的工程款；

2）设计变更应调整的合同价款；

3）本期应扣回的工程预付款；

4）根据合同允许调整合同价款应补偿承包人的款项和应扣减的款项；

5）经过工程师批准的承包人索赔款等。

发包人应在双方计量确认后 14 天内向承包人支付工程进度款。发包人超过约定的支付时间不支付工程进度款，承包人可向发包人发出要求付款的通知。发包人在收到承包人通知后仍不能按要求支付，可与承包人协商签订延期付款协议，经承包人同意后可以延期支付。发包人不按合同约定支付工程款（进度款），双方又未达成延期付款协议，导致施工无法进行，承包人可停止施工，由发包人承担违约责任。

延期付款协议中须明确延期支付时间，以及从计量结果确认后第 15 天起计算应付款的贷款利息。

4.4.4.8　不可抗力

不可抗力事件发生后，对施工合同的履行会造成较大的影响。工程师应当有较强的风险意识，包括及时识别可能发生不可抗力风险的因素；督促当事人转移或分散风险（如投保等）；监督承包人采取有效的防范措施（如减少发生爆炸、火灾等隐患）；不可抗力事件发生后能够采取有效手段尽量减少损失等。

（1）不可抗力的范围　不可抗力是指合同当事人不能预见、不能避免并且不能克服的客观情况。建设工程施工中的不可抗力包括因战争、动乱、空中飞行物坠落或其他非发包人和承包人责任造成的爆炸、火灾以及专用条款约定的风、雨、雪、洪水、地震等自然灾害。对于自然灾害形成的不可抗力，当事人双方订立合同时应在专用条款内予以约定，如多少级以上的地震、多少级以上持续多少天的大风险等。

（2）不可抗力发生后的合同管理　不可抗力事件发生后，承包人应在力所能及的条件下迅速采取措施，尽量减少损失，并在不可抗力事件结束后 48 小时向工程师通报受灾情况和损失情况，以及预计清理和修复的费用。发包人应尽力协助承包人采取措施。

不可抗力时间继续发生，承包人应每隔 7 天向工程师报告一次受害情况，并于不可抗力事件结束后 14 天内，向工程师提交清理和修复费用的正式报告及有关资料。

（3）不可抗力事件的合同责任　施工合同范本通用条款规定，因不可抗力事件导致额外费用及延误的工期由双方按以下方法分别承担：

1）工程本身的损害、因工程损害导致第三方人员伤亡和财产损失以及运至施工场地用于施工的材料和待安装的设备的损害，由发包人承担；

2）承发包双方人员的伤亡损失，分别由各自承担；

3）承包人机械设备损坏及停工损失，由承包人承担；

4）停工期间，承包人应工程师要求留在施工场地的必要的管理人员及保卫人员的费用由发包人承担；

5）工程所需清理、修复费用，由发包人承担；

6）延误的工期相应顺延。

按照《合同法》规定的基本原则,因合同一方延迟履行合同后发生不可抗力,不能免除延迟履行方的相应责任。

4.4.4.9　施工环境管理

工程师应监督现场的正常施工工作符合行政法规和合同的要求,做到文明施工。

(1)遵守法规对环境的要求　施工应遵守政府有关主管部门对施工现场、施工噪音以及环境保护和安全生产等的管理规定。承包人按规定办理有关手续,并以书面形式通知发包人,发包人承担由此发生的费用。

(2)保持现场的整洁　承包人应保证施工场地清洁,符合环境卫生管理的有关规定。交工前清理现场,达到专用条款约定的要求。

(3)重视施工安全

1)安全施工　承包人应遵守安全生产的有关规定,严格按安全标准组织施工,采取必要的安全保护措施,消除事故隐患。因承包人采取安全措施不力造成事故的责任和因此发生的费用,由承包人承担。

发包人应对其在施工场地的工作人员进行安全教育,并对他们的安全负责。发包人不得要求承包人违反安全管理规定进行施工。因发包人原因导致的安全事故,由发包人承担相应责任及发生的费用。

2)安全保护　承包人在动力设备、输电线路、地下管道、密封防震车间、易燃易爆地段以及临街交通要道附近施工时,施工开始前应向工程师提出安全保护措施。经工程师认可后实施。保护措施费用,由发包人承担。

实施爆破作业,在放射、毒害性环境中施工,及使用毒害性、腐蚀性物品施工时,承包人应在施工前14天内以书面形式通知工程师,并提出相应的保护措施。经工程师认可后实施,由发包人承担安全保护措施费用。

4.4.5　竣工阶段的合同管理

4.4.5.1　工程试车

包含设备安装工程的施工合同,设备安装工作完成后,要对设备运行的性能进行检验。

(1)竣工前的试车　竣工前的试车工作分为单机无负荷试车和联动无负荷试车两类。双方约定需要试车的,试车内容应与承包人的安装范围相一致。

1)单机无负荷试车　由于单机无负荷试车所需的环境条件在承包人的设备现场范围内,因此,安装工程具备试车条件时,由承包人组织试车。承包人应在试车前48小时向工程师发出要求试车的书面通知,通知包括试车内容、时间、地点。承包人准备试车记录,发包人根据承包人要求为试车提供必要条件。试车合格,工程师在试车记录上签字。

工程师不能按时参加试车,须在开始试车前24小时以书面形式向承包人提出延期要求,延期不能超过48小时。工程师未能按以上时间提出延期要求,不参加试车,应承认试车记录。

2)联动无负荷试车　进行联动无负荷试车时,由于需要外部的配合条件,因此具备联动无负荷试车条件时,由发包人组织试车。发包人在试车前48小时书面通知承包人做好试车准备工作。通知包括试车内容、时间、地点和对承包人的要求等。承包人按要求做好准备工作。试车合格,双方在试车记录上签字。

（2）试车中双方的责任

1）由于设计原因试车达不到验收要求,发包人应要求设计单位修改设计,承包人按修改后的设计重新安装。发包人承担修改设计、拆除及重新安装的全部费用和追加合同价款,工期相应顺延。

2）由于设备制造原因试车达不到验收要求,由该设备采购一方负责重新购置或修理,承包人负责拆除或重新安装。设备由承包人采购的,由承包人承担修理或重新购置、拆除及重新安装的费用,工期不予顺延;设备由发包人采购的,发包人承担上述各项追加合同价款,工期相应顺延。

3）由于承包人施工原因试车达不到要求,承包人按工程师要求重新安装和试车,并承担重新安装和试车的费用,工期不予顺延。

4）试车费用除已包括合同价款之内或专用条款另用约定外,均由发包人承担。

5）工程师在试车合格后不在试车记录上签字,试车结束 24 小时后,视为工程师已经认可试车记录,承包人可继续施工或办理竣工手续。

（3）竣工后的试车　投料试车属于竣工验收后的带负荷试车,不属于承包的工作范围,一般情况下承包人不参与此项试车。如果发包人要求在工程竣工验收前进行或需要承包人在试车时予以配合,应征得承包人同意,另行签订补充协议。试车组织和试车工作由发包人负责。

4.4.5.2　竣工验收

工程验收是合同履行中的一个重要工作阶段,工程未经竣工验收或竣工验收未通过的,发包人不得使用。发包人强行使用时,由此发生的质量问题及其他问题,由发包人承担责任。竣工验收分为分项工程竣工验收和整体工程竣工验收两大类,视施工合同约定的工作范围而定。

（1）竣工验收须满足的条件　依据施工合同法本通用条款和法规的规定,竣工工程必须符合下列基本要求:

1）完成工程设计和合同约定的各项内容。

2）施工单位在工程完工后对工程质量进行了检查,确认工程质量符合有关工程建设强制性标准,符合设计文件及合同要求,并提出工程竣工报告。工程竣工报告应经项目经理和施工单位有关负责人审核签字。

3）对于委托监理的工程项目,监理单位对工程进行了质量评价,具有完整的监理资料,并提出工程质量评价报告。工程质量评价报告应经总监理工程师和监理单位有关负责人审核签字。

4）勘察、设计单位对勘察、设计文件及施工过程中由设计单位签署的设计变更通知书进行了确认。

5）有完整的技术档案和施工管理资料。

6）有工程使用的主要建筑材料、建筑构配件和设备合格证及必要的进场试验报告。

7）由施工单位签署的工程质量保修书。

8)有公安消防、环保等部门出具的认可文件或准许使用文件。

9)建设行政主管部门及其委托的工程质量监督机构等有关部门责令整改的问题全部整改完毕。

（2）竣工验收程序　工程具备竣工验收条件，发包人按国家工程竣工验收有关规定组织验收工作。

1）承包人申请验收　工程具备竣工验收条件，承包人向发包人申请工程竣工验收，递交竣工验收报告并提供完整的竣工资料。实行监理的工程，工程竣工报告必须经总监理工程师签署意见。

2）发包人组织验收组　对符合竣工验收要求的工程，发包人收到工程竣工报告后28天内，组织勘察、设计、施工、监理、质量监督机构和其他有关方面的专家组成验收组，制定验收方案。

3）验收步骤　由发包人组织工程竣工验收。验收过程包括以下步骤：

①发包人、承包人、勘察单位、设计单位、监理单位分别向验收组织汇报工程合同履约情况和在工程建设各个环节执行法律、法规和工程建设强制性标准的情况。

②验收组审阅建设、勘察、设计、施工、监理单位提供的工程档案资料。

③查验工程实体质量。

④验收组通过查验后，对工程施工、设备安装质量和各管理环节等方面作出总体评价，形成工程竣工验收意见（包括基本合格中对不符合规定部分的整改意见）。参与工程竣工验收的发包人、承包人、勘察、设计、施工、监理等各方不能形成一致意见时，应报当地建设行政主管部门或监督机构进行协调，待意见一致后，重新组织工程竣工验收。

4）验收后的管理

①发包人在验收后14天内给予认可或提出修改意见。竣工验收合格的工程移交给发包人运行使用，承包人不再承担工程保管责任。需要修改缺陷的部分，承包人应按要求进行修改，并承担由自身原因造成修改的费用。

②发包人受到承包人送交的竣工验收报告后28天内不组织验收，或验收后14天内不提出修改意见，视为竣工验收报告已被认可。同时，从第29天起，发包人承担工程保管及一切意外责任。

③因特殊原因，发包人要求部分单位工程或工程部分甩项竣工的，双方另行签订甩项竣工协议，明确双方责任和工程价款的支付方法。

中间竣工工程的范围和竣工时间，由双方在专用条款内约定，其验收程序与上述规定相同。

4.4.5.3　工程保修

承包人应当在工程竣工验收之前，与发包人签订质量保修书，作为合同附件。质量保修书的主要内容包括工程质量保修范围和内容、质量保修期、质量保修责任、保修费用和其他约定5部分。

（1）工程质量保修范围和内容　双方按照工程的性质和特点，具体约定保修的相关内容。房屋建筑工程的保修范围包括地基基础工程、主体结构工程，屋面防水工程、有防水要求的卫生间和外墙面的防渗漏，供热与供冷系统，电气管线及排水管道、设备安装和装修工程,以及双方约定的其他项目。

(2)质量保修期 保修期从竣工验收合格之日起计算。当事人双方应针对不同的工程部位,在保修书内约定具体的保修年限。当事人协商约定的保修期限,不得低于法规规定的标准。国务院颁布的《建设工程质量管理条例》明确规定,在正常使用条件下的最低保修期限规定如下:

1)基础设施工程、房屋建筑的地基基础工程和主体工程,为设计文件规定的该工程的合理使用年限;

2)屋面防水工程、有防水要求的卫生间、房间和外墙面的防渗漏,为5年;

3)供热与供冷系统,为2个采暖期、供冷期;

4)电气管线、给排水管道、设备安装和装修工程。

(3)质量保修责任

1)属于保修范围、内容的项目,承包人应在接到发包人的保修通知起7天内派人保修。承包人不在约定期限内派人保修,发包人可以委托其他人修理。

2)发生紧急抢修事故时,承包人接到通知后应当立即到达事故现场抢修。

3)涉及结构安全的质量问题,应当按照《房屋建筑工程质量保修办法》的规定,立即向当地建设行政主管部门报告,采取相应的安全防范措施。由原设计单位或具有相应资质等级的设计单位提出保修方案,承包人实施保修。

4)质量保修完成后,由发包人组织验收。

(4)竣工结算 工程竣工验收报告经发包人认可后,承发包双方应当按协议书约定的合同价款及专用条款约定的合同价款调整方式,进行工程竣工结算。工程竣工验收报告经发包人认可后28天内,承包人向发包人递交竣工结算报告及完整的结算资料。

发包人自收到竣工结算报告及结算资料后28天内进行核实,给予确认或提出修改意见。发包人认可竣工结算报告后,及时办理竣工结算价款的支付手续。

承包人收到竣工结算价款后14天内将竣工工程交付发包人,施工合同即告终止。

4.5 建设工程物资采购合同管理

建设工程物资采购合同,是指平等主体的自然人、法人、其他组织之间,为实现建设工程物资买卖,设立、变更、终止相互权利义务关系的协议。建设工程物资采购合同与项目的建设密切相关,其特点主要表现为以下几个方面:

(1)建设工程物资采购合同的当事人 建设工程物资采购合同的买受人即采购人,可以是发包人,也可以是承包人,依据施工合同的承包方式来确定。永久工程的大型设备一般情况下由发包人采购。施工中使用的建筑材料采购责任,按照施工合同专用条款的约定执行。通常分为发包人负责采购供应;承包人负责采购,包工包料承包。采购合同的出卖人即供货人,可以是生产厂家,也可以是从事物资流转业务的供应商。

(2)物资采购合同的标的 建设工程物资采购合同的标的品种繁多,供货条件差异较大。

(3)物资采购合同的内容 建设物资采购合同视标的的特点,合同涉及的条款繁简程度差异较大。建筑材料采购合同的条款一般限于物资交货阶段,主要涉及交接程序、检验方式和质量要求、合同条款的支付等。大型设备的采购,除了交货阶段的工作外,往往还须包括设备生产阶段、设备安装调试阶段、设备试运行阶段、设备性能达标检验和保修等方面的条款约定。

(4)货物供应的时间　建设物资采购供应合同与施工进度密切相关,出卖人必须严格按照合同约定的时间交付订购的货物。延误交货将导致工程施工停工待料,不能使建设项目及时发挥效益。提前交货通常买受人也不同意接受,一方面货物将占用施工现场有限的场地影响施工,另一方面增加了买受人的仓储管理费用。如出卖人提前将 500 吨水泥发运到施工现场,而买受人仓库已满,只好露天存放,为了防潮则需要投入很多的物资进行维护保障。

4.5.1　材料采购合同管理

4.5.1.1　材料采购合同的主要内容

按照《合同法》的分类,材料采购合同属于买卖合同。国内物资购销合同的示范文本规定,合同条款包括以下几方面的内容:

(1)产品名称、商标、型号、生产厂家、订购数量、合同金额、供货时间及每次供应数量;

(2)质量要求的技术标准、供货方对质量负责的条件和期限;

(3)交(提)货地点、方式;

(4)运输方式及到站、港以及费用的承担责任;

(5)合理损耗及计算方法;

(6)包装标准、包装物的供应与回收;

(7)验收标准、方法及提出异议的期限;

(8)随机备品、配件工具数量及供应办法;

(9)结算方式及期限;

(10)如须提出担保,另立合同担保书作为合同附件;

(11)违约责任;

(12)解决合同争议的方法;

(13)其他约定事项。

4.5.1.2　交货检验

(1)验收依据　按照合同的约定,供货方交付产品时,可以作为双方验收依据的资料包括:

1)双方签订的采购合同;

2)供货方提供的发货单、计量单、装箱单及其他有关凭证;

3)合同内约定的质量标准,应写明执行的标准代号、标准名称;

4)产品合格证、检验证;

5)图纸、样品或其他技术证明文件;

6)双方当事人共同封存的样品。

（2）交货数量检验

1）供货方代运货物的到货检验　由供货方代运的货物,采购方在站场提货地点应与运输部门共同验货,以便发现灭失、短少、损坏等情况时,能及时分清责任。采购方接收后,运输部门不再负责。属于交运前出现的问题,由供货方负责;运输过程中发生的问题,由运输部门负责。

2）现场交货的到货检验　数量验收的方法主要包括:

①衡量法　即根据各种物资不同的计量单位进行检尺、检斤,以衡量其长度、面积、体积、重量是否与合同约定一致。如胶管衡量其长度,钢板衡量其面积,木材衡量其体积,钢筋衡量其重量等。

②理论换算法　如管材等各种定尺、倍尺的金属材料,测量其直径和壁厚后,再按理论公式换算验收。换算依据国家规定标准或合同约定的换算标准。

③查点法　采购定量包装的计件物资,只要查点到货数量即可。包装内的产品数量或重量应与包装物标明的一致,否则应由厂家或封装单位负责。

3）交货数量的允许增减范围　合同履行过程中,经常会发生发货数量与实际验收数量不符,或实际交货数量与合同约定的交货数量不符的情况。其原因可能是供货方的责任,也可能是运输部门的责任,或运输过程中的合理损耗。前两种情况要追究有关方的责任。第三种情况则应控制在合理的范围内。有关行政主管部门对通用的物资和材料规定了货物交接过程中允许的合理磅差和尾差界限,如果合同约定供应的货物无规定可循,也应在条款内约定合理的差额界限,以免交接验收时发生合同争议。交付货物的数量在合理的尾差和磅差内,不按多交或少交对待,双方互不退补。超过界限范围时,按合同约定的方法计算多交或少交部分的数量。

合同内对磅差和尾差规定出合理的界限范围,既可以划清责任,还可以为供货方合理组织发运提供灵活变通的条件。如果超过合理范围,则按实际交货数量计算。不足部分由供货方补齐或退回不足部分的货款;采购方同意接受的多交付部分,进一步支付溢出数量货物的货款。但在计算多交或少交数量时,应按订购数量与实际交货数量比较,不再考虑合理磅差和尾差因素。

（3）交货质量检验

1）质量责任　不论采用何种交接方式,采购方均应在合同规定的由供货方对质量负责的条件和期限内,对交付产品进行验收和试验。某些必须安装运转后才能发现内在质量缺陷的设备,应于合同内规定缺陷责任期或保修期。在此期限内,凡检测不合格的物资或设备,均由供货方负责。如果采购方在规定时间内未提出质量异议,或因其使用、保管、保养不善而造成质量下降,供货方不再负责。

2）质量要求和技术标准　产品质量应满足规定用途的特点指标,因此合同内必须约定产品应达到的质量标准。约定质量标准的一般原则是:

①按颁布的国家标准执行;

②无国家标准而有部颁标准的产品,按部颁标准执行;

③没有国家标准和部颁标准作为依据时,按企业标准执行;

④没有上述标准,或虽有上述某一标准但采购方有特殊要求时,按双方合同中约定的

技术条件、样品或补充的技术要求执行。

3)验收方法　合同内应具体写明检验的内容和手段,以及检测应达到的质量标准。对于抽样检查的产品,还应约定抽样的比例和取样的方法,以及双方共同认可的检测单位。质量验收的方法可以采用以下几种:

①经验鉴别法　即通过目测、手触或以常用的检测工具量测后,判断质量是否符合要求。

②物理试验　根据产品性能和检验目的,可以进行拉伸试验、压缩试验、冲击试验、金相试验及硬度试验等。

③化学实验　即抽出一部分样品进行定性分析或定量分析的化学实验,以确定其内在的质量。

4.5.1.3　支付结算管理

(1)支付货款的条件　合同内须明确是验单付款还是验货后付款,然后再约定结算方式和结算时间。验单付款是指委托供货方代运的货物,供货方把货物交付承运部门并将运输单证寄给采购方,采购方在收到单证后合同约定的期限内即应支付的结算方式。尤其对分批交货的物资,每批交付后应在多少天内支付货款也应明确注明。

(2)结算支付的方式　结算方式可以是现金支付、转账结算或异地托收承付。现金支付只适用于成交货物数量少,且金额小的购销合同;转账结算适用于同城市或同地区内的结算;托收承付适用于合同双方不在同一城市的结算方式。

(3)拒付货款　采购方拒付货款,应当按照中国人民银行结算办法的拒付规定办理。采用托收承付结算时,如果采购方的拒付手续超过承付期,银行不予受理。采购方对拒付货款的产品必须负责接收,并妥为保管不准动用。如果发现动用,由银行代供货方扣收货款,并按逾期付款对待。

采购方有权部分或全部拒付货款的情况大致包括:

1)交付货物的数量少于合同约定,拒付少交部分的货款;

2)拒付质量不符合合同要求部分货物的货款;

3)供货方交付的货物多于合同规定的数量且采购方不同意接收部分的货物,在承付期内可以拒付。

4.5.1.4　违约责任

(1)供货方的违约责任

1)如果因供货方的原因导致不能全部或部分交货,应按合同约定的违约金比例乘以不能交货部分货款计算违约金。若违约金不足以偿付采购方所受到的实际损失时,可以修改违约金的计算方法,使实际受到的损害能够得到合理的补偿。如施工承包人为了避免停工待料,不得不以较高价格紧急采购不能供应部分的货物而受到价差损失等。

2)供货方不能按期交货的行为,又可以进一步区分为逾期交货和提前交货两种情况。

①逾期交货　不论合同内规定由供货方将货物送达指定地点交接,还是采购方去自提,均要按合同约定依据逾期交货部分货款总价计算违约金。对约定由采购方自提货物而不能按期交付时,若发生采购方的其他额外损失,这比实际开支的费用也应由供货方承

150

担。如采购方已按期派车到指定地点接收货物,而供货方又不能交付时,则派车损失应由供货方支付费用。发生逾期交货事件后,供货方还应在发货前与采购方就发货的有关事宜进行协商。采购方仍需要时,可继续发货照数补齐,并承担逾期交货责任;如果采购方认为已不再需要,有权在接到发货协商通知后的 15 天内,通知供货方办理解除合同手续。但逾期不予答复视为同意供货方继续发货。

②提前交付货物　属于约定由采购方自提货物的合同,采购方接到对方发出的提前提货通知后,可以根据自己的实际情况拒绝提前提货;对于供货方提前发运或交付的货物,采购方仍可按合同规定的时间付款,而且对多交货部分,以及品种、型号、规格、质量等不符合合同规定的产品,在代为保管期内实际支出的保管、保养等费用由供货方承担。代为保管期内,不是因采购方保管不善原因而导致的损失,仍由供货方负责。

3)交货数量与合同不符。交付的数量多于合同规定,且采购方不同意接收时,可在承付期内拒付多交部分的货款和运杂费。合同双方在同一城市,采购方可以拒收多交部分;双方不在同一城市,采购方应先把货物接收下来并负责保管,然后将详细情况和处理意见在到货后的 10 天内通知对方。当交付的数量少于合同规定时,采购方凭有关的合法证明在承付期内可以拒付少交部分的货款,也应在到货后的 10 天内将详情和处理意见通知对方。供货方接到通知后应在 10 天内答复,否则视为同意对方的处理意见。

4)产品存在质量缺陷。交货货物的品种、型号、规格、质量不符合合同规定,如果采购方同意利用,应当按质论价;当采购方不同意使用时,由供货方负责包换或包修。不能修理或调换的产品,按供货方不能交货对待。

(2)供货方的运输责任　主要涉及包装责任和发运责任两个方面。

1)合理的包装是安全运输的保障,供货方应按合同约定的标准对产品进行包装。凡因包装不符合规定而造成运输过程中的损坏或灭失、丢失,均由供货方负责赔偿。

2)供货方如果将货物错发到其他地点或接货人时,除应负责将货物发送到运输合同规定的到货地点或接货人外,还应承担对方因此多支付的一切实际费用和逾期交货的违约金。供货方应按合同约定的路线和运输工具发运货物,如果未经对方同意私自变更运输工具或路线,要承担由此增加的费用。

(3)采购方的违约责任

1)不按合同约定接收货物　合同签订以后或履行过程中,采购方要求中途退货,应向供货方支付按退货部分货款总额计算的违约金。对于实行供货方送货或代运的物资,采购方违反合同规定拒绝接货,要承担由此造成的货物损失和运输部门的罚款。约定为自提的产品,采购方不能按期提货,除须支付按逾期提货部分货款总值计算延期付款的违约金之外,还应承担逾期提货时间内供货方实际发生的代为保管、保养费用。逾期提货,可能是指未按合同约定的日期提货;也可能是已同意供货方逾期交付货物,而接到提货通知后未在合同规定的时限内去提货两种情况。

2)逾期付款　采购方逾期付款,应按照合同内约定的计算办法,支付逾期付款利息。按照中国人民银行有关延期付款的规定,延期付款利率一般按每天万分之五计算。

3)货物交接地点错误的责任　不论是由于采购方在合同内错填到货地点或接货人,还是未在合同约定的时限内及时将变更的到货地点或接货人通知对方,导致供货方送货或代运过程中不能顺利交接货物,所产生的后果均由采购方承担。责任范围包括自行运到所需地点或承担供货方及运输部门按采购方要求改变交货地点的一切额外支出。

4.5.2　大型设备采购合同管理

大型设备采购合同指采购方(通常为业主,也可能是承包人)与供货方(大多为生产厂家,也可能是供货商)为提供工程项目所需的大型复杂设备而签订的合同。大型设备采购合同的标的物可能是非标准产品,需要专门加工制作,也可能虽为标准产品,但技术复杂而市场需求量较小,一般没有现货供应,待双方签订合同后由供货方专门进行加工制作,因此属于承揽合同的范畴。一个较为完备的大型设备采购合同,通常由合同条款和附件组成。

4.5.2.1　合同条款的主要内容

当事人双方在合同内根据具体订购设备的特点和要求,约定以下几方面的内容:合同中的词语定义;合同标的;供货范围;合同价格;付款;交货和运输;包装和标记;技术服务;质量监造和检验;安装、调试、试运和验收;保证与索赔;保险;税费;分包与外购;合同的变更、修改、中止和终止;不可抗力;合同争议的解决;其他。

4.5.2.2　主要附件

为了对合同中某些约定条款涉及内容较多部分作出更为详细的说明,还需要编制一些附件作为合同的一个组成部分。附件通常可能包括技术规范,供货范围,技术资料的内容和交付安排,交货进度,监造、检验和性能验收试验,价格表,技术服务的内容,分包和外购计划,大部件说明表等。

4.5.2.3　承包的工作范围

大型复杂设备的采购在合同内约定的供货方承包范围可能包括:

(1)按照采购方的要求对生产厂家定型设计图纸的局部修改;

(2)设备制造;

(3)提供配套的辅助设备;

(4)设备运输;

(5)设备安装(或指导安装);

(6)设备调试和检验;

(7)提供备品、备件;

(8)对采购方运行的管理和操作人员的技术培训等。

4.5.2.4　设备监理的主要工作内容

设备制造监理在实践中也称设备监造,指采购方委托有资质的监造单位对供货方提供合同设备的制造、施工和过程进行监督和协调。但设备监造不解除供货方对合同设备质量应负的责任。

(1)设备制造前的监理工作　设备制造前,供货方向监理提交订购设备的设计和制造、检验的标准,包括与设备监造有关的标准、图纸、资料、工艺要求。在合同约定的时间内,监理应组织有关方面和人员进行会审后尽快给予同意与否的答复。尤其对生产厂家定型设计的图纸需要作部分改动要求时,对修改后的设计进行慎重审查。

（2）设备制造阶段的监理工作　监理对设备制造过程的监造实行现场见证和文件见证。

1）现场见证的形式包括：

①以巡视的方式监督生产制造过程，检查使用的原材料、元件质量是否合格，制造操作工艺是否符合技术规范的要求等。

②接到供货方的通知后，参加合同内规定的中期检查试验和出厂前的检查试验。

③在认为必要时，有权要求进行合同内没有规定的检验。如对某一部分的焊接质量有疑问，可以对该部分进行无损探伤试验。

2）文件见证是指对所进行的检查或检验认为质量达到合同规定的标准后，在检查或试验记录上签署认可意见，以及就制造过程中有关问题发给供货方的相关文件。

（3）对制造质量的监督

1）监督检验的内容　采购方和供货方应在合同内约定设备监造的内容，监理依据合同的规定进行检查和试验。具体内容可能包括监造的部套（以订购范围确定），每套的监造内容，监造方式（可以是现场见证、文件见证或停工待检之一），检验的数量等。

2）检查和试验的范围　包括：①原材料和元器件的进厂检验；②部件的加工检验和实验；③出场前预组装检验；④包装检验。

3）制造质量责任　包括：①监理在监造中对发现的设备和材料质量问题，或不符合规定标准的包装，有权提出改正意见并暂不予以签字时，供货方须采取相应改进措施保证交货质量。无论监理是否要求和是否知道，供货方均有义务主动及时地向其提供设备制造过程中出现的较大的质量缺陷和问题，不得隐瞒，在监理不知道的情况下供货方不得擅自处理。②监造代表发现重大问题要求停工检验时，供货方应当遵照执行。③不论监理是否参与监造与出厂检验，或者参加了监造与检验并签署了监造与检验报告，均不能被视为免除供方对设备质量应负的责任。

（4）监理工作应注意的事项

1）制造现场的监造检验和见证，尽量结合供货方工厂实际生产过程进行，不应影响正常的生产进度（不包括发现重大问题时的停工检验）。

2）监理应按时参加合同规定的检查和实验。若监理不能按供货方通知时间及时到场，供货方工厂的试验工作可以正常进行，试验结果有效。但是监理有权事后了解、查阅、复制检查试验报告和结果（转为文件见证）。若供货方未及时通知监造代表而单独检验，监理不承认该检验结果，供货方应在监理在场的情况下进行该项试验。

3）供货方供应的所有合同设备、部件（包括分包和外购部分），在生产过程中都须进行严格的检验和试验，出厂前还须进行部套或整机总装试验。所有检验、试验和总装（装配）必须有正式的记录文件。只有以上所有工作完成后才能出厂发运。这些正式记录文件和合格证明提交给监理，作为技术资料的一部分存档。此外，供货方还应在随机文件中提供合格证和质量证明文件。

（5）对生产进度的监督

1）对供货方在合同设备开始投料制造前提交的整套设备的生产计划进行审查并签字认可。

2)每个月末供货方均应提供月报表,说明本月包括制造工艺过程和检验记录在内的实际生产进度,以及下个月的生产、检验计划。中间检验报告须说明检验的时间、地点、过程、试验记录,以及不一致性原因分析和改进措施。监理审查同意后,作为对制造进度控制和与其他合同及外部关系进行协调的依据。

4.5.2.5 合同价格与支付

(1)合同价格　设备采购合同通常采用固定总价合同,在合同交货期内为不变价格。合同价内包括合同设备(含备品备件、专用工具)、技术资料、技术服务等费用,还包括合同设备的税费、运杂费、保险费等与合同有关的其他费用。

(2)付款　支付的条件、支付的时间和费用内容应在合同内具体约定。合同生效后,供货方提交金额为约定的合同设备价格某一百分比不可撤销的履约保函,作为采购方支付合同款的先决条件。

1)订购的合同设备价格分三次支付:

①设备制造前供货方提交履约保函和金额为合同设备价格10%的商业发票后,采购方支付合同设备价格的10%作为预付款;

②供货方按交货顺序在规定的时间内将每批设备(部组件)运到交货地点,并将该批设备的商业发票、清单、质量检验合格证明、货运提单提供给采购方,支付该批设备价格的80%;

③剩余合同设备价格的10%作为设备保证金,待每套设备保证期满没有问题,采购方签发设备最终验收证书后支付。

2)合同约定的技术服务费分两次支付:

①第一批设备交货后,采购方支付给供货方该套合同设备技术服务费的30%;

②每套合同设备通过该套机组性能验收试验,初步验收证书签署后,采购方支付该套合同设备技术服务费的70%。

(3)运杂费的支付　运杂费在设备交货时由供货方分批向采购方结算,结算总额为合同规定的运杂费。

付款时间以采购方银行承付日期为实际支付日期,若此日期晚于规定的付款日期,即从规定的日期开始,按合同约定计算违约金。

4.5.2.6 违约责任

为了保证合同双方的合法权益,虽然在前述条款中已说明责任的划分,如修理、置换、补足短少部件等规定,但还应在合同内约定承担违约责任的条件、违约金的计算办法和违约金的最高赔偿限额。违约金通常包括以下几方面内容。

(1)供货方的违约责任

1)延误责任的违约金　包括设备延误到货的违约金计算办法;未能按合同规定时间交付严重影响施工的关键技术资料的违约金的计算办法;因技术服务的延误、疏忽或错误导致工程延误违约金的计算办法。

2)质量责任的违约金　经过两次性能试验后,一项或多项性能指标仍达不到保证指标时,各项具体性能指标违约金的计算办法。

3)由于供货方责任采购方人员的返工费　如果供货方委托采购方施工人员进行加

工、修理、更换设备,或由于供货方设计图纸错误以及因供货方技术服务人员的指导错误造成返工,供货方应承担因此所发生合理费用的责任。

4)不能供货的违约金　合同履行过程中,如果因供货方原因不能交货,按不能交货部分设备约定价格的某一百分比计算违约金。

(2)采购方的违约责任　违约金应包含以下几项内容:

1)延期付款违约金的计算方法;

2)延期付款利息的计算办法;

3)如果采购方中途要求退货,按退货部分设备约定价格的某一百分比计算违约金。

在违约责任条款中还应分别列明任何一方严重违约时,对方可以单方面终止合同的条件、终止程序和后果责任。

 思考题

1. 合同管理包括哪些主要内容?

2. 风险问题在合同管理中体现在哪些条款中?

3. 索赔问题在合同管理中所处的地位如何?

4. 监理工程师如何做好合同管理工作?

第5章 工程建设监理的信息管理

5.1 信息管理

5.1.1 信息管理的定义

信息管理是人类为了有效地开发和利用信息资源,以现代信息技术为手段,对信息资源进行计划、组织、领导和控制的社会活动。简单地说,信息管理就是人对信息资源和信息活动的管理。对于上述定义,要注意从以下几个方面去理解。

(1)信息管理的对象是信息资源和信息活动

1)信息资源 信息资源是信息生产者、信息、信息技术的有机体。信息管理的根本目的是控制信息流向,实现信息的效用与价值。但是,信息并不都是资源,要使其成为资源并实现其效用和价值,就必须借助"人"的智力和信息技术等手段。因此,"人"是控制信息资源、协调信息活动的主体,是主体要素,而信息的收集、存储、传递、处理和利用等信息活动过程都离不开信息技术的支持。没有信息技术的强有力作用,要实现有效的信息管理是不可能的。信息活动本质上是为了生产、传递和利用信息资源,信息资源是信息活动的对象与结果之一。信息生产者、信息、信息技术三个要素形成一个有机整体——信息资源,是构成任何一个信息系统的基本要素,是信息管理的研究对象之一。

2)信息活动 信息活动是指人类社会围绕信息资源的形成、传递和利用而开展的管理活动与服务活动。信息资源的形成阶段以信息的产生、记录、收集、传递、存储、处理等活动为特征,目的是形成可以利用的信息资源。信息资源的开发利用阶段以信息资源的传递、检索、分析、选择、吸收、评价、利用等活动为特征,目的是实现信息资源的价值,达到信息管理的目的。单纯地把信息资源作为信息管理的研究对象而忽略与信息资源紧密联系的信息活动是不全面的。

(2)信息管理是管理活动的一种 管理活动的基本职能"计划、组织、领导、控制"仍然是信息管理活动的基本职能,只不过信息管理的基本职能更有针对性。

(3)信息管理是一种社会规模的活动 这反映了信息管理活动的普遍性和社会性,是涉及广泛的社会个体、群体和国家参与的普遍性的信息获取、控制和利用的活动。

5.1.2 信息管理的特征

5.1.2.1 管理类型特征

信息管理是管理的一种,具有管理的一般特征,例如,管理的基本职能是计划、组织、领导、控制;管理的对象是组织活动;管理的目的是为了实现组织的目标等,这些在信息管理中同样具备。但是,信息管理作为一个专门的管理类型,又有自己的独有特征:

(1)管理的对象不是人、财、物,而是信息资源和信息活动;

(2)信息管理贯穿于整个管理过程之中。

5.1.2.2 时代特征

(1)信息量猛增 随着经济全球化,世界各国和地区之间的政治、经济、文化交往日益频繁,组织与组织之间的联系越来越广泛,组织内部各部门之间的联系越来越多,以致信息量猛增。

(2)信息处理和传播速度更快 由于信息技术的快速发展,使得信息处理与传播的速度越来越快。

(3)信息处理的方法日趋复杂 随着管理工作要求的提高,信息处理的方法也就越来越复杂。早期的信息加工,多为一种经验性加工或简单的计算。现在的加工处理方法不仅需要一般的数学方法,还要运用数理统计方法、运筹学方法等。

(4)信息管理所涉及的领域不断扩大 从知识范畴上看,信息管理涉及管理学、社会科学、行为科学、经济学、心理学、计算机科学等;从技术上看,信息管理涉及计算机技术、通信技术、办公自动化技术、测试技术、缩微技术等。

5.1.3 信息管理的职能

美国信息资源管理学家霍顿和马钱德等人在 20 世纪 80 年代就指出:信息资源与人力、物力和财力等自然资源一样,都是社会的重要资源,因此,应该像管理其他资源那样管理信息资源。

信息资源是组织的资源之一,因此是管理的对象之一,进而形成了信息管理这个概念。在对人财物的管理过程中处处有信息和信息流动存在,也就存在着相应的信息管理工作,而信息管理是对信息资源和信息活动的管理,其管理过程显然离不开对人财物的管理,所以信息管理是管理的子集,遵守管理的一般规律,就是说信息管理也具有计划、组织、领导和控制四大基本职能。另一方面,结合信息、信息活动和信息资源的特点,信息管理的计划、组织、领导和控制等职能又具有一些特殊性和更具体的内容。

5.1.3.1 信息管理的计划职能

信息管理的计划职能,是围绕信息的生命周期和信息活动的整个管理过程,通过调查研究,预测未来,根据战略规划所确定的总体目标,分解出子目标和阶段任务,并规定实现这些目标的途径和方法,制订出各种信息管理计划,从而把已定的总体目标转化为全体组织成员在一定时期内的行动指南,指引组织未来的行动。

5.1.3.2 信息管理的组织职能

经济全球化、网络化、知识化的发展与网络通信技术、计算机信息处理技术的发展,对人类活动的组织产生了深刻的影响,信息活动的组织也随之发展。计算机网络及信息处理技术被应用于组织中的各项工作,使组织能更好地收集情报,更快地作出决策,增强了组织的适应能力与竞争力。从而使组织信息资源管理的规模日益增大,信息管理对于组织更显重要,信息管理组织成为组织中的重要部门。信息管理部门不仅要承担信息系统组建、保障信息系统运行和对信息系统的维护更新,还要向信息资源使用者提供信息、技术支持和培训等。综合起来,信息管理组织的职能包括信息系统研发与管理、信息系统运行维护与管理、信息资源管理与服务和提高信息管理组织的有效性等四个方面。

5.1.3.3 信息管理的领导职能

信息管理的领导职能是指信息管理领导者对组织内所有成员的信息行为进行指导或引导和施加影响,使成员能够自觉自愿地为实现组织的信息管理目标而工作的过程。信息管理的领导职能不是独立存在的,它贯穿信息管理的全过程,贯穿计划、组织和控制等职能之中。

具体来说,信息管理的领导者职责包括:参与高层管理决策,为最高决策层提供解决全局性问题的信息和建议。负责制定组织信息政策和信息基础标准,使组织信息资源的开发和利用策略与管理策略保持高度一致。负责组织开发和管理信息系统,对于已经建立计算机信息系统的组织,信息管理领导者必须负责领导信息系统的维护、设备维修和管理等工作;对于未建立计算机信息系统的组织,信息管理领导者必须负责组织制定信息系统建设战略规划,在组织内推广应用信息系统以及信息系统投运后的维护和管理等。负责协调和监督组织各部门的信息工作。负责收集、提供和管理组织的内部活动信息、外部相关信息和未来预测信息。

5.1.3.4 信息管理的控制职能

信息管理的控制职能是指为了确保组织的信息管理目标以及为此而制订的信息管理计划能够顺利实现,信息管理者根据事先确定的标准或因发展需要而重新确定的标准,对信息工作进行衡量、测量和评价,并在出现偏差时进行纠正,以防止偏差继续发展或今后再度发生;或者,根据组织内外环境的变化和组织发展的需要,在信息管理计划的执行过程中,对原计划进行修订或制订新的计划,并调整信息管理工作的部署。

信息管理的控制工作是每个信息管理者的职责。有些信息管理者常常忽略了这一点,认为实施控制主要是上层和中层管理者的职责,基层部门的控制就不大需要了。其实,各层管理者只是所负责的控制范围各不相同,但各个层次的管理者都负有执行计划实施控制之职责。因此,所有信息管理者包括基层管理者都必须承担实施控制工作这一重要职责,尤其是协调和监督组织各部门的信息工作,以保证信息获取的质量和信息利用的程度。

5.2 建设工程监理信息及信息管理

5.2.1 建设工程监理信息分类

在建设监理过程中,涉及的信息量是很大的,这些信息来自方方面面,大致可按以下几种方式划分。

5.2.1.1 按建设监理的目标划分

建设监理的目标是控制项目的投资、进度和质量,加强合同与信息管理,以保证项目快、好、省地完成建设目标,取得最大收益。依据建设监理的目标,信息可划分为以下几种。

（1）投资控制信息　投资控制信息是指与投资控制有关的各种信息,如工程造价、物价指数、概预算定额、工程项目的投资估算、设计概算、施工预算、合同价格、运费、工程价款支付账单、工程变更费用、工程索赔费用、违约费等。

（2）进度控制信息　与进度控制有关的信息有项目进度计划,进度控制制度,进度记录工程款支付情况,环境气候条件,项目参与人员、物资、设备情况,意外风险等。

（3）质量控制信息　包括国家质量标准,项目建设标准,质量保证体系,质量控制措施,质量控制风险分析,质量检查、验收记录,项目实施工艺、方法、手段,工程参与者的资质,机械设备质量,工程材料质量等。

（4）合同管理信息　包括国家法律、法规,经济合同,工程建设承包合同,供应合同,运输合同,工程变更,工程索赔,工程参与者违约等。

5.2.1.2　按建设监理信息的来源划分

分为以下几种:

（1）项目内部信息　项目内部信息的收集取自项目本身,包括合同信息,如承包合同、监理合同、企业资质、工程管理人员资质、工人上岗操作证书等;技术信息,如设计图纸、设计变更、施工组织设计、监理规划等;监理信息,如过程监理、工序验收、会议记录、项目控制措施、控制目标等;工程验收信息,如分部工程验收、竣工验收、备案信息等;信息编码系统。

（2）项目外部信息　项目外部信息与项目本身有关,但来自外部环境,如国家法规,市场价格,参加招投标单位实力、信誉,建设项目周围环境,有关管理部门等。

5.2.1.3　根据信息的稳定性划分

分为以下几种:

（1）固定信息　在一定时期内不变的信息属固定信息,如有关规范、技术标准、工作制度、施工组织设计、管理规划、有关定额等。

（2）流动信息　指在不断变化的信息,如项目实施过程中质量、投资、进度控制的有关信息,工程中材料消耗量、机械台数、人工数等。

5.2.1.4　按其他标准划分

（1）根据信息的性质可分为生产性、技术性、经济性、资源性信息。

（2）根据信息层次可分为战略性、策略性、业务性信息。

（3）根据信息范围可分为精细和摘要两类信息。

（4）根据信息时间可分为历史性信息和预测性信息。

（5）根据信息阶段可分为计划阶段、实施阶段、核算报告阶段信息。

（6）根据信息期待性可分为预知信息和突发信息。

根据一定的监理标准对信息可以分类,关系到监理工作信息管理的水平。不同的监理范畴,需要不同的信息,根据项目监理的需要,按上述各种分类方法对信息予以分类,并进行编码,以提供准确、真实的信息。

5.2.2 建设工程监理信息的特点

(1)真实性 事实是信息的基本特点,找到事物真实的一面,就可以为决策和管理服务。

(2)时效性 在工程建设监理中,大量发生的是在工程建设中的实时数据,工程建设又具有投资大、工期长、项目分散、管理部门多、参与建设单位多的特点,如果不能及时得到工程中发生的数据,不能及时把不同的数据传递到需要相关数据的单位、部门,就会影响各部门工作,影响监理工程师作出正确的判断,进而影响监理项目的工程质量。

(3)层次性 建设工程监理的不同层次、不同部门、不同阶段虽然都需要信息,但侧重点不同。在工程前期,较多地需要外界的信息,例如资金市场、期货市场、劳务市场、科技市场的信息。一旦工程开工,则需要收集工程中发生的工程质量、工程进度、合同执行情况的信息。工程后期则要收集工程中实际执行情况的信息,及关于竣工验收和保修所需的信息。不同的业务部门收集信息侧重点也不同,例如:经济管理部门需要知道工程的大致进度,但他们更关心的是工程中实际发生的资金使用情况及其与计划价格之间的差异;对监理高层管理者来说,不一定需要工程细部发生的资金使用情况,而更多的是关心分项、分部工程使用资金的总体情况;对具体的监理业务部门来讲,则需要详细的、系统的、全面的本部门所需数据,以及其他部门信息。因此,监理信息管理部门就应该满足这些不同阶段、不同层次、不同部门的信息需要,提供不同类型、不同精度、不同来源的信息。

(4)系统性 信息可以来自很多方面,只有全面地掌握各方面的数据后才能得到信息。信息是系统中的组成部分,必须用系统的观点来对待各种信息,才能避免工作的片面性。监理工作中要求全面掌握投资、进度、质量、合同、安全等各个方面的信息。

5.2.3 建设工程监理信息的管理流程

5.2.3.1 监理工作信息流程

(1)建设工程信息流程的组成 建设工程的信息流由项目建设各参建方的信息流组成,监理单位的信息系统作为建设工程系统的一个子系统,监理的信息流仅仅是其中的一部分。建设工程的信息流程如图 5.1 所示。

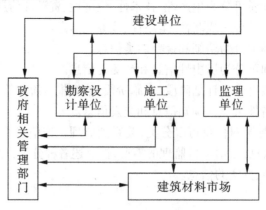

图 5.1　建设工程的信息流程图

（2）监理单位及项目监理部信息流程的组成 作为监理单位内部，也有一个信息流程，监理单位的信息系统更偏重于公司内部管理和对所监理的建设工程项目监理部的宏观管理，对具体的某个工程项目监理部，也要组织必要的信息流程，加强项目数据和信息的微观管理。监理单位的信息流程图如图 5.2 所示，项目监理部的信息流程图如图 5.3 所示。

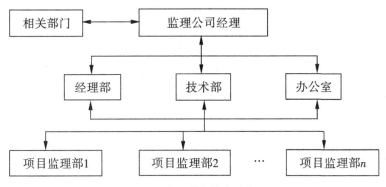

图 5.2 监理单位信息流程图

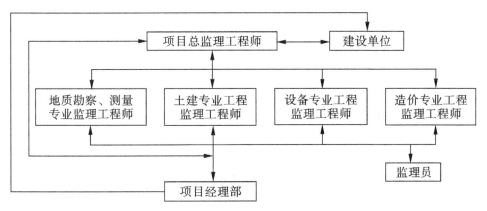

图 5.3 项目监理部信息流程图

5.2.3.2 监理信息的收集

在建设工程不同阶段，对数据和信息的收集是不同的，有不同的来源、不同的角度、不同的处理方法。

（1）项目决策阶段的信息收集 主要包括以下内容：项目相关市场方面的信息；项目资源相关方面的信息；自然环境相关方面的信息；新技术、新设备、新工艺、新材料及专业配套能力方面的信息；政治环境、社会治安状况、当地法律、政策、教育的信息。

（2）设计阶段的信息收集 主要包括以下内容：可行性研究报告及前期相关文件资料；同类工程相关信息；拟建工程所在地相关信息；勘察、测量、设计单位相关信息；工程所在地政府相关信息；设计中的设计进度计划，设计质量保证体系，设计合同执行情况，偏差产生的原因，专业交接情况，执行规范、标准情况，设计概算等方面的信息。

（3）施工招投标阶段的信息收集 主要包括以下内容：工程地质、水文报告、设计文件图纸、概预算；建设前期报审资料；建筑市场造价及变化趋势；项目所在地建筑单位信息；适用规范、规程、标准；所在地关于招投标有关法规、规定及合同范本；项目所在地招投标情况。

(4)施工阶段的信息收集　包括施工准备期的信息收集、施工实施期的信息收集和竣工保修期的信息收集。

1)施工准备期的信息收集　内容主要有监理大纲、施工单位项目经理部的组成及管理方法；建设工程项目所在地具体情况；施工图情况；相关法律、法规、规章、规范、规程，特别是强制性标准和质量评定标准。

2)施工实施期的信息收集　内容主要有施工单位人员、设备、能源情况；原材料供应、使用保管情况；项目经理部管理程序；施工规范、规程；工程数据的记录；材料的试验资料；设备安装调试资料；工程变更及施工索赔相关信息。

3)竣工保修期的信息收集　内容主要有准备阶段文件的贯彻情况；监理文件；施工资料；竣工图；竣工归档整理规范及竣工验收资料等。

5.2.3.3　监理信息的处理

监理信息的处理主要指信息的加工整理、存储、检索和传递，及监理信息的使用。

(1)监理信息的加工整理　监理信息的加工整理是对收集来的大量原始信息，进行筛选、分类、排序、压缩、分析、比较、计算的过程。通过对信息资料的加工整理，一方面可以掌握工程建设实施过程中各方面的进展情况；另一方面可直接或借助数学模型来预测未来工程建设的进展状况，从而为监理工程师作出正确的决策提供可靠的依据。

在建设项目的实施过程中，监理工程师加工整理的监理信息主要包括以下内容：

1)现场监理日报表　包括当天施工的内容，当天参加施工的人员，当天使用的机械名称和数量，当天发现的施工质量问题，当天的施工进度和计划进度的比较，当天天气综合评语等信息。

2)现场监理工程师周报　指现场监理工程师根据监理日报加工整理而成的报告。

3)监理工程师月报　内容包括一个月以来，工程项目在施工进度、质量控制、工程款支付、工程变更、民事纠纷、合同纠纷等方面的情况。

(2)监理信息的存储　经收集和整理后的大量信息资料，应当存档以备将来使用。监理信息的储存，主要就是将这些材料按不同的类别，进行详细的登录、存放，建立资料归档系统。该系统应简单和易于保存，但内容应足够详细，以便很快查出任何已归档的资料。

目前，信息存储的介质主要有各类纸张、胶卷、录音(像)带和计算机存储器等。用纸张存储信息的主要优点是成本低，永久保存性好，不易涂改，其缺点是占用大量的空间，不便于检索，传递速度慢。因此应掌握各种存储介质的特点，扬长避短，将纸和计算机及其他存储介质结合起来使用。随着技术的不断发展，计算机的存储量越来越大，且成本越来越低。因此，监理信息的存储应尽量采用电子计算机及其他微缩系统，以提高检索、传递和使用的效率。

(3)监理信息的检索和传递　无论是存储在档案库还是存储在计算机中的信息资料，为了查找方便，在建库时都要拟定一套科学的查找方法和手段，做好分类编目工作。完善的检索系统可以使报表、文件、资料、人事和技术档案既保存完好，又查找方便。否则会使资料杂乱无章，无法利用。

监理信息的传递，是指监理信息借助于一定的载体从信息源传递到使用者的过程。

162

在信息传递的过程中,会形成各种信息流。常见的信息流有以下几种:自上而下的信息流,是指上级管理机构向下级管理机构流动的信息,包括有关政策法规、合同、各种批文和计划信息等;自下而上的信息流,是指下级管理机构向上级管理机构流动的信息,主要是有关工程项目总目标完成情况的信息;内部横向信息流,是指在同一级管理机构之间流动的信息;外部环境信息流,是指在工程项目内部与外部环境之间流动的信息,外部环境指气象部门、环保部门等。

(4)监理信息的使用 工程建设信息管理的最终目的,就是为了更好地使用信息,为监理决策服务。经过加工处理的信息,要按照监理工作的实际要求,以各种形式提供给各类监理人员。信息的使用效率和使用质量随着计算机的普及而提高。存储于计算机中的信息,是一种为各个部门所共享的资源。因此,利用计算机进行信息管理,已成为更好地使用监理信息的前提条件。

5.3 计算机辅助监理的具体内容

计算机辅助监理的主要内容为发现问题、编制规划、帮助决策、跟踪检查,以达到对工程控制的目的。

5.3.1 计算机辅助进行目标管理

任何工程建设项目都应有明确的目标。监理工程师要想对建设工程项目实施有效的监理,首先必须确定监理的控制目标。投资、进度和质量是监理的主要三大控制目标。应用计算机辅助监理可以在建设项目实施前帮助监理工程师及时、准确地确定投资目标;全面、合理地确定进度目标;具体、系统地确定质量目标。应用计算机监理确定控制目标的目的、现状和方法见表5.1。

表5.1 计算机辅助监理确定控制目标

控制内容	目前状况	控制方法
及时、准确地确定投资目标	由设计单位根据定额来进行概预算,业主无自主权,带有笼统性	用微机进行预决算,既快又准,避免了以往由设计单位进行预决算,最后造成预决算超预算、预算超概算的弊病
全面、合理地确定进度目标	①工期目标为进度目标; ②定额工期只能是客观控制; ③没有经过合理工序比较; ④施工单位组织管理具有非科学性; ⑤项目草率上马,导致工期延长	迫切需要计算机科学合理地确定工期,实施进度目标控制
具体、系统地确定质量目标	质量目标脱离造价与工期、笼统概括、讲抽象概念	①不能脱离造价与工期; ②应具体明确,每个项目目标都应进行详细定义、说明; ③须进行分解,不能只讲抽象概念

5.3.1.1 计算机辅助投资控制

计算机辅助投资控制的内容主要包括三部分:投资目标值的确定、分解和调整;实际投资费用支出的统计分析与动态比较;项目投资的查询及各种报表。投资控制系统功能模块见图5.4。

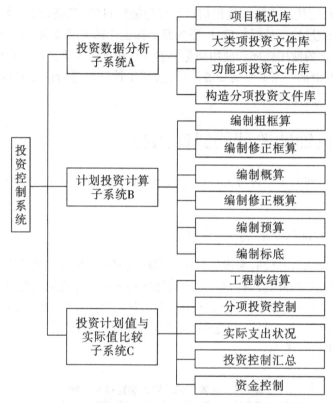

图5.4 投资控制系统功能模块图

5.3.1.2 计算机辅助进度控制

计算机辅助进度控制的意义归纳起来有以下三个方面。

(1)通过计算机辅助进度控制可以确保总进度目标的完成,其具体内容包括:对目标计划值的合理确定;可以分析导致分阶段目标实现的有利因素,同时也可以分析导致分阶段目标未能实现的不利因素,为后续工程积累经验;可以及时调整进度目标。

(2)通过计算机辅助进度控制可以实现项目实施阶段的科学管理,其具体内容包括科学的计划管理、完善的现场管理、必要的风险管理。

(3)对进度控制中突发事件能及时反映,能够迅速对进度进行调整,重新确定关键线路。

进度控制系统的功能模块见图5.5。

5.3.1.3　计算机辅助质量控制

计算机辅助质量控制系统功能模块如图 5.6 所示。

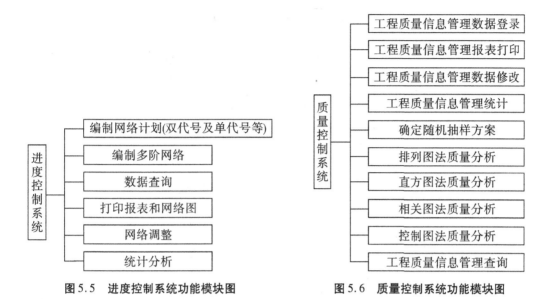

图 5.5　进度控制系统功能模块图　　图 5.6　质量控制系统功能模块图

5.3.1.4　计算机辅助合同管理

合同管理是监理工程师的一项重要工作内容,计算机辅助合同管理的功能见表 5.2。

表 5.2　计算机辅助合同管理的功能

功能	属性	具体内容
合同的分类登录 与检索	主动控制 （静态控制）	合同结构模型的提供与选用 合同文件、资料的登录、修改、删除等 合同文件的分类、查询和统计 合同文件的检索
合同的跟踪与控制	动态控制	合同执行情况跟踪和处理过程的记录 合同执行情况的报表打印等 涉外合同的外汇折算 建立经济法规库（国内经济法、国外经济法）

5.3.1.5　计算机辅助现场组织管理

计算机辅助现场组织管理如图 5.7 所示。

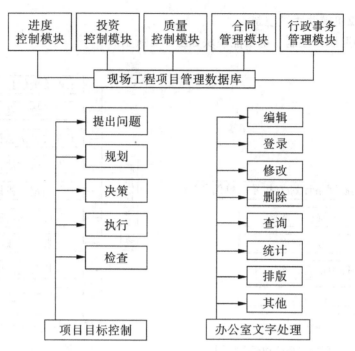

图5.7　计算机辅助现场组织管理示意图

5.3.2　计算机辅助监理的编码系统

在建设监理过程中,监理工程师采用计算机辅助监理的编码系统,给查询文件档案和管理决策带来了方便。

编码是指设计代码,而代码指的是代表事物名称、属性和状态的符号与文字,它可以大大节省存储空间,查找、运算、排序等也都十分方便。通过编码可以为事物提供一个精练而不含混的记号,并且可以提高数据处理的效率。

5.3.2.1　编码的方法

编码的方法主要包括以下五种:

(1)顺序编码　即从001开始依次排下去,直至最后。

(2)成批编码　即从头开始,依次为数据编码,但在每批同类型数据之后留有一定余量,以备添加新的数据。

(3)多面码　一个事物可能有多个属性,如果在码的结构中能为这些属性各规定一个位置,就形成了多面码。

(4)十进制码　即先把对象分成十大类,编以0~9个,每类中再分成十个小类,给以第二批0~9的号码,依次编下去。

(5)文字数字码　用文字表明对象的属性,而文字一般用英语缩写或汉语拼音的字头。

5.3.2.2　编码的注意事项

编码系统的注意事项主要包括以下几个方面:

166

(1)每一代码必须保证其所描述的实体是唯一的;

(2)代码设计要留出足够的可扩充的位置,以适应新情况的变化;

(3)代码应尽量标准化,以便与全国的编码保持一致,便于系统的开拓;

(4)代码设计应该等长,便于计算机处理;

(5)当代码长于五个字符时,最好分成几段,以便于记忆;

(6)代码应在逻辑上适合使用的需要;

(7)编码要有系统的观点,尽量照顾到各部门的需要;

(8)在条件允许的情况下,应尽量使代码短小;

(9)代码系统要有一定的稳定性。

5.4 建设工程监理信息系统管理

5.4.1 监理信息系统的开发和设计

5.4.1.1 建设监理信息系统的设计原则

由于工程建设项目的特点及施工的技术经济特点,在对建设监理信息系统进行设计时,应遵循下列基本原则。

(1)科学性原则 系统总体设计除应符合工程建设项目的技术经济规律外,还应灵活地利用相关学科技术方法,以便开发建设监理信息系统软件,为工程项目建设监理提供有效的服务。

(2)实用性原则 系统总体设计应当从当前工程建设监理单位的实际水平和能力出发,分步骤分阶段加以实施。应力求简单,便于操作,有利于实际推广使用。

(3)数量化与模型相结合的原则 系统总体设计应以数据处理和信息管理为基础,并配以适量的数学模型,包括工程成本、工程进度、工程质量与安全、资源消耗等方面的控制,以及对工程风险、施工效果等方面的评价,以实现数量化与模型化相结合的信息管理系统软件为开发方向,为工程建设项目监理提供计算机辅助的决策支持。

(4)独立性与组合性相结合的原则 系统总体设计应考虑到不同用户的要求,既要保持各子系统的相对独立性,以满足单一功能的推广使用,又要保持相关子系统的联系性,以便组成集成管理系统。

(5)可扩充性与可移植性结合的原则 系统总体设计主要是以单位工程监理为对象,开发的信息管理软件应能扩充到由各个单位工程组成的群体工程的监理方面。同时,还能移植到工程项目管理方面,以便为业主的项目管理和承包商的项目管理服务。

5.4.1.2 建设监理信息系统设计

按照建设监理工作的主要内容,即对建设项目的工期、质量、投资等三大目标实施动态控制,确保三大目标得到最合理的实现,相应地,建设工程监理信息系统应由 5 个子系统组成,即进度控制子系统、质量控制子系统、投资控制子系统、合同管理子系统和行政事务管理子系统。各子系统之间既相互独立,各有其自身目标控制的内容和方法,又相互联系,互为其他子系统提供信息。

（1）工程建设进度控制子系统　　工程建设进度控制子系统不仅要辅助监理工程师编制和优化工程建设进度计划,更要对建设项目的实际进展情况进行跟踪检查,并采取有效措施调整进度计划以纠正偏差,从而实现工程建设进度的动态控制。为此,本系统应具有以下功能:

1）输入原始数据,为工程建设进度计划的编制及优化提供依据。

2）根据原始数据编制进度计划,包括横道计划、网络计划及多级网络计划系统。

3）进行进度计划的优化,包括工期优化、费用优化和资源优化。

4）工程实际进度的统计分析,即随着工程的实际进展,对输入系统的实际进度数据进行必要的统计分析,形成与计划进度数据有可比性的数据。同时,可对工程进度作出预测分析,检查项目按目前进展能否实现工期目标,从而为进度计划的调整提供依据。

5）实际进度与计划进度的动态比较,即定期将实际进度数据同计划进度数据进行比较,形成进度比较报告,从中发现偏差,以便及时采取有效措施加以纠正。

6）进度计划的调整,当实际进度出现偏差时,为了实现预定的工期目标,就必须在分析偏差产生原因的基础上,采取有效措施对进度计划加以调整。

7）各种图形及报表的输出。图形包括网络图、横道图、实际进度与计划进度比较图等,报表包括各类计划进度报表、进度预测报表及各种进度比较报表等。

根据上述功能要求,工程建设进度控制子系统的功能结构如图5.8所示。

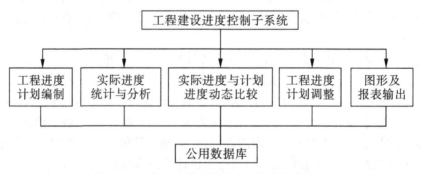

图5.8　工程建设进度控制子系统功能结构图

（2）工程建设质量控制子系统　　监理工程师为了实施对工程建设质量的动态控制,需要工程建设质量控制子系统提供必要的信息支持。为此,本系统应具有以下功能:存储有关设计文件及设计修改、变更文件,进行设计文件的档案管理,并能进行设计质量的评定;存储有关工程质量标准,为监理工程师实施质量控制提供依据;运用数理统计方法对重点工序进行统计分析,并绘制直方图、控制图等管理图表;处理分项工程、分部工程、隐蔽工程及单位工程的质量检查评定数据,为最终进行工程建设质量评定提供可靠依据;建立计算机台账,对主要建筑材料、设备、成品、半成品及构件进行跟踪管理;对工程质量事故和工程安全事故进行统计分析,并能提供多种工程事故统计分析报告。

根据上述功能,工程建设质量控制子系统的结构如图5.9所示。

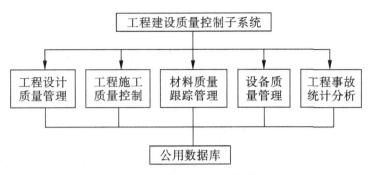

图 5.9　工程建设质量控制子系统功能结构图

（3）工程建设投资控制子系统　工程建设投资控制子系统用于收集、存储和分析工程建设投资信息，在项目实施的各个阶段制订投资计划，收集实际投资信息，并进行计划投资与实际投资的比较分析，从而实现工程建设投资的动态控制。为此，本系统应具有以下功能：输入计划投资数据，从而明确投资控制的目标；根据实际情况，调整有关价格和费用，以反映投资控制目标的变动情况；输入实际投资数据；进行投资偏差分析；未完工程投资预测；输出有关报表。

根据上述功能，工程建设投资控制子系统的功能如图 5.10 所示。

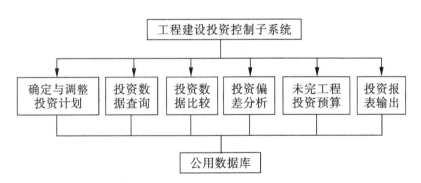

图 5.10　工程建设投资控制子系统功能结构图

（4）合同管理子系统　合同管理子系统的功能包括：合同结构模式的提供和选用；合同文件、资料登录、修改、删除、查询和统计；合同执行情况的跟踪、处理过程和管理；合同执行情况报表；为投资控制、进度控制、质量控制提供有关数据；涉外合同的外汇管理折算；国家有关法律、法规查询。

（5）行政事务管理子系统　行政事务管理子系统的功能包括：公文的编辑、处理；文件案卷查询；文件排版、打印；人事管理数据库；有关标准、决定、指示、通告、会议纪要的存档、查询；来往信件、前期文件处理等。

5.4.2 基于互联网的工程项目监理信息管理系统

5.4.2.1 基于互联网的工程项目监理信息管理系统的概念

基于互联网的工程项目监理信息管理系统是指在项目实施的过程中,对项目的参与各方的信息和知识进行集中式管理,即项目各方有共用的文档系统,同时也有共享的项目数据库,其主要功能是安全地获取、记录、寻找和查询信息。它不是某一个具体的软件产品或信息系统,而是国际上工程建设领域一系列基于互联网技术标准的项目信息沟通系统的总称。其特点如下:

(1)以 Extranet 作为信息交换工作平台,对信息的安全性有较高的要求;

(2)采用100%的 B/S 结构,用户在客户终端只需要安装一个浏览器即可;

(3)系统的主要功能是项目信息的共享和传递,而不是对信息的加工和处理;

(4)该系统通过信息的集中管理和门户设置为项目参与各方提供一个开放、协同、个性化的信息沟通环境。

基于互联网的工程项目监理信息管理系统的体系结构,如图 5.11 所示。

图 5.11 基于互联网的工程项目监理信息管理系统的八层体

5.4.2.2 基于互联网的工程项目监理信息管理系统的功能

基于互联网的工程项目监理信息管理系统的基本功能主要有以下几种。

(1)通知与桌面管理 这一模块包括变更通知、公告发布、项目团队通信录及书签管理等功能,其中变更通知是指当某一项目参与单位的项目信息发生改变时,系统用 E-mail 进行提醒和通知。

(2)日历和任务管理 日历和任务管理包括共享进度计划的日历管理和任务管理。

(3)文档管理 文档管理是基于互联网的建设工程项目信息管理系统一项十分重要的功能,它在项目的站点上提供标准的文档目录结构,项目参与各方可以进行定制。项目的参与各方可以完成文档的查询、版本控制、文档的上传和下载、在线审阅等工作。其中在线审阅是基于互联网的建设工程项目信息管理系统的一项重要功能,可以支持多种文档格式,项目参与各方可以在同一张 CAD 图纸上进行标记、圈阅和讨论。

(4)项目通信与协同工作　在基于互联网的工程项目监理信息管理系统为用户定制的主页上,项目参与各方可以通过系统中内置的邮件通信功能进行项目信息的通信。另外还可以就某一主题进行在线讨论,讨论的每一个细节都会被记录下来,并分发给有关各方。

(5)工作流管理　工作流管理是对项目工作流程的支持,它包括在线完成信息请求、工程变更、提交请求以及原始记录审批等,并对处理情况进行跟踪统计。

(6)网站管理与报告　包括用户管理、使用报告生成功能,其中很重要的一项功能就是要对项目参与各方的信息沟通以及成员在网站上的活动进行详细的记录。

5.4.2.3　基于互联网的工程项目监理信息管理系统在工程项目中应用的意义

(1)降低了工程项目的实施成本　成本的节约来自两个方面,一是采用了基于互联网的工程项目监理信息管理系统后,减少了花费在纸张、电话、传真、商务旅行以及竣工文档准备上的大量费用;另一方面,提高了信息沟通的效率和有效性,减少了不必要的工程变更,提高了决策效率。

(2)缩短了项目建设工期　一方面基于互联网的工程项目监理信息管理系统可以大幅度减少项目管理人员搜寻信息的时间,提高工作和决策的效率,从而加快项目实施的速度;另一方面可以有效地减少由于信息延误、错误所造成的工期延误。

(3)降低了项目实施的风险　基于互联网的工程项目监理信息管理系统,由于信息沟通通畅,提高了决策人员对工程实施的预见性,并且可以对项目实施过程中的干扰进行有效的控制,大大降低了项目实施的风险。

(4)提高了业主的满意度　在基于互联网的工程项目监理信息管理系统中,业主可以及时地获得项目实施过程中的各种信息,并参与项目的决策过程,提高了对项目目标的控制能力;在项目结束后,业主可以十分方便地得到记录有项目实施过程中全部信息的 CD ROM,用于项目的运营维护。

5.5　建设监理文档资料管理

5.5.1　建设监理主要文件档案

建设监理文件是监理单位依据法律、法规及有关技术标准、设计文件、建筑工程承包合同和监理合同,代表建设单位对承包单位在施工全过程中的施工质量、施工工期和工程造价等方面实施监督,并在对工程项目实施监理的过程中逐步形成的各种原始记录。各项目监理机构应形成的监理文件,主要包括以下几种。

(1)监理规划　监理规划应在签订委托监理合同,收到施工合同、施工组织设计方案、设计图纸文件后一个月内,由总监理工程师组织相关的监理人员完成,并经监理公司技术负责人审核批准后,在召开第一次工地会议前报送建设单位。

监理规划应具有针对性,对监理实践有指导作用。监理规划应具有时效性,在项目实施过程中,应根据情况的变化作必要的调整、修改。经原审批程序批准后,再次报送建设单位。

(2)监理实施细则 对于技术复杂、专业性强的工程项目应编制监理实施细则,监理实施细则应符合监理规划的要求,并结合专业特点,做到详细、具体且具有可操作性,也要根据实际情况的变化进行修改、补充和完善。

监理实施细则应包括的主要内容有各专业工作的特点、监理工作的流程、控制要点及目标值、监理方法及措施等。

(3)监理日记 监理日记由专业工程师和监理员书写,主要内容包括当日材料、构配件、设备、人员变化的情况;当日施工的相关部位、工序的质量、进度情况,材料使用情况,抽检、复检情况;施工程序执行情况,人员、设备安排情况;当日监理工程师发现的问题及处理情况;当日进度执行情况,索赔情况,安全文明施工情况;针对有争议的问题各方面协调情况;天气、温度情况,天气、温度对某些工序质量的影响和采取措施与否的情况;承包单位提出的问题,监理人员的答复情况等。

(4)监理例会会议纪要 在施工过程中,总监理工程师应定期主持召开工地例会,会议纪要由项目监理部根据会议记录整理,主要内容包括会议地点和时间,会议主持人,与会人员姓名、单位、职务,会议的主要内容、议决事项及其落实单位、负责人和时限要求,其他事项。

会议纪要的内容应准确如实,简明扼要,经总监理工程师审阅,与会各方代表会签,发至合同有关各方,并应有签收手续。

(5)监理月报 监理月报由项目总监理工程师组织编写,由总监理工程师签认,报送建设单位和本监理单位。具体内容包括本月施工基本情况;本月工程形象进度情况;本月实际完成情况与计划进度比较,对进度完成情况及采取措施效果的分析;本月工程质量情况分析,本月采取的工程质量措施及效果;工程量审核情况,工程款审批情况及支付情况,工程款支付情况分析,本月采取的措施及效果;合同其他事项的处理情况,包括工程变更、工程延期、费用索赔;对本月进度、质量、工程款支付等方面情况的综合评价,有关本工程的建议和意见及下月监理工作的重点。

(6)监理工作总结 监理工作总结由工程竣工总结、专题总结、月报总结三类组成,三类总结都属于建设单位要长期保存的归档文件,专题总结、月报总结在监理单位属于短期保存的归档文件,工程竣工总结属于要报送城建档案管理部门的监理归档文件。

工程竣工总结的内容包括工程概况,监理组织机构、监理人员和投入的监理设施,监理合同履行情况,监理工作成效,施工过程中出现的问题及其处理情况和建议,工程照片。

5.5.2 建设监理文件档案资料管理

建设监理文件档案资料管理的主要内容包括监理文件档案资料收、发文与登记;监理文件档案资料传阅;监理文件档案资料分类存放;监理文件档案资料归档、借阅、更改与作废。

5.5.2.1　监理文件和档案收文与登记

所有收文应在收文登记表上进行登记(按监理信息分类别进行登记)。应记录文件名称、文件摘要信息、文件的发放单位(部门)、文件编号以及收文日期,必要时应注明接收文件的具体时间,最后由项目监理部负责收文人员签字。

监理信息在有追溯性要求的情况下,应注意核查所填部分内容是否可追溯。如材料报审表中是否明确注明该材料所使用的具体部位,以及该材料质量保证证明的原件保存处等。

不同类型的监理信息之间存在相互对照或追溯关系时(如监理工程师通知单和监理工程师通知回复单),在分类存放的情况下,应在文件和记录上注明相关信息的编号和存放处。

资料管理人员应检查文件档案资料的各项内容填写和记录是否真实完整,签字认可人员应为符合相关规定的责任人员,并且不得以盖章和打印代替手写签认。文件档案资料以及存储介质质量应符合要求,所有文件档案必须使用符合档案归档要求的碳素墨水填写或打印生成,以适应长时间保存的要求。

有关工程建设照片及声像资料等应注明拍摄日期及所反映的工程建设部位等摘要信息。收文登记后应交给项目总监或由其授权的监理工程师进行处理,重要文件内容应在监理日记中记录。

部分收文如涉及建设单位的工程建设指令或设计单位的技术核定单以及其他重要文件,应将复印件在项目监理部专栏内予以公布。

5.5.2.2　监理文件档案资料传阅与登记

由建设工程项目监理部总监理工程师或其授权的监理工程师确定文件、记录是否须传阅,如须传阅应确定传阅人员名单和范围,并注明在文件传阅纸上,随同文件和记录进行传阅;也可按文件传阅纸样式刻制方形图章,盖在文件空白处,代替文件传阅纸。每位传阅人员阅后应在文件传阅纸上签名,并注明日期。文件和记录传阅期限不应超过该文件的处理期限。传阅完毕后,文件原件应交还信息管理人员归档。

5.5.2.3　监理文件档案资料发文与登记

发文由总监理工程师或其授权的监理工程师签名,并加盖项目监理部图章,盖章工作应进行专项登记。如为紧急处理的文件,应在文件首页标注"急件"样。

所有发文按监理信息资料分类和编码要求进行分类编码,并在发文登记表上登记。登记内容包括文件资料的分类编码、发文文件名称、摘要信息、接收文件的单位(部门)名称、发文日期。收件人收到文件后应签名。

发文应留有底稿,并附一份文件传阅纸,信息管理人员根据文件签发人指示确定文件责任人和相关传阅人员。文件传阅过程中,每位传阅人员阅后应签名并注明日期。发文的传阅期限不应超过其处理期限。重要文件的发文内容应在监理日记中予以记录。

项目监理部的信息管理人员应及时将发文原件归入相应的资料柜并在目录清单中予以记录。

5.5.2.4 监理文件档案资料分类存放

监理文件档案经收、发文,登记和传阅工作程序后,必须使用科学的分类方法进行存放,项目监理部应备有存放监理信息的专用资料柜和用于监理信息分类归档存放的专用资料夹。在大中型项目中应采用计算机对监理信息进行辅助管理。

文件和档案资料应保持清晰,不得随意涂改,保存过程中应保持记录介质的清洁和完整性。项目建设过程中文件和档案的具体分类原则应根据工程特点制定,监理单位的技术管理部门可以明确本单位文件档案资料管理的框架性原则,以便统一管理并体现出企业的特色。

5.5.2.5 监理文件档案资料归档

监理文件档案资料归档内容、组卷方法以及监理档案的验收、移交和管理工作,应根据现行《建设工程监理规范》及《建设工程文件归档整理规范》,并参考工程项目所在地区建设工程行政主管部门、建设监理行业主管部门、地方城市建设档案管理部门的规定执行。

监理文件档案资料的归档保存中应严格遵循保存原件为主、复印件为辅和按照一定顺序归档的原则。如在监理实践中出现作废和遗失等情况,应明确地记录作废和遗失原因、处理的过程。

如采用计算机对监理信息进行辅助管理的,当相关的文件和记录经相关责任人员签字确定、正式生效并已存入项目部相关资料夹中时,计算机管理人员应将储存在计算机中的相关文件和记录的文件属性改为“只读”,并将保存的目录记录在书面文件上以便进行查阅。在项目文件档案资料归档前不得将计算机中保存的有效文件和记录删除。

按照现行《建设工程文件归档整理规范》,监理文件有 10 大类 27 个,要求在不同的单位归档保存。需要由建设单位和监理单位分别保存的监理资料见表5.3。

5.5.2.6 监理文件档案资料传阅、更改与作废

项目监理部存放的文件和档案原则上不得外借,如政府部门、建设单位或施工单位确有需要,应经过总监理工程师或其授权的监理工程师同意,并在信息管理部门办理借阅手续方可借阅。监理人员在项目实施过程中需要借阅文件和档案时,应填写文件借阅单,并明确归还时间。信息管理人员办理有关借阅手续后,应在文件夹的内附目录上作特殊标记,避免其他监理人员查阅该文件时,因找不到文件引起工作混乱。

监理文件档案的更改应由原制定部门相应责任人执行,涉及审批程序的,由原审批责任人执行。若指定其他责任人进行更改和审批时,新责任人必须获得所依据的背景资料。监理文件档案更改后,由信息管理部门填写监理文件档案更改通知单,并负责发放新版本文件。文件档案换发新版时,应由信息管理部门负责将原版本收回作废。考虑到日后有可能出现追溯需求,信息管理部门可以保存作废文件的样本以备查阅。

表 5.3　监理文件档案资料归档情况表

监理资料			报送城建档案部门	监理单位保存		建设单位保存		
大类名称		个别名称		长期	短期	永久	长期	短期
01 监理规划	01	监理规划	√		√		√	
	02	监理实施细则	√		√		√	
	03	监理部总控制计划			√		√	
02 监理月报	04	有关质量问题	√	√			√	
03 监理会议纪要	05	有关质量问题	√	√			√	
04 进度控制	06	工程开工/复工审批表	√	√			√	
	07	工程开工/复工暂停令	√	√			√	
05 质量控制	08	不合格项目通知	√	√		√		
	09	质量事故报告及处理意见	√	√		√		
06 造价控制	10	预付款报审与支付						√
	11	月付款报审与支付						√
	12	设计变更、洽商费用报审与签认					√	
	13	工程竣工决算审核意见书	√				√	
07 分包资质	14	分包单位资质材料					√	
	15	供货单位资质材料					√	
	16	试验单位资质材料					√	
08 监理通知	17	有关进度控制的监理通知		√			√	
	18	有关质量控制的监理通知		√			√	
	19	有关造价控制的监理通知		√			√	
09 合同与其他事项管理	20	工程延期报告及审批	√	√		√		
	21	费用索赔报告及审批		√			√	
	22	合同争议、违约报告及处理意见	√	√		√		
	23	合同变更材料	√	√			√	
10 监理工作总结	24	专题总结			√		√	
	25	月报总结			√		√	
	26	工程竣工总结	√	√			√	
	27	质量评估报告	√	√			√	

注：√表示需要保存。

175

5.6 监理常用软件简介

5.6.1 监理通软件

监理通软件是由监理通软件开发中心开发的。监理通软件开发中心是由中国建设监理协会和京兴国际工程管理公司等单位共同组建,1996 年成立。该软件目前包括 7 个版本:网络版、管理版、单机版、企业版、经理版、文档版和电力版。

网络版在每个工作站上具有单机版的全部功能,同时数据库放在服务器上,实现各工作站上的数据共享。服务器也可由一台档次较高的微机代替。工作站与服务器的连接方式有两种:工作站 1～3 与服务器的局域网连接方式;工作站 4 与服务器的广域网连接方式。网络版适用于较大工程上,多个专业的监理工程师共同输入数据,或在多个工地上输入数据,最终由该软件自动进行数据汇总分析。

管理版主要功能包括浏览工程信息(基本信息、工程照片、工程月报)、上传工程信息、工程信息删除、公司人员考勤管理、人员所在工程统计、工程人员分布统计、公司内部信息发布、合同信息、公司人员信息管理统计、甲方用户信息查看、系统远程管理。

单机版涵盖了监理工作事前、事中、事后的"三控两管"全部内容,可以跨行业、跨地区使用,适用于现场只有一台计算机的情况。

5.6.2 P3 系列

在国内外为数众多的大型项目管理软件当中,美国 Primavera 公司开发的 Primavera Project Planner(P3)普及程度和占有度是最高的。国内大型和特大型建设工程项目几乎都采用了 P3。目前国内外广泛使用的 P3 进度计划管理软件主要是指项目级的 P3。

P3 软件主要是用于项目进度计划、动态控制、资源管理和费用控制的项目管理软件。

P3 的主要功能包括下述几方面。

(1)建立项目进度计划 P3 以屏幕对话形式设立一个项目的工序表,通过直接输入工序编码、工序名称、工序时间等完成对工序表的制定,并自动计算各种进度参数,计算项目进度计划,生成项目进度横道图和网络图。

(2)项目资源管理与计划优化 P3 可以帮助编制工程项目的资源使用计划,可应用资源平衡方法对项目计划优化。

(3)项目进度跟踪比较 P3 可以跟踪工程进度,随时比较计划进度与实际进度的关系,进行目标计划的调控。

(4)项目费用管理 P3 可以在任意一级科目上建立预算并跟踪本期实际费用、累计实际费用、费用完成的百分比、盈利率等,实现对项目费用的控制。

(5)项目进度报告 P3 提供了 150 多个可自定义的报告和图形,用于分析反映工程项目的计划及进展效果。P3 还具有友好的用户界面,屏幕直观,操作方便,能同时管理多个在建项目,能处理工序多达 10 万个以上的大型复杂项目,具有与其他软件匹配的良好接口等优点。

5.6.3　Microsoft Project 软件系列

由 Microsoft 公司推出的 Microsoft Project 是到目前为止在全世界范围内应用最为广泛的、以进度计划为核心的项目管理软件。Microsoft Project 可以帮助项目管理人员编制进度计划,管理资源的分配,生成费用预算,也可以绘制商务图表,形成图文并茂的报告。

该软件的典型功能特点如下。

(1)进度计划管理　Microsoft Project 为项目的进度计划管理提供了完备的工具,用户可以根据自己的习惯和项目的具体要求采用"自上而下"或"自下而上"的方式安排整个建设工程项目。

(2)资源管理　Microsoft Project 为项目资源管理提供了适度、灵活的工具,用户可以方便地定义和输入资源,可以采用软件提供的各种手段观察资源的基本情况和使用状况,同时还提供了解决资源冲突的手段。

(3)费用管理　Microsoft Project 为项目管理工作提供了简单的费用管理工具,可以帮助用户实现简单的费用管理。

(4)强大的扩展能力和与其他相关产品的融合能力　作为 Microsoft Office 的一员,Microsoft Project 也内置了 Visual Basic for Application(VBA),VBA 是 Microsoft 开发的交互式应用程序宏语言,用户可以利用 VBA 作为工具进行二次开发,一方面可以帮助用户实现日常工作的自动化;另一方面还可以开发该软件所没有提供的功能。此外,用户可以依靠 Microsoft Project 与 Office 家族其他软件的紧密联系将项目数据输出到 Word 中生成项目报告,输出到 Excel 中生成电子表格文件或图形,输出到 Power Point 中生成项目演示文件,还可以将 Microsoft Project 的项目文件直接存储为 Access 数据库文件,实现与项目管理信息系统的直接连接。

Microsoft Project 使用界面示意图见图 5.12。

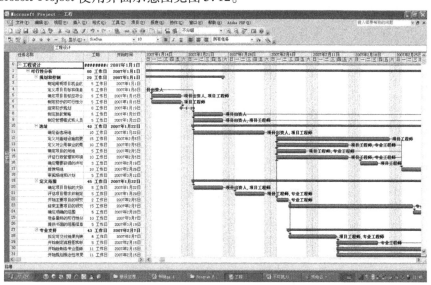

图 5.12　Microsoft Project 使用界面

5.6.4　PKPM 监理软件

PKPM 监理软件由中国建筑科学研究院建筑工程软件研究所开发,其主要功能如下。

(1)质量控制　提供质量预控库,辅助监理工程师完成质量控制,审批报表。

(2)进度控制　成熟的 PKPM 监理软件可以实现进度智能控制。

(3)造价控制　PKPM 监理软件提供工程款项支出明细表,并能通过实际与计划支付情况形成图形直观反映偏差。提供造价审核功能,能完成预算审计工作,并能根据所报表格自动形成月支付统计表。能够对施工单位的月工程进度款、工程变更费用、索赔费用和工程款支付进行审批。

(4)合同管理　PKPM 监理软件提供合同备案管理功能。PKPM 监理软件为客户提供各种监理相关法律、法规,方便客户参阅;PKPM 监理软件还可提供合同预警设置,便于查阅合同到期及履行情况。

(5)资料管理　PKPM 监理软件结合现行的施工资料管理软件,快速简单地完成资料的归档管理工作。PKPM 监理软件自动、智能生成监理月报,提供监理工作程序图,规范监理工作,提供监理日常工作所需功能,简化工作。

 思考题

1. 信息管理的定义和特征是什么?

2. 简述信息管理的职能。

3. 简述建设工程监理信息的管理流程。

4. 计算机辅助监理的具体内容有哪些?

5. 监理信息系统的开发、设计原则是什么?

6. 基于互联网的工程项目监理信息系统的优点是什么?

第6章 工程建设监理的组织协调

6.1 组织的基本原理

组织是管理中的一项重要职能。建立精干、高效的项目监理机构并使之正常运行,是实现建设工程监理目标的前提和保障。项目组织管理是项目管理的首要职能,其他各项管理职能都要依托组织机构去执行,管理的效果以组织为保障。因此,组织的基本原理是监理工程师必备的基础知识。

6.1.1 组织和组织结构

6.1.1.1 组织

组织是人们为了实现某种既定目标,根据一定的规则,通过明确分工协作关系,建立不同层次的权利、责任、利益制度而有意形成的职务结构或者职位结构。组织是一种能够一体化运行的人、资源、信息的复合系统。

作为生产要素之一,组织有如下特点:其他要素可以相互替代,如增加机器设备可以替代劳动力,而组织不能替代其他要素,也不能被其他要素所替代。但是,组织可以使其他要素合理配合而增值,即可以提高其他要素的使用效益。随着现代化社会大生产的发展,随着其他生产要素复杂程度的提高,组织在提高经济效益方面的作用也愈益显著。

6.1.1.2 组织结构

组织内部构成和各部分间所确立的较为稳定的相互关系和联系方式,称为组织结构。以下几种提法反映了组织结构的基本内涵:①确定正式关系与职责的形式;②向组织各个部门或个人分派任务和各种活动的方式;③协调各个分离活动和任务的方式;④组织中权力、地位和等级关系。

6.1.2 组织结构设计

组织的高效率运行,首先要求设计的组织结构合理。虽然高明的管理人员能使任何一个组织发挥作用,但合理的组织结构必然提高管理人员成功的机会。

组织设计是对组织和组织结构的设计过程,有效的组织设计在提高组织活动效能方面起着重大的作用。组织设计有以下要点:①组织设计是管理者在系统中建立最有效相互关系的一种合理化的、有意识的过程;②该过程既要考虑系统的外部要素,又要考虑系统的内部要素;③组织设计的结果是形成组织结构。

6.1.2.1 组织构成因素

组织构成一般是上小下大的形式,由管理层次、管理跨度、管理部门、管理职能四大因素组成。各因素是密切相关、相互制约的。

（1）管理层次　管理层次是指从组织的最高管理者到最基层的实际工作人员之间的等级层次的数量。

管理层次可分为四个层次，即决策层、协调层和执行层、操作层。决策层的任务是确定管理组织的目标和大政方针以及实施计划，它必须精干、高效；协调层的任务主要是参谋、咨询职能，其人员应有较高的业务工作能力；执行层的任务是直接调动和组织人力、财力、物力等具体活动内容，其人员应有实干精神并能坚决贯彻管理指令；操作层的任务是从事操作和完成具体任务，其人员应有熟练的作业技能。这三个层次的职能和要求不同，标志着不同的职责和权限，同时也反映出组织机构中的人数变化规律。

组织的最高管理者到最基层的实际工作人员权责逐层递减，而人数却逐层递增。

如果组织缺乏足够的管理层次将使其运行陷于无序的状态。因此，组织必须形成必要的管理层次。不过，管理层次也不宜过多，否则会造成资源和人力的浪费，也会使信息传递慢、指令走样、协调困难。

（2）管理跨度　管理跨度是指一名上级管理人员所直接管理的下级人数。在组织中，某级管理人员的管理跨度的大小直接取决于这一级管理人员所需要协调的工作量。管理跨度越大，领导者需要协调的工作量越大，管理的难度也越大。因此，为了使组织能够高效地运行，必须确定合理的管理跨度。

管理跨度的大小受很多因素影响，它与管理人员性格、才能、个人精力、授权程度以及被管理者的素质有关。此外，还与职能的难易程度、工作的相似程度、工作制度和程序等客观因素有关。确定适当的管理跨度，须积累经验并在实践中进行必要的调整。

（3）管理部门　组织中各部门的合理划分对发挥组织效应是十分重要的。如果部门划分不合理，会造成控制、协调困难，也会造成人浮于事，浪费人力、物力、财力。管理部门的划分要根据组织目标与工作内容确定，形成既有相互分工又有相互配合的组织机构。

（4）管理职能　组织设计确定各部门的职能，应使纵向的领导、检查、指挥灵活，达到指令传递快、信息反馈及时；使横向各部门间相互联系、协调一致，使各部门有职有责、尽职尽责。

6.1.2.2　组织设计的原则

（1）任务目标的原则　组织的设立、调整、合并或取消都应以对其任务目标实现是否有利为衡量标准。组织设计时，认真分析为达到目标而必须办的事是什么，有多少，因目标而设事，因事设职，使"事事有人做"，而非"人人有事做"，因职定岗、定责，因责而授权，因职用人，保证"有能力的人有机会去做他们真正胜任的工作"。

（2）分工协作的原则　对于监理机构来说，分工就是将监理目标，特别是投资控制、进度控制、质量控制三大目标分解成各部门以及各监理工作人员的目标、任务。在分工中要注意以下三点：①尽可能按照专业化的要求来设置组织机构；②工作上要有严密分工，每个人所承担的工作，应力求达到较熟悉的程度；③注意分工的经济效益。在协作中应该特别注意以下两点：①主动协调。要明确各部门之间的工作关系，找出易出矛盾之点，加以协调。②有具体可行的协调配合办法。对协调中的各项关系，应逐步规范化、程序化。

（3）命令统一的原则　命令统一是指组织中的任何一级只能有一个人负责，正职领

180

导副职,副职对正职负责;上级不能越级指挥下级,但可以越级检查工作;下级必须服从直接上级的命令和指挥,如有不同意见,可以越级上诉。

统一命令是组织工作的一条重要原则,甚至是一项基本原则。组织工作中不允许存在"多头领导",只有实行这条原则,才能防止政出多门,遇事互相扯皮、推诿,才能保证有效地统一和协调各方面的力量对比、各单位的活动。但是这条原则在组织实践中常遇到来自多方面的破坏。最常见的组织结构关系如图6.1所示。

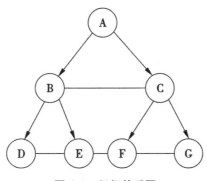

图6.1　组织关系图

在正常情况下,D、E只接受B的领导,F、G只服从C的命令,C、B都不应闯入对方的领地。但是,如果B也向F下达指令,要求他在某时某刻去完成某项工作,而F也因B具有与自己的直系上司C相同层次的职务而服从这个命令,则出现了双头领导的现象。这种在理论上不应出现的现象,在实践中却常会遇到。

在正常情况下,A只能对B、C直接下达命令,但如果出于效率和速度的考虑,为了纠正某个错误,或及时停止某项作业,A不通过B、C,而直接向D、E或F、G下达命令,而这些下属的下属对自己上司的上司的命令,在通常情况下是会积极执行的。这种行为经常反复,也会出现双头或多头领导。这种越级指挥的现象给组织带来的危害是极大的,它不仅破坏了命令统一的原则,而且会引发越级请示的行为。长此下去,会造成中层管理人员在工作中的犹豫不决,并增强他们的依赖性,诱使他们逃避工作、逃避责任。最后会导致中间管理层乃至整个行政管理系统的瘫痪。

(4)管理跨度与管理层次统一的原则　在组织机构的设计过程中,管理跨度与管理层次成反比例关系。也就是说,当组织机构中的人数一定时,如果管理跨度加大,管理层次就可以适当减少;反之,如果管理跨度缩小,管理层次肯定就会增多。一般来说,项目监理机构的设计过程中,应该在通盘考虑影响管理跨度的各种因素后,在实际运用中根据具体情况确定管理层次。

(5)集权与分权相结合的原则　在任何组织中都不存在绝对的集权和分权。在项目监理机构设计中,所谓集权,是指总监理工程师掌握所有监理大权,各专业监理工程师只是其命令的执行者;所谓分权,是指专业监理工程师在各自管理的范围内有足够的决策权,总监理工程师主要起协调作用。

项目监理机构是采取集权形式还是分权形式,要根据建设工程的特点,监理工作的重要性,总监理工程师的能力、精力及各专业监理工程师的工作经验、工作能力、工作态度等因素进行综合考虑。

(6)职、权、责、利相对应的原则 每项工作都应该确定为完成该工作所需要的知识和技能。可以对每个人通过考察他的学历与经历,进行测验及面谈等,了解其知识、经验、才能、兴趣等,并进行评审比较。职务设计和人员评审都可以采用科学的方法,使每个人现有的和可能有的才能与其职务上的要求相适应,做到才职相称,人尽其才,才得其用,用得其所。在合同中,业主有一项合同权益,则这项合同权益必是承包商的一项合同责任。

例如,业主和工程师对承包商的工程和工作有检查权、认可权、满意权、指令权,监理工程师有权要求对承包商的材料、设备、工艺进行合同中未指明或规定的检查,甚至包括破坏性检查,承包商必须执行。但这个权力的行使应承担相应的合同责任,即如果检查结果表明材料、工程设备和工艺符合合同规定,则业主应承担相应的损失。这就是对业主和工程师检查权的限制,防止滥用检查权。

(7)精干高效的原则 项目监理机构设计必须将经济性和高效率放在重要地位。组织结构中的每个部门、每个人为了一个统一的目标,应组合成最适宜的结构形式,实行最有效的内部协调,使事情办得简洁而正确,减少重复和扯皮。

(8)稳定性与适应性相结合的原则 组织机构既要有相对的稳定性,不要总是轻易变动,又要随组织内部和外部条件的变化,根据长远目标作出相应的调整与变化,使组织机构具有一定的适应性。

6.1.3 组织机构活动基本原理

6.1.3.1 要素有用性原理

一个组织机构中的基本要素有人力、物力、财力、信息、时间等。

运用要素有用性原理,首先应看到人力、物力、财力等因素在组织活动中的有用性,充分发挥各要素的作用,根据各要素作用的大小、主次、好坏进行合理安排、组合和使用,做到人尽其才、财尽其利、物尽其用,尽最大可能提高各要素的有用率。

一切要素都有作用,这是要素的共性,然而要素不仅有共性,而且还有个性。例如,同样是监理工程师,由于专业、知识、能力、经验等水平的差异,所起的作用也就不同。因此,管理者在组织活动过程中不但要看到一切要素都有作用,还要具体分析各要素的特殊性,以便充分发挥每一要素的作用。

6.1.3.2 动态相关性原理

组织机构处在静止状态是相对的,处在运动状态是绝对的。组织机构内部各要素之间既相互联系,又相互制约;既相互依存,又相互排斥,这种相互作用推动组织活动的进行与发展。这种相互作用的因子,叫做相关因子。充分发挥相关因子的作用,是提高组织管理效应的有效途径。事物在组合过程中,由于相关因子的作用,可以发生质变。一加一可以等于二,也可以大于二,还可以小于二。整体效应不等于其各局部效应的简单相加,这就是动态相关性原理。组织管理者的重要任务就在于使组织机构活动的整体效应大于其局部效应之和,否则,组织就失去了存在的意义。

6.1.3.3　主观能动性原理

人和宇宙中的各种事物,运动是其共有的根本属性,它们都是客观存在的物质,不同的是,人是有生命、有思想、有感情、有创造力的。人会制造工具,并使用工具进行劳动;在劳动中改造世界,同时也改造自己;能继承并在劳动中运用和发展前人的知识。人是生产力中最活跃的因素,组织管理者的重要任务就是要把人的主观能动性发挥出来。

6.1.3.4　规律效应性原理

组织管理者在管理过程中要掌握规律,按规律办事,把注意力放在抓事物内部的、本质的、必然的联系上,以达到预期的目标,取得良好效应。规律与效应的关系非常密切,一个成功的管理者懂得只有努力揭示规律,才有取得效应的可能,而要取得好的效应,就要主动研究规律,坚决按规律办事。

6.2　项目监理组织机构形式及人员配备

项目监理机构的组织形式和规模,应根据委托监理合同规定的服务内容、服务期限、工程类别、规模、技术复杂程度、工程环境等因素确定。

6.2.1　建立项目监理机构的步骤

监理单位在组建项目监理机构时,一般按以下步骤进行。

(1)确定项目监理机构目标　建设工程监理目标是项目监理机构建立的前提,项目监理机构建立应根据委托监理合同中确定的监理目标,制定总目标并明确划分监理机构的分解目标。

(2)确定监理工作内容　根据监理目标和委托监理合同中规定的监理任务,明确列出监理工作内容,并进行分类归并及组合。监理工作的归并及组合应便于监理目标控制,并综合考虑监理工程的组织管理模式、工程结构特点、合同工期要求、工程复杂程度、工程管理及技术特点;还应考虑监理单位自身组织管理水平、监理人员数量、技术业务特点等。

如果建设工程进行实施阶段全过程监理,监理工作划分可按设计阶段和施工阶段分别归并和组合。

(3)项目监理机构的组织结构设计

1)选择组织结构形式　由于建设工程规模、性质、建设阶段等的不同,设计项目监理机构的组织结构时应选择适宜的组织结构形式以适应监理工作的需要。组织结构形式选择的基本原则是:有利于工程合同管理,有利于监理目标控制,有利于决策指挥,有利于信息沟通。

2)合理确定管理层次与管理跨度　项目监理机构中一般应有三个层次:

①决策层　由总监理工程师和其他助手组成,主要根据建设工程委托监理合同的要求和监理活动内容进行科学化、程序化决策与管理。

②中间控制层(协调层和执行层)　由各专业监理工程师组成,具体负责监理规划的落实、监理目标控制及合同实施的管理。

③作业层(操作层)　主要由监理员、检查员等组成,具体负责监理活动的操作实施。

项目监理机构中管理跨度的确定应考虑监理人员的素质、管理活动的复杂性和相似性、监理业务的标准化程度、各项规章制度的建立健全情况、建设工程的集中或分散情况等,按监理工作实际需要确定。

3)项目监理机构部门划分 项目监理机构中合理划分各职能部门,应依据监理机构目标、监理机构可利用的人力和物力资源以及合同结构情况,将投资控制、进度控制、质量控制、合同管理、组织协调等监理工作内容按不同的职能活动形成相应的管理部门。

4)制定岗位职责及考核标准 岗位职务及职责的确定,要有明确的目的性,不可因人设事。根据责权一致的原则,应进行适当的授权,以承担相应的职责;并应确定考核标准,对监理人员的工作进行定期考核,包括考核内容、考核标准及考核时间。

5)选派监理人员 根据监理工作的任务,选择适当的监理人员,包括总监理工程师、专业监理工程师和监理员,必要时可配备总监理工程师代表。监理人员的选择除应考虑个人素质外,还应考虑人员总体构成的合理性与协调性。

(4)制定工作流程和信息流程 为使监理工作科学、有序进行,应按监理工作的客观规律制定工作流程和信息流程,规范化地开展监理工作。

6.2.2 项目监理组织常用形式

6.2.2.1 直线制监理组织形式

这种组织形式的特点是项目监理机构中任何一个下级只接受唯一上级的命令。各级部门主管人员对所属部门的问题负责,项目监理机构中不再另设职能部门。直线型组织结构示意图见图6.2,图中 L_1、L_2、L_3 表示不同的级别。

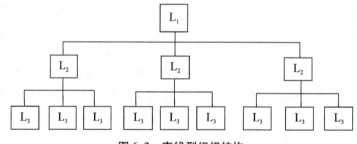

图6.2 直线型组织结构

这种组织形式适用于能划分为若干相对独立的子项目的大、中型建设工程。总监理工程师负责整个工程的规划、组织和指导,并负责整个工程范围内各方面的指挥、协调工作;子项目监理组分别负责各子项目的目标值控制,具体负责现场。图6.3所示为按子项目分解的直线制组织结构,图6.4为按建设阶段分解的直线制组织结构形式,图6.5所示为按专业分解的直线制组织结构。

直线制监理组织形式的主要优点是组织机构简单,权力集中,命令统一,职责分明,决策迅速,隶属关系明确。缺点是实行没有职能部门的“个人管理”,这就要求总监理工程师通晓各种业务,通晓多种知识技能,成为“全能”式人物。

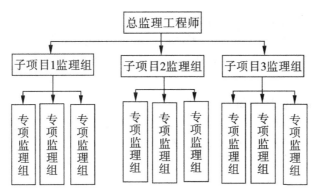

图 6.3 按子项目分解的直线制监理组织形式

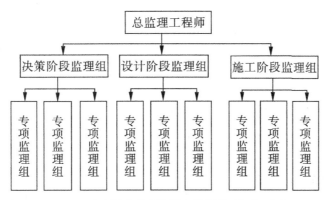

图 6.4 按建设阶段分解的直线制监理组织形式

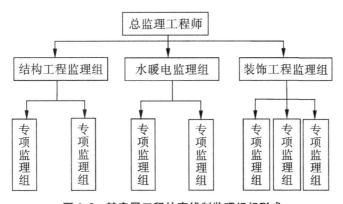

图 6.5 某房屋工程的直线制监理组织形式

6.2.2.2 职能制监理组织形式

职能制监理组织形式,是在监理机构内设立一些职能部门,把相应的监理职责和权力交给职能部门,各职能部门在本职能范围内有权直接指挥下级,此种组织形式一般适用于大、中型建设工程。职能制组织结构示意图见图6.6。

这种组织形式的主要优点是加强了项目监理目标控制的职能化分工,能够发挥职能机构的专业管理作用,但由于下级人员受多头领导,如果上级指令相互矛盾,将使下级在工作中无所适从。

6.2.2.3 直线职能制监理组织形式

直线职能制监理组织形式是吸收了直线制监理组织形式和职能制监理组织形式的优点而形成的一种组织形式,结构示意图见图6.7。

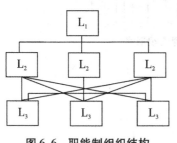

图6.6 职能制组织结构

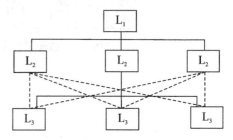

图6.7 直线职能制组织结构

——领导关系 ----协助关系

这种形式保持了直线制组织实行直线领导、统一指挥、职责清楚的优点,另一方面又保持了职能制组织目标管理专业化的优点;其缺点是职能部门与指挥部门易产生矛盾,信息传递路线长,不利于互通情报。

6.2.2.4 矩阵制监理组织形式

矩阵制监理组织形式是由纵横两套管理系统组成的矩阵制组织结构(图6.8),一套是纵向的职能系统,另一套是横向的子项目系统。

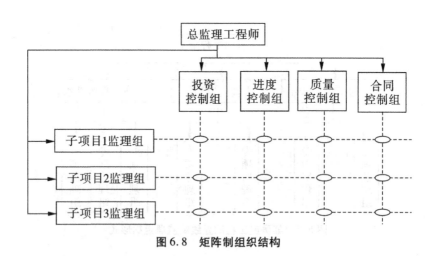

图6.8 矩阵制组织结构

这种形式的优点是加强了各职能部门的横向联系,缺点是纵、横向协调工作量大,处理不当会造成扯皮现象,产生矛盾。

6.3　项目监理组织协调

建设工程监理目标的实现,需要监理工程师扎实的专业知识和对监理程序的有效执行,此外,还要求监理工程师有较强的组织协调能力。通过组织协调,使影响监理目标实现的各方主体有机配合,使监理工作实施和运行过程顺利。

6.3.1　组织协调的概念

协调就是联结、联合、调和所有的活动及力量,使各方配合得适当,其目的是促使各方协同一致,以实现预定目标。协调工作应贯穿于整个建设工程实施及其管理过程中。

建设工程系统就是一个由人员、物质、信息等构成的人为组织系统。用系统方法分析,建设工程的协调一般有三大类:一是"人员/人员界面";二是"系统/系统界面";三是"系统/环境界面"。

项目组织是由各类人员组成的工作班子。由于每个人的性格、习惯、能力、岗位、任务、作用的不同,即使只有两个人在一起工作,也有潜在的人员矛盾或危机。这种人和人之间的间隔,就是所谓的"人员/人员界面"。

项目系统是由若干个项目组成的完整体系,项目组即子系统。由于子系统的功能不同、目标不同,容易产生各自为政的趋势和相互推诿的现象。这种子系统和子系统之间的间隔,就是所谓的"系统/系统界面"。

项目系统是一个典型的开放系统。它具有环境适应性,能主动地向外部世界取得必要的能量、物质和信息。在"取"的过程中,不可能没有障碍和阻力。这种系统与环境之间的间隔,就是所谓的"系统/环境界面"。

工程项目建设协调管理就是在"人员/人员界面"、"系统/系统界面"、"系统/环境界面"之间,对所有的活动及力量进行系统的联结、联合、调和的工作。系统方法强调,要把系统作为一个整体来研究和处理,因为总体的作用规模要比各子系统的作用规模之和大。为了顺利实现工程项目建设系统目标,必须重视协调管理,发挥系统整体功能。在工程项目建设监理中,要保证项目的各参与方围绕项目开展工作,使项目目标顺利实现,组织协调最为重要、最为困难,也是监理工作是否成功的关键,只有通过积极的组织协调才能实现整个系统全面协调的目的。

6.3.2　项目监理组织协调的范围和层次

从系统方法的角度看,协调的范围可以分为系统内部的协调和对系统外部的协调。从监理组织与外部世界的联系程度看,工程项目外层协调又可以分为近外层协调和远外层协调。近外层和远外层的主要区别是,工程项目与近外层关联单位一般有合同关系,和远外层关联单位一般没有合同关系。

6.3.3 项目监理组织协调的内容

6.3.3.1 监理组织内部的协调

(1)监理组织内部人际关系的协调 工程项目监理组织系统是由人组成的工作体系。工作效率很大程度上取决于人际关系的协调程度,总监理工程师应首先抓好人际关系的协调,通过以下方式激励监理组织监理机构的成员。

1)在人员安排上要量才录用 对项目监理机构各种人员,要根据每个人的专长进行安排,做到人尽其才。人员的搭配应注意能力互补和性格互补,人员配制应尽可能少而精,防止力不胜任和忙闲不均现象。

2)在工作委任上要职责分明 对项目监理机构内的每一个岗位,都应订立明确的目标和岗位责任制,应通过职能分析,使管理职能不重不漏,做到事事有人管、人人有专责,同时明确岗位职权。

3)在成绩评价上要实事求是 谁都希望自己的工作作出成绩,并得到肯定。但工作成绩的取得,不仅需要主观努力,而且需要一定的工作条件和相互配合。要发扬民主作风,实事求是地评价,以免人员无功自傲或有功受屈,使每个人热爱自己的工作,并对工作充满信心和希望。

4)在矛盾调解上要恰到好处 人员之间的矛盾总是存在的,一旦出现矛盾就应进行调解,要多听取项目监理机构成员的意见和建议,及时沟通,使人员始终处于团结、和谐、热情高涨的工作气氛之中。

(2)项目监理机构内部组织关系的协调 项目监理机构是由若干部门(专业组)组成的工作体系。每个专业组都有自己的目标和任务。如果每个子系统都从建设工程的整体利益出发,理解和履行自己的职责,则整个系统就会处于有序的良性状态,否则,整个系统便处于无序的紊乱状态,导致功能失调,效率下降。

项目监理机构内部组织关系的协调可从以下几个方面进行:

1)在职能划分的基础上设置组织机构,根据工程对象及委托监理合同所规定的工作内容,确定职能划分,并相应设置配套的组织机构。

2)明确规定每个部门的目标、职责和权限,最好以规章制度的形式作出明文规定。

3)事先约定各个部门在工作中的相互关系。在工程建设中许多工作是由多个部门共同完成的,其中有主办、牵头和协作、配合之分,事先约定,才不至于出现误事、脱节等贻误工作的现象。

4)建立信息沟通制度,如采用工作例会、业务碰头会、发会议纪要、通过工作流程图或信息传递卡等方式来沟通信息,这样可使局部了解全局,服从并适应全局需要。

5)及时消除工作中的矛盾或冲突。总监理工程师应采用民主的作风,注意从心理学、行为科学的角度激励各个成员的工作积极性;采用公开的信息政策,让大家了解建设工程实施情况、遇到的问题或危机;经常性地指导工作,和成员一起商讨遇到的问题,多倾听他们的意见、建议,鼓励大家同舟共济。

(3)项目监理机构内部需求关系的协调 需求关系的协调可从以下环节进行。

1)对监理设备、材料的平衡 建设工程监理开始时,要做好监理规划和监理实施细则的编写工作,提出合理的监理资源配置,要注意抓好期限上的及时性、规格上的明确性、数量上的准确性、质量上的规定性。

2)对监理人员的平衡　要抓住调度环节,注意各专业监理工程师的配合。监理力量的安排必须考虑到工程进展情况,作出合理的安排,以保证工程监理目标的实现。

6.3.3.2　与建设单位的协调

监理工程师应从以下几个方面加强与业主的协调:

(1)监理工程师首先要理解建设工程总目标,理解业主的意图。

(2)利用工作之便做好监理宣传工作,增进业主对监理工作的理解,特别是对建设工程管理各方职责及监理程序的理解;主动帮助业主处理建设工程中的事务性工作,以自己规范化、标准化、制度化的工作去影响和促进双方工作的协调一致。

(3)尊重业主,让业主一起投入建设工程全过程。必须执行业主的指令,使业主满意。对业主提出的某些不适当的要求,只要不属于原则问题,都可先执行,然后利用适当时机、适当方式加以说明或解释;对于原则性问题,可采取书面报告等方式说明原委,尽量避免发生误解,以使建设工程顺利实施。

6.3.3.3　与承包单位的协调

监理工程师对质量、进度和投资的控制都是通过承包商的工作来实现的,所以做好与承包商的协调工作是监理工程师组织协调工作的重要内容。

(1)坚持原则,实事求是,严格按规范、规程办事,讲究科学态度。监理工程师应强调各方面利益的一致性和建设工程总目标;应鼓励承包商将建设工程实施状况、实施结果和遇到的困难和意见向他汇报,以寻找对目标控制可能的干扰。

(2)协调不仅是方法、技术问题,更多的是语言艺术、感情交流和用权适度问题。有时尽管协调意见是正确的,但由于方式或表达不妥,反而会激化矛盾。而高超的协调能力则往往能起到事半功倍的效果,令各方面都满意。

(3)施工阶段的协调工作内容:

1)与承包商项目经理关系的协调　既懂得坚持原则,又善于理解承包商项目经理的意见,工作方法灵活,随时可能提出或愿意接受变通办法的监理工程师肯定受欢迎。

2)进度问题的协调　实践证明,有两项协调工作很有效:一是业主和承包商双方共同商定一级网络计划,并由双方主要负责人签字,作为工程施工合同的附件;二是设立提前竣工奖,由监理工程师按一级网络计划节点考核,分期支付阶段工期奖,如果整个工程最终不能保证工期,由业主从工程款中将已付的阶段工期奖扣回并按合同规定予以罚款。

3)质量问题的协调　在质量控制方面应实行监理工程师质量签字认可制度。对设计变更或工程内容的增减,监理工程师要认真研究,合理计算价格,与有关方面充分协商,达成一致意见,并实行监理工程师签证制度。

4)对承包商违约行为的处理　应该考虑自己的处理意见是否是监理权限以内的;要有时间期限的概念。对不称职的承包商项目经理或某个工地工程师,证据足够可正式发出警告;万不得已时有权要求撤换。

5)合同争议的协调　首先采用协商解决的方式,协商不成才由当事人向合同管理机关申请调解;只有当严重违约而造成重大损失且不能得到补偿时才采用仲裁或诉讼手段。

6) 对分包单位的管理　主要是对分包单位明确合同管理范围, 分层次管理。将总包合同作为一个独立的合同单元进行投资、进度、质量控制和合同管理, 不直接和分包合同发生关系。对分包合同中的工程质量、进度进行直接跟踪监控, 通过总包商进行调控、纠偏。分包商在施工中发生的问题, 由总包商负责协调处理, 必要时, 监理工程师帮助协调。当分包合同条款与总包合同发生抵触, 以总包合同条款为准。分包合同不能解除总包商对总包合同所承担的任何责任和义务。分包合同发生的索赔问题, 一般由总包商负责, 涉及总包合同中业主义务和责任时, 由总包商通过监理工程师向业主提出索赔, 由监理工程师进行协调。

7) 处理好人际关系　在监理过程中, 监理工程师处于一种十分特殊的位置。业主希望得到独立、专业的高质量服务, 而承包商则希望监理单位能对合同条件有一个公正的解释。因此, 监理工程师必须善于处理各种人际关系, 既要严格遵守职业道德, 礼貌而坚决地拒收任何礼物, 以保证行为的公正性, 也要利用各种机会增进与各方面人员的友谊与合作, 以利于工程的进展。否则, 便有可能引起业主或承包商对其可信赖程度的怀疑。

6.3.3.4　与设计单位的协调

监理单位必须协调与设计单位的工作, 以加快工程进度, 确保质量, 降低消耗。

(1) 真诚尊重设计单位的意见, 在设计单位向承包商介绍工程概况、设计意图、技术要求、施工难点等时, 注意标准过高、设计遗漏、图纸差错等问题, 解决在施工之前; 施工阶段, 严格按图施工; 结构工程验收、专业工程验收、竣工验收等工作, 约请设计代表参加; 若发生质量事故, 认真听取设计单位的处理意见, 等等。

(2) 施工中发现设计问题, 应及时按工作程序向设计单位提出, 以免造成大的直接损失; 若监理单位掌握比原设计更先进的新技术、新工艺、新材料、新结构、新设备时, 可主动与设计单位沟通; 协调各方达成协议, 约定一个期限, 争取设计单位、承包商的理解和配合。

(3) 注意信息传递的及时性和程序性。需要注意, 监理单位和设计单位没有合同关系, 监理单位主要是和设计单位做好交流工作, 协调要靠业主的支持。设计单位应就其设计质量对建设单位负责。工程监理人员发现工程设计不符合建筑工程质量标准或者合同约定的质量要求的, 应当报告建设单位要求设计单位改正。

6.3.3.5　与政府部门及其他单位的协调

(1) 与政府部门的协调

1) 工程质量监督站是由政府授权的工程质量监督的实施机构, 对委托监理的工程, 质量监督站主要是核查勘察设计单位、施工单位和监理单位的资质, 监督这些单位的质量行为和工程质量。监理单位在进行工程质量控制和质量问题处理时, 要做好与工程质量监督站的交流与协调。

2) 重大质量、安全事故, 在承包商采取急救、补救措施的同时, 应敦促承包商立即向政府有关部门报告情况, 接受检查和处理。

3) 建设工程合同应送公证机关公证, 并报政府建设管理部门备案; 协助业主的征地、拆迁、移民等工作要争取政府有关部门支持和协作; 现场消防设施的配置, 宜请消防部门检查认可; 要敦促承包商在施工中注意防止环境污染, 坚持做到文明施工。

（2）协调与社会团体的关系　争取社会各界对建设工程的关心和支持,这是一种争取良好社会环境的协调。对本部分的协调工作,从组织协调的范围看是属于远外层的管理。对远外层关系的协调,应由业主主持,监理单位主要是协调近外层关系。如果业主将部分或全部远外层关系协调工作委托监理单位承担,则应在委托监理合同专用条件中明确委托的工作和相应的报酬。

6.3.4　项目监理组织协调的方法

监理工程师组织协调可采用如下方法。

6.3.4.1　会议协调法

会议协调法是建设工程监理中最常用的一种协调方法,实践中常用的会议协调法包括第一次工地会议、工地例会、专业性监理会议等。

（1）第一次工地会议　第一次工地会议是建设工程尚未全面展开前,履约各方相互认识、确定联络方式的会议,也是检查开工前各项准备工作是否就绪并明确监理程序的会议。

内容包括:

1）建设单位、承包单位、监理单位分别介绍各自驻现场的组织机构、人员及其分工;

2）建设单位介绍工程开工准备情况;

3）承包单位介绍施工准备情况;

4）建设单位和总监对施工准备情况提出意见和要求;

5）总监介绍监理规划的主要内容;

6）研究确定各方在施工过程中参加工地例会的主要人员,召开工地例会的周期、地点及主要议题;

7）第一次工地会议纪要应由项目监理机构负责起草,并经与会各方代表会签。

（2）工地例会

1）工地例会是由总监理工程师主持,按一定程序召开的,研究施工中出现的计划、进度、质量及工程款支付等问题的工地会议。

2）工地例会应当定期召开,宜每周召开一次。

3）参加人包括项目总监理工程师（也可为总监理工程师代表）、其他有关监理人员、承包商项目经理、承包单位其他有关人员。需要时,还可邀请其他有关单位代表参加。

4）会议的主要议题:检查上次例会议定事项的落实情况,分析未完事项原因;检查分析工程项目进度计划完成情况,提出下一阶段进度目标及其落实措施;检查分析工程项目质量状况,针对存在的质量问题提出改进措施;检查工程量核定及工程款支付情况;解决需要协调的有关事项;其他有关事宜。

5）会议纪要:由项目监理机构起草,经与会各方代表会签,然后分发给有关单位。

（3）专业性监理会议　总监理工程师或专业监理工程师应根据需要及时组织专题会议,解决施工过程中的各种专项问题。

6.3.4.2　交谈协调法

交谈包括面对面的交谈和电话交谈两种形式。无论是内部协调还是外部协调,这种方法使用频率都是相当高的。其作用在于：

（1）保持信息畅通　本身没有合同效力及其方便性和及时性，所以建设工程参与各方之间及监理机构内部都愿意采用。

（2）寻求协作和帮助　采用交谈方式请求协作和帮助比采用书面方式实现的可能性要大。

（3）及时发布工程指令　监理工程师一般都采用交谈方式先发布口头指令，这样，一方面可以使对方及时地执行指令，另一方面可以和对方进行交流，了解对方是否正确理解了指令。随后再以书面形式加以确认。

6.3.4.3　书面协调法

当会议或者交谈不方便或不需要，或者需要精确地表达自己的意见时，就会用到书面协调的方法。书面协调方法的特点是具有合同效力，一般常用于以下几个方面：

（1）不需要双方直接交流的书面报告、报表、指令和通知等；

（2）需要以书面形式向各方提供详细信息和情况通报的报告、信函和备忘录等；

（3）事后对会议记录、交谈内容或口头指令的书面确认。

书面协调法即是监理文件法，建设工程监理规范中列出了施工阶段监理工作的基本表式，对这些监理的基本表式，各监理机构可结合工程实际进行适当补充或调整，使之满足监理组织协调和监理工作的需要。

施工阶段监理工作的基本表式分为三类：

A 类表：承包单位用表

A1　工程开工/复工报审表

A2　施工组织设计（方案）报审表

A3　分包单位资格报审表

A4　报验申请表

A5　工程款支付申请表

A6　监理工程师通知回复单

A7　工程临时延期申请表

A8　费用索赔申请表

A9　工程材料/构配件/设备报审表

A10　工程竣工报验单

B 类表：监理单位用表

B1　监理工程师通知单

B2　工程暂停令

B3　工程款支付证书

B4　工程临时延期审批表

B5　工程最终延期审批表

B6　费用索赔审批表

C 类表：各方面通用表

C1　监理工作联系单

C2　工程变更单

6.3.4.4　访问协调法

访问法主要用于外部协调中,有走访和邀访两种形式。走访是指监理工程师在建设工程施工前或施工过程中,对与工程施工有关的各政府部门、公共事业机构、新闻媒介或工程毗邻单位等进行访问,向他们解释工程的情况,了解他们的意见。邀访是指监理工程师邀请上述各单位(包括业主)代表到施工现场对工程进行指导性巡视,了解现场工作。因为多数情况有关各方不了解工程、不清楚现场的实际情况,一些不恰当的干预会对工程产生不利影响,此时,该法可能相当有效。

6.3.4.5　情况介绍法

情况介绍法通常是与其他协调方法紧密结合在一起的,它可能是在一次会议前,或是一次交谈前,或是一次走访或邀访前向对方进行的情况介绍。形式上主要是口头的,有时也伴有书面的。

总之,组织协调是一种管理艺术和技巧,监理工程师尤其是总监理工程师需要掌握领导科学、心理学、行为科学方面的知识和技能,如激励、交际、表扬和批评的艺术,开会的艺术,谈话的艺术,谈判的技巧等。只有这样,监理工程师才能进行有效的协调。

思考题

1.现场工程监理部的组织结构有哪几种?

2.矩阵制组织结构是否适用于单项工程的监理组织?

3.总监理工程师如何建立现场监理部?

第7章 工程建设监理的风险管理

7.1 风险管理的基市概念

7.1.1 风险的概念

从不同的角度来考察风险,可以得到风险的不同含义。无论保险学、经济学还是项目管理学等,由于重点不一样,对风险的理解以及处理风险的方法就会有所差别。而且换一个角度审视某个问题,就可能影响一个人对待风险的态度。从本质上讲,风险来源于不确定性,而不确定性则来源于信息缺乏。

比较经典的风险定义是美国 Webster 给出的"风险是遭受损失的一种可能性"。目前,被普遍接受的有以下两种定义:

其一,风险就是与出现损失有关的不确定性;

其二,风险就是在给定的情况下和特定的时间内,可能发生的实际结果与预期结果之间的差异。

综上所述,风险一般具备两方面条件:一是不确定性;二是产生损失后果。否则就不能称之为风险。

因此,肯定蒙受或肯定不蒙受损失不是风险。

7.1.2 与风险相关的概念

与风险相关的概念,包括风险因素、风险事件、损失和损失机会四点内容。风险因素引发风险事件,风险事件导致损失,而损失所形成的结果就是风险。

7.1.2.1 风险因素

风险因素是指能增加或产生损失频率、损失程度的要素,包括触发条件和转化条件,它是风险事故发生的潜在原因,是造成损失的内在或间接原因。风险因素可分为自然风险因素、道德风险因素和心理风险因素三类。其中,道德风险因素和心理风险因素均属人为因素,但道德风险因素偏向于人的故意恶行,而心理风险因素则偏向于人的非故意的疏忽,这两类因素一般是无形的。

(1)自然风险因素 有形的因素,指能够直接导致某种风险的事物。

(2)道德风险因素 指能引起或增加损失机会和程度的、个人道德品质方面的原因,如不诚实、图谋纵火索赔等。与人的品德修养有关。

(3)心理风险因素 指能引起或增加损失机会和程度的、人的心理状态方面的原因,如不谨慎、不关心、情绪波动等。与人的心理状态有关。

7.1.2.2 风险事件

风险事件是指造成损失的偶发事件,它是造成损失的外在或直接原因。在实际操作中,要注意把风险事件与风险因素区别开来。

7.1.2.3 损失

损失是指非故意的、非计划的和非预期的经济价值的减少,一般可分为直接损失和间接损失两种,也有人将损失分为直接损失、间接损失和隐蔽损失三种。

7.1.2.4 损失机会

损失机会是指损失出现的概率。概率分为客观概率和主观概率两种,客观概率是某事件在长时期内发生的频率,常用的确定方法有演绎法、归纳法和统计法;主观概率是个人对某事件发生可能性的估计,其影响因素很多。对于工程风险的概率,以专家作出的主观概率代替客观概率是可行的,但前提是提供给专家作判断的资料必须充足,必要时还可以综合多个专家的估计结果。

风险因素、风险事件和风险损失这三者的关系可以通过风险的作用链条表示,如图7.1 所示。

图7.1 风险要素及其相互关系

7.1.3 监理风险的分类

7.1.3.1 按风险的后果分类

按风险的后果分类,可分为纯风险和投机风险。纯风险是指只会造成损失而不会带来收益的风险。投机风险则是指既可能造成损失也可能创造额外收益的风险。纯风险与投机风险往往同时存在,但两者还有一个重要区别,那就是在相同的条件下,纯风险重复出现的概率较大,而投机风险重复出现的概率较小。

7.1.3.2 按风险产生的原因分类

按风险产生的原因分类,可分为政治风险、社会风险、经济风险、自然风险、技术风险等。除了自然风险和技术风险相对独立之外,政治风险、社会风险和经济风险之间存在一定的联系,有时表现为相互影响,有时表现为因果关系,难以截然分开。

7.1.3.3 按风险的影响范围分类

按风险的影响范围分类,可分为基本风险和特殊风险。基本风险是指作用于整个经济或大多数人群的风险,具有普遍性,影响范围大,后果严重。特殊风险是指仅作用于某一特定单体(如个人或企业)的风险,不具有普遍性,影响范围小,虽然就个体而言,损失有时也相当大,但对整个经济而言后果不严重。但是在某些情况下,基本风险和特殊风险也很难区分。

风险还可以按风险分析依据分为客观风险和主观风险,按风险分布情况分为国别(地区)风险、行业风险,按风险潜在损失形态分为财产风险、人身风险和责任风险等。

7.1.4 风险管理的概念

风险管理是一门新兴的管理学科,是组织管理功能的特殊的一部分。由于风险存在普遍性,风险管理的涵盖面甚广。从不同的角度,不同的学者提出了不尽相同的定义。通过对各种风险管理定义的比较与综合,可以认为:风险管理是经济单位通过对风险的识别、衡量、预测和分析,采取相应对策处置风险和不确定性,力求以最小成本保障最大安全和最佳经营效能的一切活动。换句话说,风险管理就是对可能遇到的风险进行预测、识别、评估、分析,并在此基础上有效地处理风险,以最小成本达到最大目标的保障。

7.2 监理风险的产生

随着科学技术的进步和生产力的发展,经济全球化和竞争全球化不断深化,企业处在一个复杂的时代,面临着各种各样的风险。这些风险严重威胁着企业的生存和发展,因而,企业只有对风险管理的理论和方法进行研究,才能科学地认识、评估和预测风险,有效地转移风险和合理地回避风险,从不确定性中把握机会,促进企业健康发展。对于我国刚形成不久的建设监理企业,更是如此。风险管理正是研究风险发生规律和风险控制技术的一门新兴管理学科,各经济单位通过风险识别、风险估测、风险评价,并在此基础上优化组合各种风险管理技术,对风险实施有效的控制和妥善处理风险所导致的后果,期望达到以最少的成本获得最大安全保障的目标。对于监理企业而言,加强风险管理是非常必要的。监理企业作为一个市场经济主体,必然要承担一定的风险。由于监理企业自身的特性,它又必须承担由其监理职能产生的特殊责任风险,因此需要对监理企业所面临的风险进行全面综合的分析,以减少风险对监理企业的影响。

7.2.1 风险管理的研究现状、应用及发展

7.2.1.1 国内研究概况

我国对于风险问题的研究是从风险决策开始的,起步很晚。风险管理技术是20世纪60年代以来现代项目管理中不可缺少的工具,但我国在20世纪70年代末、80年代初引进项目管理理论与方法时,只引进了项目管理的基本理论、方法与程序,未能同时引进风险管理。"风险"一词是1980年首次由周士富提出的。这是与我国改革开放前长期实行高度集中统一的中央计划经济体制相适应的。20世纪80年代后期,风险管理的知识才开始进入中国。1991年,顾昌耀和邱苑华在《航空学报》上首次将熵扩展到复数并且用于风险决策研究领域。90年代初,外商率先在工程项目中使用风险管理,其后,不少的外国风险管理顾问公司进入中国。目前,国内已有为数不少的大型项目进行风险管理的实践,理论研究也引起了专家和学者的广泛关注,并取得了一定的成果,但仍存在许多问题,还需要进行深入的探讨与研究。

加入 WTO,给我国建设监理行业带来了新的发展机遇,我国经济与世界经济将逐步融为一体,为我国建设监理企业走出国门、开拓国际市场工程项目管理业务创造了条件。在看到发展机遇的同时,也应该清醒地认识到入世给我国建设监理所带来的挑战。国外的监理、咨询企业也将凭借其先进的管理模式、雄厚的经济技术实力及良好的资金运作能力、高素质的人力资源等纷纷涌进我国的监理市场,占有国内监理市场尽可能多的份额,竞争激烈,冲击波大。国际工程咨询公司将在市场、管理、技术等方面与我国展开激烈的竞争,而我国监理企业与国际知名工程咨询公司相比,无论是在经营理念、经营范围和经营规模方面,还是在管理方法、管理手段和管理水平方面均存在较大差距,竞争能力较低。因此,建设监理应学习、借鉴国外先进的管理方法,特别是监理的风险管理理念方法手段。

　　我国监理行业有积极的一面,那就是有利于更好的规范市场经济的竞争机制,而且有利于建设工程质量的提高,对建设安全和质量管理水平有一定的促进作用。但是同时监理行业也有很多问题,并且现在在实际建设过程中问题激化的矛盾越来越严重。因此,监理行业的风险管理已经不容忽视了,建立良好的监理行业风险管理机制必将推动我国建设监理行业的进一步展。

7.2.1.2　国外研究概况

　　在国外,公元前916年的共同海损制度,以及公元前400年的船货押贷制度,虽然属于保险思想的雏形,但考虑到保险是风险管理技术的一种,所以也可以认为是风险管理思想的雏形。到18世纪产业革命,法国管理学家亨瑞·法约尔在《一般管理和工业管理》一书中才正式把风险管理思想引进企业经营领域。风险管理问题起源于第一次世界大战中战败的德国,但长期以来没有形成完整的体系和制度。到了20世纪50年代,美国才把它发展成为一门学科。众所公认美国是风险管理的发源地,70年代中期,全美的多数大学工商管理学院及保险系都已普遍开设风险管理课程,为工商企业输送了大批专门人才。宾夕法尼亚大学的保险学院还举办风险管理资格考试,如果通过该项考试,才能获得ARM(Associate in Risk Management)学位证书。该证书具有相当的权威性,获得证书即表明已在风险管理领域取得一定的资格,为全美和西方国家认可,是从业的重要依据。与美国相比,英国的风险研究有其自己的特色。南安普敦大学 C. B. Chapman 教授提出了"风险工程"的概念。他认为,风险工程是对各种分析技术及管理方法的集成,以更有效的风险管理为目的,范围更广,方式更加灵活。这个框架模型的构建弥补了单一过程的风险分析技术的不足,使得在较高层次上大规模地应用风险分析领域的研究成果成为可能。英国除了有自己的成熟理论体系外,许多学者还注意把风险分析研究成果应用到大型的工程项目当中。如1976年在北海油田输油管道的铺设过程中,由于采用了风险分析的方法,从而提高了该项目的安全系数,而且降低了成本。1979年在伊拉克发电厂交钥匙工程竞标过程中,由于不确定因素十分复杂,属于高风险高收益类型项目,承包商在是否投标和投标报价水平等问题上提出风险咨询,经过详细的风险分析,最后决定不投标。实践证明,该项决策是明智的。此外,英国工商界开展风险管理活动也十分活跃,设有工商业风险经理和保险协会、特许保险学会等,对推动本国的风险管理作出了卓越贡献。英美两国在风险管理与研究方面各有所长,且具有很强的互补性,代表了该学科领域的两个主流。

当今世界上一些大型土木工程项目均无一例外地采用了风险管理。从掌握的资料看,美国的华盛顿地铁、英国伦敦地铁、香港地铁、新加坡地铁等大型项目都采用了风险管理技术,从而保证了项目的成功。20 世纪 30 年代初期,世界性经济危机发生之后,风险管理问题成为美国许多经济学家的研究对象。20 世纪 50 年代以来,风险管理受到欧美各国的普遍重视,其研究内容逐步向系统化、专业化方向发展,并逐步成为企业管理科学中一门独立学科。风险管理的理论研究和实际应用都具有广阔的前景。

7.2.2　当前建设监理行业面临的风险

风险无处不在,风险无时不有。建设监理项目遇到的风险主要有以下几种。

7.2.2.1　自然风险

监理企业在履行监理合同期间经常会遇到一些无法抗拒的外界风险,主要包括:

(1)自然灾害,如洪水、山洪暴发、地震、台风等;

(2)核废料辐射、毒气、爆炸等;

(3)低空高速飞行物引起的冲击波等。

7.2.2.2　监理单位自身不良表现产生的风险

来自监理工程师本身的质量责任风险主要有两方面。一方面是指,监理工程师虽然尽心尽力地工作,也利用现有的技术手段和方法,按照监理合同的规定进行了必要的检查或检验,但还是未能发现施工过程中存在的质量问题。另一方面是指,监理工程师的职业道德欠佳、责任心不强、工作技能不高。如果监理工程师不能遵守职业道德,敷衍了事,回避问题,甚至为了谋求私利而损害工程利益,这样必然会面对相应的风险。如果监理工程师未按照《建设工程监理规范》和《房屋建筑工程施工旁站监理管理办法(试行)》的规定派监理员对隐蔽工程或重点部位进行旁站监理,则也有可能面对由此而带来的风险。因此,监理工程师在为建设单位服务的过程中,必须遵守职业道德,严格地按相关规范进行工作,客观、公正地处理问题。例如:上海轨道交通 4 号线通道工程施工作业面内,因大量水和流沙涌入,引起隧道部分结构损坏及周边地区地面沉降,造成三栋建筑物严重倾斜,防汛墙局部塌陷,直接经济损失达 1.5 亿元人民币左右。监理单位是该事故的相关责任单位,负有重要责任。究其原因是该公司未有效履行监理单位职责,未对调整的施工方案组织监理审定;监理人员资格不符合国家规定要求;现场监理失职,未对要求监理的工程实施有效的巡视检查,未能及时发现险情和制止事故。

7.2.2.3　建设单位不规范介入产生的风险

来自建设单位的质量责任风险主要是指建设单位代表在施工现场越过监理机构而直接指挥施工单位,从而给工程留下质量隐患,在工期紧、资金缺的情况下这种隐患尤为重大。主要体现在材料供应、项目投资、现场管理和控制的不规范介入和监理合同过于草率、简单化,条款规定不明确,职责分配不清楚。对于这种情况,监理工程师应该通过总监理工程师及时向建设单位代表提出建议,请建设单位代表自觉停止其行为,如果建设单位代表拒不接受,监理工程师可向建设单位下发监理工程师备忘录。

7.2.2.4　施工单位违反国家有关规定带来的风险

在绝大多数情况下,承包商会主动配合监理工程师,但也有一少部分承包商会为了自己的利益,作出超出原则许可的事情。主要有三个方面:第一是建筑原材料、设备、构配件的使用;第二是监理过程中已经发现的质量缺陷或隐患;第三是监理过程中未发现的质量缺陷或隐患。

7.2.2.5 市场竞争不规范风险

一部分监理企业为了承揽项目,相互压价,只好减少投入、降低成本,使得监理人员缺兵少将,设备不到位,监理效果大打折扣,监理企业的责任风险事故发生的概率大大升高;盲目承诺也是监理工作的大忌,为了迎合业主的意愿,对工程质量、工期及投资控制进行不切实际的盲目承诺,如果达不到业主对质量、工期及投资控制的要求就认罚或赔偿损失等。这种做法对监理工作来说也隐藏着较大的风险。

7.3 监理风险的分析

7.3.1 风险管理的内容及程序

不同的组织、不同的专家对风险管理有不同的认识。根据美国项目管理学会报告,风险管理是指项目管理组织对项目可能遇到的风险进行规划、识别、估计评价、应对、监控的过程,是以科学的管理方法实现最大安全保障的实践活动的总称。

风险辨识是风险管理的第一步,它是指对企业所面临的、潜在的风险加以判断、归类和鉴定风险性质的过程。风险估测是指在风险辨识的基础上,通过对所搜集的大量的详细损失资料进行分析,估计和预测风险发生的概率和损失程度。风险评价是根据国家所规定的安全指标或公认的安全指标,来衡量风险的程度,以便确定风险是否需要处理和处理的程度。选择风险管理技术是根据风险评价的结果,为实现风险管理目标,选择最佳风险管理技术并实施,这是风险管理的核心环节。在实际工作当中,通常对几种风险管理技术进行优化组合,才能达到最佳管理效果。风险管理效果评价是指对风险管理技术适用性及其收益情况的分析、检查、修正和评估。风险分析的组成及内容可用图 7.2 表示。

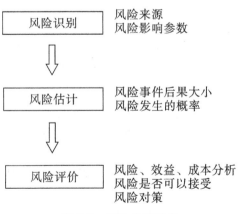

图 7.2 风险分析组成

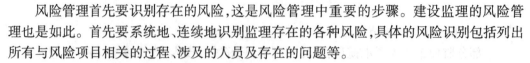

7.3.2 监理风险识别

风险管理首先要识别存在的风险,这是风险管理中重要的步骤。建设监理的风险管理也是如此。首先要系统地、连续地识别监理存在的各种风险,具体的风险识别包括列出所有与风险项目相关的过程、涉及的人员及存在的问题等。

7.3.2.1　监理风险识别的依据

监理风险识别的依据主要有工程建设监理的特点,工程建设监理的主要工作内容,监理组织、监理合同、监理规划、历史监理档案资料等。

(1)监理组织　监理组织是监理单位为项目监理实施的人员组织,如果监理组织合理,不仅提高建设监理的工作效率而且避免很多不必要的风险。其实建设监理的工作非常有时效性,必须对信息高度敏感并及时地处理。

(2)监理合同　监理合同是项目监理工作开展的最根本的依据,如果监理合同条款有缺陷,已经为监理工作埋下很大的隐患。所以在签监理合同时应检查合同的公正性、完备性。但实际上很多监理单位为了拿到监理项目而盲目地接受监理合同不平等或无理的要求,其实监理合同是业主将自己风险转移到监理的一种手段。

(3)监理规划　监理规划是指导项目监理机构全面开展监理工作的指导性文件;是工程建设主管部门对监理单位实施监督管理的重要依据;是建设单位确认监理单位是否全面、认真履行建设工程委托监理合同的主要依据;是监理单位重要的存档资料。其内容包括工程项目概况、监理工作范围、监理工作内容、监理工作目标、监理工作依据、项目监理机构的组织形式、项目监理机构的人员配备计划、项目监理机构的人员岗位职责、监理工作程序、监理工作方法及措施、监理工作制度、监理设施。可见监理规划是建设项目监理过程的主要依据,也是建设项目监理风险识别的主要依据。

监理规划是对监理风险管理规划的进一步深化。监理规划中除了有对工程质量问题的处理方法、处理程序等内容外,还有一项很重要的主题思想,那就是利用监理规划进一步明确风险管理策略,把风险管理的意识内容很好地消化于监理规划的每一个部分,这样就可以很好地做到事前控制。

7.3.2.2　风险识别的方法

风险因素的识别是风险管理一切工作的起点和基础,其任务是通过一定的方法和手段,尽可能地找出潜在显著影响项目成功的风险因素。风险的识别有很多成熟的方法。常用的方法可以分成两大类,即专家调查法和分析方法。

(1)专家调查法　专家调查法是以专家为索取信息的重要对象,主要利用各领域专家的专业理论和丰富的实践经验,找出各种潜在的风险并对后果作出分析和估计。

专家调查法的优点是在缺乏足够统计数据和原始资料的情况下,可以作出定量估计。缺点主要表现在易受心理因素的影响。

专家调查法有十余种方法。其中专家个人判断法、德尔菲法和智暴法是用途较广、具有代表性的方法。

1)专家个人判断法　征求专家个人意见的优点是不受外界影响,没有心理压力,可以最大限度地发挥个人的创造能力。但是仅仅依靠个人判断,容易受到专家知识面、知识深度和占有资料以及对所调查的问题是否感兴趣所左右,难免带有片面性。

2)德尔菲法 德尔菲法起源于20世纪40年代末,最初由美国兰德公司首先使用。其做法是:首先选定与该项目有关的专家,并与这些适当数量的专家建立直接的函询关系,通过函询收集专家意见,然后加以综合整理,再反馈给各位专家,再次征询意见,再集中,再反馈,这样反复多次,逐步使专家的意见趋于一致,作为最后识别的根据。

德尔菲法有三个特点:其一,在风险识别过程中发表意见的专家互相匿名,这样可以避免公开发表意见时各种心理对专家们的影响;其二,对各种意见进行统计处理,如计算出风险发生概率的平均值和标准差等,以便将各种意见尽量客观地、准确地反馈给专家们;其三,有反馈地反复地进行意见交换,使各种意见相互启迪,集思广益,从而容易作出比较全面的预测。

德尔菲法是系统分析方法在意见和判断领域的一种有限延伸。它突破了传统的数据分析限制,为更合理的决策开阔了思路。由于该法能够对未来各种可能出现和期待出现的前景作出概率估计,因此可为决策者提供多种方案选择的可能性,而用其他方法都很难获得这样重要并以概率表示的明确结论。但是理论上并不能证明所有参加者的意见能收敛于可观实际。它在本质上是一种利用函询形式的集体匿名思想交流过程。德尔菲法应用领域很广,一般用该方法得出的结果也较好。

3)智暴法(头脑风暴法) 智暴法是一种刺激创造性、产生新思想的技术。它的主要规则是专家不进行讨论和判断性评论。智暴法更注重想出风险的数量,而不是质量。通过专家之间的信息交流和相互启发,从而诱发专家们产生"思维共振",以达到互相补充并产生"组合效应",获取更多未来信息,使预测和识别的结果更准确。

智暴法作为一种创造性的思维方法在风险识别中得到广泛的应用。它适用于探讨的问题比较单纯、目标比较明确、单一的情况。如果问题牵涉面太广,包含因素过多,就要进行分解,然后再分步进行讨论。对智暴法的结论还要进行详细的分析,既不能轻视,也不能盲目接受。一般来说,只要有少数几条意见得到实际应用,就比较成功了。有时一条意见就可能带来很大的社会经济效益。即使所有意见都被证明不适用,智暴法作为对原有分析结果的一种讨论和论证,也会给领导决策带来益处。

(2)分析方法 分析方法类似于系统分析中的结构分解方法,根据事物本身的规律和个人的历史经验将项目风险进行分解。常用方法有核查表法、流程图法(因果分析法)、幕景分析方法、工作分解结构法、故障树分析法、概率树分析法、决策树分析法等。

1)核查表法 对同类已完工项目的环境与实施过程进行归纳总结后,可以建立该类项目的基本风险结构体系,并以表格形式按照风险来源排列,该表称为风险识别核查表。

核查表中除了罗列项目常见风险事件及来源外,还可以包含很多内容,例如项目成败的原因、项目各个方面(范围、成本、质量、进度、采购与合同)的规划、项目产品或服务的说明书、项目成员的技能以及项目可用的资源等。

核查表是识别工程项目风险的宝贵资料。它的优点是:结合当前工程项目的建设环境、建设特性、建设管理现状、资源状况,再参考对照核查表,可以有所借鉴,对风险的识别查漏补缺。

缺陷是:我国的工程项目风险管理,在这方面积累较少。目前尚没有企业或咨询机构编制工程项目风险核查表。由于缺少专业的风险核对手册之类的基础资料,每一个项目的风险识别都需要收集大量相关信息和资料,从最基础的工作做起,这就加大了风险管理的成本;照搬国外的资料又不一定符合国内实际情况。因此我国有必要加强此方法,建立符合国情的风险核对表。

2)故障树分析法(FTA法) 故障树分析法被广泛用于大型工程项目风险分析识别系统之中。该方法是利用图解的形式,将大的故障分解成各种小的故障或对各种引起故障的原因进行分析。故障树分析实际上是借用可靠性工程中的失效树形式对引起风险的各种因素进行分层次的识别。图的形式像树枝一样,越分越多,故称为故障树。进行故障树分析的步骤如下:

①定义工程项目的目标,此时应将影响项目目标的各种风险因素予以充分的考虑;

②作出风险因果图(失效逻辑图);

③全面考虑各风险因素之间的相互关系,从而研究对工程项目风险所应采取的对策或行动方案。

故障树经常用于直接经验较少的风险识别。该方法的主要优点是:比较全面地分析了所有故障原因包括人为因素,因而包罗了系统内外所有失效机理;比较形象化,直观化较强。不足之处是:这种方法应用于大的系统时,容易产生遗漏和错误。

3)流程图法 流程图是一种项目风险识别时常用的工具。流程图可以帮助项目识别人员分析和了解项目风险所处的具体项目环节、项目各个环节之间存在的风险以及项目风险的起因和影响。通过对项目流程的分析,可以发现和识别项目风险可能发生在项目的哪个环节或哪个地方,以及项目流程中各个环节对风险影响的大小。

项目流程图是用于给出一个项目的工作流程,项目各个不同部分之间的相互关系等信息的图表。项目流程图包括项目系统流程图、项目实施流程图、项目作业流程图等多种形式。绘制项目流程图的步骤如下:

①确定工作过程的起点(输入)和终点(输出);

②确定工作过程经历的所有步骤和判断;

③按顺序连接成流程图。

流程图用来描述项目工作标准流程,它与网络图的不同之处在于:流程图的特色是判断点,而网络图不能出现闭环和判断点;流程图用来描述工作的逻辑步骤,而网络图用来排定项目工作时间。

4)工作分解结构法 用工作分解结果识别风险,可根据工程项目一般的分解方法,将其分解为单项工程、单位工程、分部工程、分项工程,甚至具体到工序。然后,从工程项目的最小单元开始逐步识别风险。它可以减少项目结构的不确定性,弄清项目的组成、各个组成部分的性质、它们之间的联系以及项目环境之间的关系等。

工作分解结构图的优点在于:由于项目管理的其他方面,如范围、进度和成本管理,也要使用工作分解结构,在风险识别中利用这个已有的现成工具并不会给项目管理增加额外的工作量。但是它的缺点是:对于大的工程项目时,分解过于复杂、烦琐。

5)幕景分析法 幕景分析法是一种能够分析引起风险的关键因素及其影响程度的方法。它可以采用图表或曲线等形式来描述当影响项目的某种因素作各种变化时,整个项目情况的变化及其后果,供人们进行比较研究。

当各种目标相互冲突排斥时,幕景分析就显得特别有用。它可以被看做扩展决策者的视野,增强他们确切分析未来能力的一种思维程序。幕景分析特别适用于以下几种情况:

①提醒决策者注意措施或政策可能引起的风险及后果;

②建议需要监视的风险范围;

③研究某些关键性因素对未来过程的影响;

④当存在各种相互矛盾的结果时,应用幕景分析可以在几个幕景中进行选择。

不过,这种方法有很大的局限性,好像从隧道中观察外界事物一样,看不到全面情况。所有幕景分析都是围绕着分析者目前的考虑、现实的价值观和信息水平进行的,容易产生偏差,这一点需要分析者和决策者有清醒的估计。因此可考虑与其他方法结合使用。

6)SWOT 分析法　SWOT 分析法是一种环境分析方法,所谓的 SWOT 是英文 Strength(优势)、Opportunity(机遇)和 Threat(挑战)。

7.3.2.3　监理风险识别的方法

在建设工程的施工阶段,监理公司的项目风险管理人员利用 WBS(Work Breakdown Structure,工作分解结构)和 RBS(Risk Breakdown Structure,风险分解结构)相结合,通过控制施工过程中的相对独立的、易于管理的较小单元的进度、费用、质量和 HSE(Healthy Safety Environment,健康安全环境)目标,进行风险管理,从而达到控制整个项目目标。

(1)工作分解结构

1)工作分解结构的概念和目的　工作分解结构是一种层次化的树状结构,它是将合同中要做的全部工作分解为便于管理的独立单元,并将完成这些单元工作的责任赋予相应的具体部门和人员,从而在项目资源与项目工作之间建立了一种明确的目标责任关系。工作分解结构的目的是:将整个项目划分为相对独立的、易于管理的较小的项目单元;将这些项目单元与组织机构相联系,将完成每一工作或活动的责任赋予具体的组织或个人,建立组织或个人的目标;对每个项目单元作出较为详细的时间、费用估计,并进行资源的分配,形成进度目标和费用目标;根据每个项目单元需要完成的工作内容,确定质量目标和 HSE 目标。

2)工作分解结构的步骤

①确定项目总目标　根据项目技术规范和项目合同的具体要求,确定最终完成项目需要达到的项目总目标。

②确定项目目标层次　确定项目目标层次就是确定工作分解结构的详细程度(即 WBS 的分层数)。

③建立项目组织结构　项目组织结构中应包括参与项目的所有组织或人员,以及项目环境中的各个关键人物。

④确定项目的组成结构　根据项目的总目标和阶段性目标将项目的最终成果和阶段性成果进行分解,它实际上是对子项目或项目的组成部分进一步分解形成的结构图表,其主要技术是按工程内容进行项目分解。

⑤识别项目的主要组成部分　从两方面考虑,一是可作为独立的交付成果,一是便于

实际管理即考虑如何管理每个组成部分。独立的可交付成果是指其具有相对独立性,一旦建成,即可马上移交给业主使用或投产运营。因此,在确定各个可交付成果(或子项目)的开始和完成时间时,应注意在可行的情况下,先完成的可交付成果(或子项目)应能相对独立地投产运营。

⑥确定该级别的每一单元是否可以"恰当"地估算费用和工期　不同的单元可以有不同的分解级别,这样就是"恰当"的含义。

⑦识别每一可交付成果的组成单元　这些单元在完成后可产生切实的、有形的成果,以便实施进度测量。

(2)监理企业风险识别方法　SWOT分析的基准点是对企业内部环境之优劣势的分析,在了解企业自身特点的基础之上,判明企业外部的机会和威胁,然后对环境作出准确的判断,制定企业发展的战略和策略,后借用到项目管理中进行战略决策和系统分析。

1)SWOT分析的作用

①把外界的条件和约束同组织自身的优缺点结合起来,分析项目或企业所处的位置。

②可随环境变化作动态系统分析,减少决策风险。

③SWOT是一种定性的分析工具,可操作性强。

④与多米诺法结合起来,针对机遇、挑战、优势、劣势为各战略决策打分。

2)SWOT分析的步骤　SWOT分析一般分成五步:

①列出项目的优势和劣势、可能的机会与威胁,填入道斯矩阵表的Ⅰ区;

②将内部优势与外部机会组合,形成SO策略,制定抓住机会、发挥优势的战略,填入道斯矩阵表的Ⅴ区;

③将内部劣势与外部机会相结合,形成WO策略,制定利用机会克服弱点的战略,填入道斯矩阵Ⅵ区;

④将内部优势与外部威胁相结合,形成ST策略,制定利用优势、减少威胁的战略,填入道斯矩阵表Ⅶ区;

⑤将内部劣势与外部挑战相组合,形成WT策略,制定弥补缺点、规避威胁的战略,填入道斯矩阵表Ⅷ区。

具体情况见表7.1。

表7.1　道斯矩阵

	Ⅲ 优势 列出自身优势	Ⅳ 劣势 具体列出弱点
Ⅰ 机会 列出现有的机会	Ⅴ SO战略 抓住机遇,发挥优势战略	Ⅵ WO策略 利用机会,克服劣势战略
Ⅱ 挑战 列出正面临的威胁	Ⅶ ST战略 利用优势,减少威胁战略	Ⅷ WT战略 弥补缺点,规避战略

SWOT 分析方法是全面地、完整地识别监理企业存在的各种风险,由于每个监理单位都有各自的特点,所以不可能全面地分析其所有的风险因素。

3)目前监理企业面临的主要风险因素 根据监理风险分析可知,监理企业风险分解结构图如图 7.3 所示。

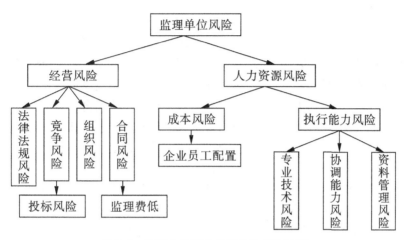

图 7.3 监理企业风险分解结构(RBS)图

(3)工程项目监理风险识别的方法 工程项目的风险(Project Risk)来自同项目有关的各个方面。项目风险的分解就是根据项目风险的相互关系将其分解成若干个子系统,而且分解的程度足以使人们较为容易地识别出项目的风险,使风险识别具有较好的准确性、完整性和系统性。

为节省成本,监理公司的项目风险管理人员就是参与项目的所有成员,每个人都应该有风险意识才能更好地做好本职工作。风险管理组织就是监理组织形式,也就是把风险管理提到监理工作中来。风险管理者可利用核查表、结构分解和专家调查法相结合对建设项目监理风险进行识别。

建立核查表的前提是有类似项目的经验进行核查,但对于监理项目来说,所谓的核查表法不仅限于已有的项目经验的核查,由于每个建设项目都不一样,所以对于项目监理的风险识别的核查表法,更多是应根据不同项目的特点制定的不同的监理规划、监理实施细则、监理组织形式等监理资料,结合 WBS 以及专家调查法进行风险识别,才是适合监理的风险识别的方法。

但目前很多监理单位都有十几年的监理工作经验,有关各种工程档案资料也比较全,但这些资料只是存放在档案室或资料室,没有充分的利用。重要的是监理单位要从制度上规定风险管理方面的内容,这样并不会增加多少成本,相反可以降低监理单位的风险,会节省不少成本与损失。

其实监理的工作就是依据规范按一定的程序逐步开展,所以监理可以利用核查表法来进行风险的识别。特别是监理在建设项目的实施过程中,结合工作分解结构以及监理组织形式,分层地识别风险,此方法不仅适合监理员也适合专业监理工程师,各专业监理工程师根据与其配套的监理员列出的风险清单,逐一核查,然后列出主要的风险清单,递交到总监理工程师并由其汇总,列出整个监理项目的风险清单,为下一步风险评价作准备。

具体步骤如下:

1)列出建设项目监理的风险清单　利用风险清单运用专家打分法进行评估其关键因素。

2)关键因素识别与分析　第一类风险:监理行业的管理风险。关键风险因素一:政府部门的处罚;资质吊销或降级;清除或限制市场进入;罚款;通报批评或内部警告;通知整改。出现此种情况的原因主要是监理工作没有按照国家规范尽责地完成项目所规定的义务,对社会造成一定的损失与危害,这主要因素还是监理单位自身造成的。但对监理单位的信誉造成不可挽回的风险。关键风险因素二:工程安全监理的问题;现场工程安全监理责任重大,目前学术上对是否安全监理意见不一;关键是政府部门要出台安全监理一系列政策法规措施等明确此事——主要是责任主体的合理性。

第二类风险:监理单位方面的风险。关键风险因素一:监理从业人员业务素质低,不能满足监理工作要求。主要是监理单位为了降低成本,配备总监理工程师以及专业监理工程师业务能力不足或人员数量不足导致专业人员的配置不合理或总监理工程师委派等问题,缺乏先进的调配方法。关键风险因素二:监理单位内部管理不规范。主要是监理组织的安排是否满足监理项目的要求。

第三类风险:建设单位方面引起的风险。关键风险因素一:建设单位不按建设程序操作(如手续不全)。关键风险因素二:建设单位对监理工作的认识不正确。此因素出现的原因一是由于我国是强制监理;二是我国合同条款还不健全,没有把监理的责任、义务进行严密的规定,与 FIDIC 相比纰漏很多,需要进一步完善。

第四类风险:施工单位方面引起的风险。关键风险因素一:施工单位与建设单位之间存在着不正当的关系。这个因素监理单位不能控制,但不可小视此风险因素,在监理项目风险管理中要考虑此因素,但此因素并不具有普遍性。关键风险因素二:施工单位质量和安全意识差,管理和保证体系不健全。这其中主要原因是业主原因造成的,一般是业主为降低成本而让资质与工程项目不相符的单位施工造成的,这给监理的质量控制与安全控制带来很大的困难,虽然监理尽了最大的努力,但如果质量出现问题,业主又要追究监理的责任,因而此风险也不可忽视。

第五类风险:其他风险因素。关键风险因素一:出现重大工程质量、安全事故。关键风险因素二:原材料、设备供应商引起的风险。它来自两个方面:一是业主指定不合格的材料;二是监理与施工单位抽检程序没做足。

由以上可知,在项目监理的实施中监理的主要风险,很大一部分都是人为因素即由自身的原因造成的,由自身综合能力决定的,这也是监理可以自己控制的,一些外部风险监理很难控制,有些无法控制,譬如一些不健全的法律、法规,施工单位的选择等。

7.3.3　监理风险评价

风险评价是对将会出现的各种不确定性及其可能造成的各种影响和影响程度进行恰如其分的分析和评估。国际上对风险评价的研究已有多年历史,各国都已取得了丰富的经验,已总结出如调查和专家打分法、层次分析法、模糊分析法、统计和概率法、蒙特卡罗模拟法、影响图法、CIM 模型和敏感分析等方法。风险评价方法中,应处理好定性分析与定量分析的关系。定量分析大都采用仿真方法,但它有不足之处。首先存在基础数据不足的难题;其次是不易求解。定性与定量结合是一种比较好的方法,如 AHP 就是一个成功的例子。这些方法与风险识别一样也都各有利弊,到目前还未发现一种万能的方法,风险评价方法还须完善;但现有方法的合理运用到实践也是一大挑战。

7.3.3.1　调查和专家打分法

调查和专家打分法是一种最常用、最简单、易于应用的方法。它的应用由两步构成:首先,辨别出项目中可能遇到的所有风险;列出风险调查表。其次,利用专家经验,对可能的风险因素的重要性进行评价,综合成整个项目的风险。该方法适用于决策前期,这个时期往往缺乏项目具体的数据资料,主要依据专家和决策者的意向,得出的结论也不要求是资金方面的具体值,而是一种大致的程度值。

7.3.3.2　层次分析法(AHP)

在风险分析中,AHP 提供了一种灵活的、易于理解的风险评价方法。一般都是在工程项目投标阶段使用 AHP 来评价工程风险,它使风险管理者能在投标前对拟建项目风险情况有一个全面认识,判断出工程项目的风险程度,以决定是否投标。因而监理单位可以运用此方法进行投标风险的评价。由于我国监理在建设项目的实施过程中是按监理组织进行分级管理,所以可以结合 WBS 工作结构进行某一项目监理的风险评价。

7.3.3.3　模糊数学法(Fuzzy Set)

工程项目中潜含的各种风险因素中很大一部分难以用数字准确加以定量描述,但都可以利用历史经验或专家知识,用语言描述出它们的性质及其可能的影响结果。并且,现有的绝大多数风险分析模型都是基于需要数字的定量技术,而与风险分析相关的大部分信息很难用数字来表示,却易于用文字或者句子来描述,这种性质最适合于采用模糊数学模型来解决问题。模糊数学处理非数字化、模糊的变量有独到之处,并能提供合理数学规则去解决变量问题,相应得到的数学结果又能通过一定的方法转为语言描述。这一特性极适于解决工程项目中普遍存在的潜在风险,因为绝大多数工程的风险都是模糊的、难以准确定义且不容易用语言描述的。

7.4　监理风险管理

监理风险的管理,要合理地使用多种管理方法、技术和手段对风险实行有效的控制,采取主动行动,创造条件,尽量增加风险事件的有利结果,妥善处理风险事故造成的不利后果,从而减少意外损失。

7.4.1 合同的应用

监理合同不仅是规避监理单位的风险措施,也可在建设项目实施过程中主要用来防范业主的干预所带来的风险。所以监理单位在签订合同过程中要认真研究合同条款。

7.4.1.1 缔约和履约时应注意的方面

国际工程咨询业所遵循的合同条款多种多样,但以 FIDIC 合同条款比较有权威,被借鉴的也多。我国开始也是要借鉴 FIDIC 条款,但由于种种原因导致目前我国监理合同与FIDIC 合同差别很大,没有其全面,甚至有些条款与其相悖。几乎各国都制定了合同范本,而任何合同都离不开当事人的责任、权利、利益三项主要内容。合同条款中潜伏的风险往往是责任不清、权利不明所致。

所以在签订合同时应从以下几点不合理性中注意防范风险。

(1)不平等条款 合同的重要原则之一就在于平等性。但在工程实践中,业主与监理单位很少有平等可言。业主常常依仗着僧多米少这一有利的优势,对监理单位蛮不讲理,甚至缺乏商业道德,特别是政府工程的业主部门。在制定合同时,业主常常加不平等条款,赋予业主种种不应有的权力,而对监理单位则只强调义务,而不提其应有的权力。例如索赔条款本应是合同的主要内容,但许多合同中都忽略此内容的有关条款;又如误期罚款条款,几乎所有合同都有规定。监理单位如果在拟定合同条款时不坚持合理要求,就会给自己留下很大的隐患。

(2)合同中定义不准确 有不少合同由于人为或非人为原因,对一些问题定义不准或措辞含混不清。一旦事件发生,业主往往按其自己意图歪曲解释,特别是涉及质量标准时,合同中虽然也规定按照某某规范,但都加上"要达到业主满意"这类字句,而在实施期间,则只强调达到业主满意,而不是遵循规范。

(3)条款遗漏 由于我国目前采用的合同文本是按照国内的法律法规制定的合同范本,合同条款常常很不完善,遗漏事项颇多。在监理合同中应有相应条款,明确监理单位和各类专业监理人员的权利和应承担的责任,制定相应的奖惩措施。

(4)管理风险 许多监理单位为了获得监理任务,处处避让业主,使得合同条款有许多不利于自己的地方,如责任远远大于权利和利益。合同实施过程中,监理单位不敢也不善于向业主索赔,对于业主违反合同的行为,不能及时有效地加以制止和反驳。最终,只能自己承担损失。另外,由于合同管理流程设计不合理、信息传递不畅等原因造成的合同管理问题也会导致风险的产生。

7.4.1.2 合同是进行风险管理的工具

合同的基本作用是管理和分配风险,因此,风险管理过程中,在风险完成评估以及相应的决策后,选择适当的合同形式和条文是十分重要的。在建设的初期,项目不确定性程度相当高,运用适当的合同,可以在相当大的程度上消除诸如工作的最终范围、完成工作所需要的时间、分包的工作范围以及生产成本等方面的不确定性。

合同框架是管理法律风险的关键,建设阶段的合同框架需要符合实际、适合项目目标和项目限制条件。因此,合同框架应该从分配和管理风险的角度不断地加以调整。

工程建设的三大目标反映在工程建设参与者之间签订的合同之中,监理工程师应依照合同的约束,对工程质量、进度和费用实施管理并及时按工作程序处理各种问题。其主要内容包括工程分包、工程变更、工程延期、费用索赔、工程计量与支付、工程保险、业主违约和承包人违约等。业主应该按工程进度支付监理费用,但是很多业主根本不按合同条款按期支付,这样就造成监理成本的风险,实际上是合同管理的风险,如果合同条款严格规定支付以及延期支付的条款,会大大降低监理成本回收的风险。

所以在监理工作过程中为防范合同风险,监理必须严格履行合同。合同管理不善是对监理责任风险影响最大的风险因素,严格合同管理,是防范监理行为风险的基础。监理工程师必须树立牢固的合同意识,对于工作中涉及的所有合同,都必须做到心中有数,对自身的责任和义务要有清醒的认识,既要不折不扣地履行自身的责任和义务,又要注意在自身的职责范围内开展工作,随时随地以合同为处理问题的依据,在业主委托的范围内,正确地行使监理委托合同中赋予自身的权力,合理地运用自身掌握的专业技能,谨慎、勤勉地为业主提供服务。

7.4.2　监理人力资源配置

监理主要风险来自人为的因素,遇到风险都由总监理工程师以及专业监理工程师进行决策。并且监理单位主要成本用来支付监理工程师的工资以及福利,所以如何合理地配置监理工程师是预防、控制监理单位风险以及项目监理风险根本的管理措施。

监理单位是技术含量以及管理含量均比较高的单位,再加上目前建设技术与社会的不断发展,对人员的综合素质要求更高,工程建设过程中需要大量专业人员从事管理工作,而作为专业的监理工程师更需要专业齐全、配套,土建工程师、电气工程师、测量工程师、预算工程师等这些对监理企业都是必需的人员配置。这些配置也有着自身的以下特点。

(1)工作时段不固定。比如,材料采购咨询工作主要发生在施工招标投标阶段和施工准备阶段,需要配合业主的工作时间安排,对监理公司来说,事先不清楚确切的发生时间。

另外,很多工作都需要随时配合业主的需要和现场的施工进度,事先根本无法明确工作具体的发生时间。

(2)各专业监理工作量和工作时间不尽相同,有多有少,有长有短,比如测量复核工作的持续时间仅仅为几个小时而已。

(3)对人员综合素质要求高。监理人员的工作特点是要很好地适应单独工作的性质,这样就要求监理工程师的个人素质很高,否则就会影响监理公司的形象,从而影响监理公司在企业中的市场占有率和信誉情况。

根据这些工作的特点,监理企业一般采取设立专业工作组的形式。在这种情况下,如何确定专业工作组的人员数量,以达到同时满足工作需要和人力成本控制的要求,是每个监理企业均须面对的问题。

7.4.3 监理风险防范措施

7.4.3.1 监理职业责任保险

（1）职业责任保险　职业责任保险是指承保各种专业技术人员因工作上的疏忽或过失造成合同对方或他人的人身伤害或财产损失的经济赔偿责任的保险。职业责任保险是以职业责任为保险标的,其保险的标的是无形的物质载体。监理工程师职业责任保险在国内已有开展的先例,随着我国建设监理的发展,推行监理工程师的职业责任保险势在必行,但很多监理单位都没有为监理人员买责任保险。

（2）职业责任保险的保险责任　监理工程师的责任是多方面的,但职业责任保险所针对的仅是职业责任,监理工程师的职业责任保险的内容,主要有以下几个方面。

1）保险只针对监理工程师根据委托监理合同在提供监理服务时由于疏忽行为、错误或失职而造成业主或依赖于这种服务的第三方的损失,这种行为是无意的,且仅仅限于监理工程师专业范围内的行为。

2）职业责任保险的对象不仅包括被保险人及其雇员,而且包括被保险人的前任与雇员的前任,这是其他责任保险所不具备的特色,它体现了专业技术服务的连续性和保险服务的连续性。

3）职业责任保险所承保的责任,通常有两种形式:一是以索赔为基础的承保方式,即保险人仅对在保险期内受害人向被保险人提出的有效索赔负赔偿责任,而不论导致该索赔案的事故是否发生在保险有效期内;不过,保险人为了控制保险人承担的风险无限期地前置,在经营实践中又通常规定一个责任追溯日期作为限制性条款,保险人仅对于追溯日以后保险期满前发生的职业责任事故且在保险有效期内提出索赔的法律赔偿责任负责。二是以事故发生为基础的承保方式,即该承保方式是保险人仅对在保险有效期内发生的职业责任事故引起的索赔负责,而不论受害方是否在保险有效期内提出索赔,它实质上是将保险责任期限延长了。为控制无限延长,保险人亦通常会规定一个后延截止日期。

（3）利用职业责任保险防范风险　监理工程师的职业责任是非常重大的,所面临的风险也是显而易见的。通过市场手段,推行监理工程师职业责任保险来转移其风险,这在国际上是一种通行的办法,对于保障业主及监理工程师的切身利益会起到很好的作用。实际操作中应分清职业责任和其他责任、可保责任和不可保责任的区别,参考其他行业责任保险和国际惯例,确定保险险种和费率,把监理工程师责任保险制度不断完善。

我国保险部门已出台了监理责任险险种及其实施办法,在加强内部监理人员工作责任,避免和减少失职责任、越权行为错误责任和不正当行为责任的同时参与监理专业责任险保险,防范安全事故发生的监理责任。在保险方面,监理企业除了投保监理专业责任险外,还应为监理人员办理工程意外险,并督促检查施工企业依据工程承包合同办理工程险、工程意外险和第三方责任险,减轻施工安全事故发生后的经济损失。同时建立报告制度,对于严重的施工安全隐患采取强硬的监理手段的同时,向建设单位和政府建设安全监督部门报告。

7.4.3.2 总监理工程师风险防范措施

根据总监理工程师负责制的原则,项目总监理工程师是其所在监理单位在工程项目上的代表,行使工程建设监理合同赋予监理单位的权利,并履行合同所规定的义务,全面负责受委托的监理工作。总监理工程师须负责法律、行政法规、部门规章、规范性文件中规定的监理在工程项目管理中应承担的工作,并承担违法、违规的风险,作为监理项目的总负责人还要对监理工程和监理员违法、违规承担领导责任。我国的法律、法规对总监理工程师责任要求过多,工作过重、过细,使得社会上对工程监理的概念更趋误解,不利于我国监理事业与国际惯例接轨。所以总监理工程师应采取以下风险防范措施。

(1)应用信息技术 应用信息技术,及时了解主管部门的文件、条例。现阶段各级行政主管部门建立了各自的网站,每天浏览这些部门发出的通知及文件,可以避免不知道受到处罚。利用计算机管理监理项目部文件,保证监理资料完整。

(2)认真熟悉法律法规,按章办事 法规是监理工作的依据,也是保护自己的依据。总监在工作开展之前,就应认真熟悉法规条文内容,搞清每一条款的含义、相关条款之间的关系。建立项目监理部学习制度,学习定时并要有记录,保证项目监理部成员都了解有关的法律法规及文件内容。

(3)充分利用监理手段 在监理工作中,项目总监除了采用审核、批准等技术手段外,还应根据合同赋予的权力,采取相应的经济手段及合同手段。这主要包括:①下达监理指令;②拒绝签证;③建议撤换;④下达停工令。需要指出的是对较重要的问题,一定要通过书面形式,用"记录在案"的做法,表明自己的看法和意见,并及时抄送业主,必要时要报监理单位及上级行政主管部门。

(4)准确定位,做好协调工作 监理单位是工程建设活动中的第三方,尽管受业主委托,对工程项目实施监督管理,但它不是被业主雇佣、为业主直接服务的附属。项目总监必须有正确的认识,工作中始终牢记自己的位置。监理工作中,总监应加强与业主的联系与沟通,但不能一味迎合与迁就业主,应保持不卑不亢,尤其涉及工程的重大问题,更应表明自己的观点,坚持自己的立场,摆正自己的位置。对于工程承包单位,总监不要陷入具体的技术工作之中,要正确认识监理工作和技术服务的区别,不能以服务代替监理,尤其对于管理水平偏低、技术素质较差的承包单位更应注意这点,不要卷入施工单位的内部管理之中。

(5)提高管理水平 为化解与降低监理工作中可能会遇到的各种风险,项目总监必须做好项目监理机构的组织与管理,充分调动每个监理人员的工作积极性并赋予相应的职责。为此,总监要在监理机构内实行工作质量目标管理,并利用 WBS 法进行责任分解(张贴于办公室),明确岗位职责、工作质量目标、人员责任,将工作质量责任落实到具体人员。对项目监理机构的人员,总监要正确使用、合理安排,加强督促检查和考核,建立检查制度,定期检查监理人员的工作日志及监理工作资料。做到职责清楚、目标明确、责任落实。

7.4.4 建设工程风险对策

风险对策也称为风险防范手段,主要有以下四种对策。

7.4.4.1 风险回避

风险回避是指以一定的方式中断风险源,使其不再发展或发生,从而避免可能产生的潜在损失。例如,某建设工程的可行性研究报告表明,虽然从净现值、内部收益率指标看是可行的,但敏感性分析的结论是对产品价格、经营成本、投资额等均很敏感,这表示该建设工程的不确定性很大,因而决定放弃建造该建设工程。

采用风险回避这一对策时,有时需要作出一些牺牲,但与承担风险相比,可能造成的损失要小得多。例如,某承建商参与某建设工程的投标,开标后发现自己的报价远低于其他承包商的报价,经过仔细分析,发现自己的报价存在严重的误算和漏算,因而拒绝与业主签订合同。这样做虽然投标保证金被没收,但比承包后严重亏损的损失要小得多。

从以上分析可知,在有些情况下,风险回避是最佳选择。在采用风险回避对策时应注意以下问题:

首先,回避一种风险可能会产生另一种新的风险。对于建设工程实施过程,绝对没有风险的情况是不存在的。例如,在地铁工程建设中,采用明挖法施工可能会有支撑失败、顶板坍塌等风险,如果为了回避这一风险采用逆作法施工方案,又会产生地下连续墙失败等其他新的风险。

其次,回避风险的同时也失去了从风险中获得收益的可能性。例如,在涉外工程中,由于缺乏有关外汇市场的知识和信息,为避免承担由此带来的风险,决定选择本国货币作为结算货币,从而也失去了从汇率变化中获益的可能性。

再次,有时回避风险可能不实际。例如,任何建设工程都必然会发生经济风险、自然风险和技术风险,根本无法回避。

总之,虽然风险回避是一种必要的有时甚至是最佳的风险对策,但这是一种消极的风险对策。如果处处回避、事事回避,其结果就是停止发展。因此,应当勇敢地面对风险,适当地运用风险回避其他风险对策。

7.4.4.2 损失控制

损失控制是一种积极主动的风险对策。损失控制可分为预防损失和减少损失两个方面。预防损失措施的主要作用是降低或消除损失发生的概率,而减少损失措施的作用在于降低损失的严重性或者遏制损失的进一步发展,使损失最小化。一般说来,损失控制方案应当是预防损失措施和减少损失措施的有机结合。

为确保损失控制措施取得预期的控制效果,制定损失控制措施必须以定量风险评价的结果为依据。风险评价要特别注意间接损失和隐蔽损失。此外,制定损失控制措施还必须考虑其代价,包括费用和时间两方面的代价。因此,损失控制措施的选择也应当进行多方案的技术经济分析和比较,所制定的损失控制措施应当形成一个周密的、完整的损失控制计划系统。就施工阶段而言,一般应由预防计划、灾难计划和应急计划三部分组成。

(1)预防计划 预防计划的目的在于有针对性地预防损失的发生,其作用主要是降低损失发生的概率,在很多情况下也能在一定程度上降低损失的严重性。在损失控制计划系统中,预防计划的内容最广泛,具体措施最多,包括组织措施、管理措施、合同措施和技术措施。

1)组织措施 组织措施的首要任务是明确各部门和人员在损失控制方面的职责分工,以使各方人员都能为实施预防计划有效地配合;还需要建立相应的工作制度和会议制度,必要时还应对有关人员进行安全培训等。

2)管理措施 管理措施是将不同的风险分离间隔开来,将风险局限在尽可能小的范围内,以避免在某一风险发生时,产生连锁反应,互相牵连,如施工现场平面布置时应将易发生火灾的木工加工厂尽可能布置在远离办公用房位置。

3)合同措施 合同措施除了要保证整个建设工程总体合同结构合理、不同合同之间不出现矛盾之外,还应注意具体条款的严密性,并作出与特定风险相应的规定。

4)技术措施 技术措施是在建设工程过程中常用的预防损失措施,例如地基加固、材料检测等。与其他方面措施相比,技术措施必须付出费用和时间两方面代价,应慎重选择。

(2)灾难计划 灾难计划是一组事先编制好的、目的明确的工作程序和具体措施。在各种严重的、恶性的紧急事件发生后,为现场人员提供明确的行动指南,不至于惊慌失措,不需要临时讨论研究应对措施,可以做到及时、妥善处理,从而减少人员伤亡以及财产和经济损失。

灾难计划是针对严重风险事件来制订的,其内容应满足以下要求:

1)援救及处理伤亡人员;

2)安全撤离现场人员;

3)保证受影响区域的安全,并使其尽快恢复正常;

4)控制事故的进一步发展,尽可能减少资产损失和环境损害。

(3)应急计划 应急计划是风险损失基本确定后的处理计划,其作用是使因严重风险事件而中断的工程实施过程尽快全面恢复,并减少进一步的损失,从而使其影响程度减至最少。应急计划包括的内容有:调整整个建设工程的施工进度计划,要求各承包商相应调整各自的施工计划;调整材料、设备的采购计划,及时与材料、设备供应商联系,必要时应签订补充协议;准备保险索赔依据,确定保险索赔的额度,起草保险索赔报告;全面审查可使用的资金情况,必要时须调整资金计划等。

7.4.4.3 风险自留

风险自留就是将风险留给自己承担,是从企业内部财务的角度应对风险。风险自留与其他风险对策的根本区别在于,它不改变建设工程风险的客观性质,即既不改变工程风险发生的概率,也不改变工程风险潜在损失的严重性。风险自留可分为以下两种类型。

(1)非计划性风险自留 由于风险管理人员没有意识到建设工程某些风险的存在,导致风险发生后只能由自己承担,这样的风险自留就是非计划的、被动的。产生这种情况的原因一般有缺乏风险意识、风险识别错误、风险评价失误、风险决策延误和风险决策实施延误。事实上,对于复杂的建设工程来说,风险管理人员几乎不可能识别出全部的工程风险,因此,非计划性风险自留有时是不可避免的。但风险管理人员应尽量减少风险识别和风险评价的失误,及时作出风险对策决策并及时实施决策,从而避免被动承担重大或较大的工程风险。

(2)计划性风险自留 计划性风险自留是主动的、有计划的,是风险管理人员在经过正确的风险识别和风险评估后作出的风险对策,是整个建设工程风险对策计划的一个组成部分。计划性风险自留不可能单独运用,应与其他风险对策结合使用。

计划性风险自留的计划性主要体现在风险自留水平和损失支付方式两个方面。风险自留水平是指选择哪些风险作为风险自留的对象。损失支付方式是指风险事件发生后,对所造成的损失通过什么方式来支付,常见的损失支付方式有以下几种:从现金净收入中支出、建立非基金储备、自我保险和母公司保险。

计划性风险自留至少要符合以下条件之一才予以考虑。

1) 别无选择 有些风险既不能回避也不能转移,只能自留,是一种无奈的选择。

2) 期望损失不严重 风险管理人员对期望损失的估计低于保险公司的估计,而且根据经验和有关资料,风险管理人员确信自己的估计正确。

3) 损失可准确预测 这实际上是要求建设工程有较多的单项工程和单位工程,满足概率分布的基本条件。

4) 企业有短期内承受最大潜在损失的能力 由于风险的不确定性,在短期内发生最大的潜在损失是有可能的,有时即使设立了自我基金或向母公司保险,已有的专项基金仍不足以弥补损失,需要企业从现金收入中支付。如果企业没有这种能力,可能会受到致命打击。

5) 投资机会好 如果市场投资前景好,则保险费的机会成本就会很大,就不如采取风险自留,将保险费作为投资,以取得较多的回报。

6) 内部优质服务 如果保险公司所能提供的多数服务可以由风险管理人员在内部完成,而且由于他们直接参与工程的建设和管理活动,从而使服务更方便,质量可能也更高。在这种情况下,风险自留是合理的选择。

7.4.4.4 风险转移

风险转移是建设工程风险管理中非常重要的一项对策,可分为非保险转移和保险转移两种形式。

(1) 非保险转移 非保险转移也称为合同转移,因为这种风险转移一般是通过签订合同的方式将工程风险转移给非保险人的对方当事人。建设工程风险最常见的非保险转移有以下三种情况:

1) 业主将合同责任和风险转移给对方当事人。例如,采用固定总价合同将涨价风险转移给承包商。

2) 承包商进行合同转让或工程分包。例如,承包商中标承接某工程后,将该工程中专业技术要求很强而自己缺乏相应技术的工程内容分包给专业分包商,从而更好地保证工程质量。

3) 第三方担保。合同当事人的一方要求另一方为其履约行为提供第三方担保。

与其他风险对策相比,非保险转移的优点主要体现在:一是可以转移某些不可保的潜在损失,如物价上涨、设计变更等引起的投资增加;二是被转移者一般能较好地进行损失控制。但非保险转移的媒介是合同,这就有可能因为双方当事人对合同条款的理解发生分歧而导致转移失败。而且,有时可能因为被转移者无力承担实际发生的重大损失而仍然由转移者来承担损失。

(2) 保险转移 保险转移通常直接称为保险,是指通过购买保险,建设工程业主或承包商作为投保人将应由自己承担的工程风险转移给保险公司,使自己免受风险损失。

在进行工程保险的情况下,建设工程在发生重大损失后可以从保险公司及时得到赔偿,从而保证建设工程实施能不中断地、稳定地进行,最终保证建设工程的进度和质量,也不致因重大损失而增加投资。通过保险还可以使决策者对建设工程风险的担忧减少,从而可以集中精力研究和处理建设工程实施中的其他问题,从而提高目标控制的效果。而且,保险公司可向业主和承包商提供全面而专业的风险管理服务,从而提高整个建设工程风险管理的水平。

保险的缺点表现如下:首先表现在机会成本的增加;其次工程保险合同的内容一般较为复杂,保险合同谈判常常要耗费较多的时间和精力,而且在进行工程保险后,投保人可能产生心理麻痹而疏于损失控制计划,以致增加实际损失和未投保损失。

此外,进行工程保险还须考虑以下几个问题:一是保险的安排方式,也就是说由承包商安排保险计划还是由业主安排保险计划;二是选择保险类别和保险人,一般应通过多家比较后确定;三是可能要进行保险合同谈判,这项工作最好委托保险经纪人或保险咨询公司来完成,但免赔额的数额或比例要由投保人确定。

需要说明的是工程保险并不能转移建设工程的所有风险,一方面有些风险不易投保,另一方面存在不可保风险。因此,对于建设工程风险应将工程保险与风险回避、损失控制和风险自留结合起来。对于不可保的风险,必须采取损失控制措施;即使对于可保风险,也应采取一定的损失控制措施,这样有利于改变风险性质,达到降低风险量的目的,从而改善工程保险条件,节省保险费用。

7.4.5　风险监控

由于在建设项目的实施过程中,监理进行的工作是一动态的过程,所以风险时刻存在,不可能一下子全部把风险识别出来。所以在建设项目监理过程中,还应进行风险监控,它也是风险管理措施的重要方面。

工程项目风险监控不能仅停留在关注风险的大小上,还要分析影响风险事件因素的发展和变化,风险监控的内容具体包括以下几个方面。

(1)风险应对措施是否按计划正在实施;

(2)风险应对措施是否如预期的那样有效,收到显著的效果,或者是否需要制订新的应对方案;

(3)对工程项目建设环境的预期分析,以及对项目整体目标实现可能性的预期分析是否仍然成立;

(4)风险的发生情况与预期的状态相比是否发生了变化,并对风险的发展变化作出分析判断;

(5)识别到的风险哪些已发生,哪些正在发生,哪些有可能在后面发生;

(6)是否出现了新的风险因素和新的风险事件,其发生变化趋势又是如何等。

建设项目应加强风险管理意识,监理是工程参与的重要一方,更应使一些科学的分析、管理方法切实地运用到实际工作中来;从制度上尽可能地把这些方法按程度、有步骤地组织起来;使搜集基础数据资料的工作有目的地进行,使分析计算工作更简便易懂、易于操作;建立起一套各级组织的、科学的、适用的并逐步完善的建设项目风险管理体系。随着我国经济、社会的飞速发展,风险管理的业务活动将在各个部门广泛开展,风险管理这一新兴学科在我国也必将获得蓬勃发展。

  思考题

    1. 监理工程师的风险更多来自哪些方面?

    2. 风险控制的手段有哪些?

    3. 监理工程师如何防止或转移工程风险?

    4. 监理工程师是否能够控制工程所发生的生产风险?

第 8 章　工程管理的发展趋势

8.1　工程管理的范畴

8.1.1　工程管理的基本概念

工程管理从狭义的角度讲可以视为对土木工程的管理,随着科学技术的发展和对管理学科知识的不断深入了解,工程管理的"工程"二字已经不仅仅限定为土木建设工程管理,按照国际惯例和工程科技发展的实际情况,目前应该将工程管理定义到更广泛的工程领域,如软件工程、信息工程、网络工程、环境工程等。

工程管理包括宏观和微观两个方面的概念。从宏观的角度看,工程管理是对一个工程从概念设想到正式运营的全过程的管理,具体包括项目前期(投资机会研究、初步可行性研究、最终可行性研究)、项目实施阶段(勘察设计、招标、采购、施工)和项目使用阶段。从微观的角度看,工程管理是指对各个参与工程建设的单位对工程项目所进行的管理。由于每一个工程就是一个项目管理的单位,因此,习惯上工程管理通常亦被称为项目管理或工程项目管理。从图 8.1 中可以看出,工程管理是对工程项目管理的泛称,而微观工程管理是针对具体项目所实施的管理手段和方法,因而更符合项目管理的定义。

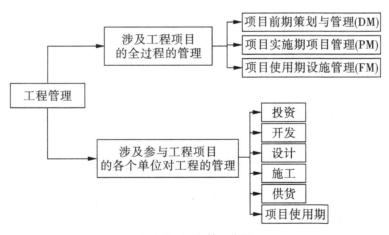

图 8.1　工程管理内涵

建设工程管理或称建设工程项目管理是工程管理中的一个专业领域,在第二次世界大战以后由于大批建设工程的需要,特别是大型工程在工程技术和工程管理方面的复杂程度的提高,促进了工程建设领域技术专业化和管理专业化的发展和相应提高。建设工程项目管理专业化的形成符合工程建设活动市场化的客观规律,符合建设项目一次性的特点,从而显示出其强大的生命力。

8.1.2 项目管理的基本概念

美国项目管理协会(PMI)给出的定义为,项目是为完成某一独特的产品或服务所做的一次性努力。该定义表明,项目是在限定条件下,为完成特定目标要求的一次性任务,是在一定的时间内为了达到特定目标而调集到一起的资源组合。

项目的特点是:①项目的唯一性。没有两个完全相同的项目。②一次性。项目不会重复。③生命周期模式。项目是有起点和终点的。④相互依赖性。项目常与组织中同时进展的其他工作或项目相互作用,项目由多个部分组成。

从以上项目的特点可以看出,项目活动跨越多个组织,因此需要多方合作才能完成;通常是为了追求一种新产品而组织项目;可利用资源预先要有明确的预算;可利用资源一经约定,不再接受其他支援。工程项目管理发展至今,在很大程度上已经不同于过去的管理内容和方法,因此项目管理被分成了传统项目管理和现代项目管理,以示区别。

8.1.2.1 传统项目管理

人们通常认为,项目管理是第二次世界大战的产物(如曼哈顿计划)。在 1950～1980年期间,应用项目管理的主要是国防建设部门和建筑公司。传统的观点认为,项目管理者的工作就是单纯地完成既定的任务。

传统的建设项目管理亦即"设计—招投标—建造"(Design-Bid-Build,DBB)模式,业主将设计、施工分别委托不同单位承担。该模式的核心组织为"业主—咨询工程师—承包商"。目前我国大部分工程项目采用这种模式。这种模式由业主委托咨询工程师进行前期的可行性研究等工作,待项目评估立项后再进行设计,设计基本完成后通过招标选择承包商。业主和承包商签订工程施工合同和设备供应合同,由承包商与分包商和供应商单独订立分包及材料的供应合同并组织实施。业主单位一般指派业主代表与咨询方和承包商联系,负责有关的项目管理工作。施工阶段的质量控制和安全控制等工作一般授权监理工程师进行。传统项目管理的主要内容包括以下四个方面。

(1)范围管理　根据项目的目的,界定项目所必须完成的工作范围并对它进行管理,包括立项、项目范围的计划和定义、范围确认、范围变更控制。

(2)时间管理　给出项目活动的定义、安排和时间估计,制订进度计划并进行控制。

(3)费用管理　确保项目在预算范围之内的管理过程,包括资源和费用的规划、费用预算和控制。

(4)人力资源管理　确保项目团队成员发挥最佳效能的管理过程,包括组织规划、人员招聘和项目团队的组建。一个项目启动后,需要计划、推进、管理等步骤,而项目组的成员需要明确分工、齐心协力、共享信息、协作工作,才能更加高效地完成项目。

8.1.2.2 现代项目管理

从 20 世纪 80 年代开始,项目管理的应用扩展到其他工业领域(行业),如制药行业、电信部门、软件开发业等。项目管理进入现代项目管理阶段,随着全球性竞争的日益加剧,项目活动的日益扩大和复杂性,迫使作为项目业主的一些政府部门与企业,和那些作为项目实施者的政府机构与企业先后投入了大量的人力和物力去研究和认识项目管理的基本原理、开发和使用项目管理的具体方法。特别是进入20世纪90年代以后,随着信息系统工程、网络工程、软件工程、大型建设工程以及高科技项目开发等项目管理新领域的出现,促使项目管理在理论和方法等方面不断地发展和现代化,这使得现代项目管理在这一阶段获得了快速的发展和长足的进步。同时,项目管理的应用领域在这一阶段也迅速扩展到社会生产与生活的各个领域和各行各业,并且在企业的战略发展和日常经营中起到越来越重要的作用。今天,现代项目管理也就成了发展最快和使用最为广泛的管理领域之一。

在传统项目管理的基础上,现代项目管理的内容也有了较大的扩展,增加了以下几点。

(1)质量管理 确保项目满足客户需要的质量,主要包括质量计划、质量保证和质量控制。

(2)沟通管理 确保项目相关信息能及时、准确地得到处理,包括沟通计划的制订、信息传递、过程实施报告和评估报告。

(3)风险管理 确保项目能够成功实现,须进行风险的识别、度量、响应和控制。

(4)采购管理 确保项目所需的外界资源得到满足,包括采购计划、询价、资源选择、合同的管理和终结。

(5)综合管理 确保项目各要素的协调工作,包括项目计划的制订和执行、项目整体变化控制。

现代项目管理所包含的9个内容,构成了美国项目管理协会所指的项目管理知识体系(Project Management Body of Knowledge, PMBOK)。目前,PMBOK已被世界项目管理界公认为一个全球性标准。

8.1.3 项目管理及其特点

8.1.3.1 项目管理的基本特点

项目管理具有以下基本特点。

(1)有明确的目标 任何工程项目都有明确的建设目标,包括宏观目标和微观目标。政府有关部门关注项目的宏观经济效果、社会效益和环境效益等属于宏观目标;而企业重视的项目盈利能力、质量目标、工期目标、投资目标,以及安全文明施工目标等,就是微观条件下的目标。

(2)工程项目具有约束性 包括时间约束,开、竣工的时间及工期的要求;资源约束,人力、设备、材料等资源的条件限制;质量的约束,要达到国家的标准、规范要求;空间的约束,在规定的范围内组织实施。

(3)工程项目具有不可逆性 工程项目建设地点确定,建成后由于一般情况的单一性、施工的单件性、造价高投资大,施工完毕,要想改变非常困难。

(4)项目管理具有复杂性 项目的管理者,在有限的资源约束下,运用系统的观点、方法和理论,利用现有的知识、技能、设备与技术对项目涉及的全部工作进行有效的管理。

即从项目的投资决策开始到项目结束的全过程进行计划、组织、指挥、协调、控制和评价，以实现项目的目标。

（5）项目有其寿命周期 工程项目的生命周期长（表8.1）：工程项目的建设期长，投资回收期长，寿命持续期长。

表8.1 项目生命周期

阶段Ⅰ——可研	阶段Ⅱ——计划	阶段Ⅲ——执行	阶段Ⅳ——完成
确定项目须建立目标	确认项目组织方法	项目实施	帮助项目产品转移
估计投入的资源	制定基本预算和进度	（设计、施工、运行）	转移人力和非人力资源到其他组织
按需要构建项目组织	为执行阶段作准备		培训职能人员
指派关键人员			转移或完成目标
			项目终止

总之，项目管理的特点可概括为：

项目管理的对象是项目或被当作项目来处理的运作；

项目管理的思想是系统管理的系统方法论；

项目管理的组织通常是临时性、柔性、扁平化的组织；

项目管理的机制是项目经理负责制，强调责、权、利的对等；

项目管理的方式是目标管理，包括进度、费用、技术与质量；

项目管理的要点是创造和保持一种使项目顺利进行的环境；

项目管理的方法、工具和手段具有先进性和开放性。

8.1.3.2 我国工程项目管理发展的特点

作为现代管理科学的重要分支学科——工程项目管理，1982年引进到我国，1988年在全国进行应用试点，1993年正式推广，至今已经10多年了。在各级政府、建设主管部门的大力推动和全国工程界的努力实践下，形成了我国工程项目管理的四大特点。

（1）工程项目管理与工程建设管理方式改革相结合 工程项目管理是一种新的工程建设管理方式，这种管理方式与工程建设的目的相一致，是以工程项目为出发点、为中心、为归宿的管理方式，它改变了传统的以政府集中管理为中心的计划管理方式。这一改革极大地解放和提高了我国工程建设的生产力。

（2）工程项目管理与我国建筑市场的建设与发展相结合 我国建筑市场的建设与发展首先是围绕建立合格的市场主体展开的，即形成合格的项目法人（买方）、承包单位（卖方）和监理单位（中介方）。这三者是围绕工程项目管理这个中心联系在一起的，并由此形成了我国工程建设管理体制的四大主要内容：项目法人责任制、招标投标制、工程监理制、合同管理制，这四项制度是围绕工程项目管理实施的。

（3）已经初步形成了我国的工程项目管理"三个一" 即一门工程项目管理学科理论体系、一个工程项目管理方法体系、一大批典型的工程项目管理成功案例。这"三个一"

是我国继续发展工程项目管理的坚实基础。

(4)我国工程项目管理学术活动活跃　在大学里已经将建筑管理工程专业更名为工程管理专业,说明这个专业的培养目标就是造就项目管理人才。在继续教育方面,工程项目管理的教材有全国施工企业项目经理培训教材、全国工程建设监理工程师培训教材、全国工商管理建筑业培训《工程项目管理》教材等。全国从事项目管理研究的学术团体有中国优选法、统筹法与经济数学研究会项目管理学会,中国建筑业协会工程项目管理委员会,中国建筑学会建筑统筹管理分会等。从事工程项目管理学术研究的专家、教授是一支很大的队伍。我国与香港、台湾和国外工程界关于工程项目管理的学术交流活动也很频繁。

8.2　工程建设监理在工程管理中的地位

8.2.1　建设监理与项目管理的区别

工程建设监理是指监理单位受项目法人的委托,根据国家批准的工程项目建设文件,有关工程建设的法律、建设法规和工程建设监理合同及其他工程建设合同,代表业主对工程建设实施的三大目标控制和合同及信息的监督管理。工程项目管理是指项目相关单位对工程项目从事的项目管理。不仅是监理单位,承包商、设计单位、供货单位都可以针对工程项目建设的要求,接受业主的委托,按照双方合约的规定,代表业主对工程项目的实施进行全过程或若干阶段的管理和服务。

正因为二者之间的区别,工程项目管理是项目管理代表业主方,按照双方合约的规定对整个工程项目组织实施管理或服务。而监理企业或公司则是一种有偿的技术技能服务,它不具备项目管理企业更加广泛的职能和职责。而且监理制度推行的本意是随着市场经济的发展,改革原有的建设管理模式,但由于在目前的经济环境下,业主不可能将投资、进度、合同管理等全部交给监理方去进行管理,而国家的政策法规又规定建设单位必须委托监理单位才能实施工程,因此,业主往往将工程项目管理全过程中的质量管理交给监理公司来进行。随着近几年对建筑安全监管的重视,各地均发文要求监理也要对安全负监管责任。这一系列的定位、职责的界定和服务范围的划分,使工程监理和工程项目管理之间存在着差距。

8.2.2　监理单位为业主的服务

根据《中华人民共和国建筑法》第三十二条,将建设工程监理定位为代表业主,对承包单位在施工质量、建设工期和建设资金使用等方面实施监督管理。所以,建设工程监理单位就是受建设单位的委托,依照法律法规及有关的技术标准、设计文件和合同实施监理。建设单位是建设工程监理的唯一服务对象。由于建设工程项目管理不单纯是施工企业的项目管理,在建筑业中,项目参与各方都需要项目管理,如建设单位方项目管理、设计方项目管理、施工方项目管理、供货方项目管理等。但由于建设单位是建设工程项目生产过程的总集成者和总组织者,因此建设单位方的项目管理是一个项目的项目管理核心,若其缺乏项目管理经验,可委托专业的项目管理公司或监理公司提供项目管理服务,扩展监理单位为业主的服务范围。甚至没有或者缺乏项目管理经验的施工单位或者设计单位,也可委托专业的监理公司为其提供项目管理咨询服务。

8.2.3　建设监理的工作目标

工程建设监理的中心工作是对工程项目建设的目标进行控制,即对投资、进度和质量目标进行控制。监理工作的好坏主要是看能否将工程项目置于监理工程师的控制之下。监理的目标控制是建立在系统论和控制论的基础上的。从系统论的角度认识工程建设监理的目标,从控制论的角度理解监理目标控制的基本原理,对工程建设项目实施有效的控制是有意义的。

8.2.3.1　监理目标

目标是指想要达到的境地或标准。对于长远总体目标,多指理想性的境地;对于具体的目标,多指数量描述的指标或标准。监理目标即监理活动的目标,是具体的目标,它除了具有目标的一般含义,还有监理的含义。

工程建设监理是监理工程师受业主的委托,对工程建设项目实施的监督管理。由于监理活动是通过项目监理组织开展的,因此,监理目标首先是相对于项目监理组织而言的,监理目标也就是监理组织的目标。监理组织是为了完成业主的监理委托而建立的,其任务是帮助实现业主的投资目的,即在计划的投资和工期内,按规定质量完成项目,监理目标也应是由工期、质量和投资构成的具体标准。其次,监理目标是监理活动的目的和评价活动效果(标准)的统一,监理活动的目的是通过提供高智能的技术服务,对工程项目有效地进行控制,评价监理工作也只能是用对质量、投资、进度的具体标准加以说明。再次,监理目标是在一定时期内监理活动达到的成果,这一定的时期,指的是业主委托监理的时间范围。最后,监理目标是指项目监理组织的整体目标。监理组织的每个部门乃至每个人的目标都有所不同,但必须重视整体目标意识。

8.2.3.2　监理目标系统

由于监理目标不是单一的目标,而是多个目标,强调目标的整体性以及这些不同目标之间的联系就显得非常重要。这就需要从系统的角度来理解监理目标。

系统论是从“联系”和“整体”这两个最普遍、最重要的问题出发,为各种社会实践活动提供了科学的方法论。无论是目标体系的建立,还是实施过程中的协调与控制,系统理论都可起到指导作用。

用系统论的观点来指导建设监理工作,首先就是要把整个监理目标作为一个系统(建设监理目标系统)来看待。所谓系统,是指诸要素相互作用、相互联系,并具有特定功能的整体。这一概念有要素、联系和功能三个要点。要素是指影响系统本质的主要因素,一个系统必须有两个以上相互联系、相互作用的要素,才能构成系统。联系即要素之间相互作用、相互影响、相互依存的关系。由于要素之间的联系形式与内容较要素抽象,不易察觉,而且不同的联系又会产生不同的效能,因此研究联系比认识要素更加复杂、更加重要。功能是系统的本质体现,是指系统的作用和效能。系统的功能要以各要素的功能为基础,但不是要素功能的简单相加,而是指要素经联系后所产生的整体功能。对系统进行研究和用系统理论指导实践时,必须把着眼点和注意力放在整体上。

建设监理目标系统可划分为三个要素,即投资目标、进度目标和质量目标。三者之间有着一定的联系。该系统的功能是指导项目监理组织开展监理工作。

系统理论有一系列的指导原则,这些原则应用于建设监理目标系统,可以说明投资、进度、质量这三大目标的关系。

系统的一个指导原则是整分合原则,即整体把握、科学分解、组织综合。整体把握,是由系统的本质特性决定的,它告诉人们办事情必须把握住整体,因为没有整体也就没有系统;科学分解,是从目标系统的设计和控制的角度提出要求,通过分解,可以研究和摘清系统内部各要素之间的相互关系;组织综合,就是经过分解后的系统在运行过程中,必须回到整体上来。对于监理目标系统,该原则指导人们必须从整体上把握项目的投资、进度和质量目标,不能偏重于某一个目标;而在建立目标系统时,则应对目标进行合理的分解,即使是对进度、投资和质量子目标,也应如此,以有利于进行目标的控制。而监理组织的各部门、各单位都要按总体目标来指导工作。如进度目标的控制部门,在采取措施控制进度目标时,必须考虑到采取这些措施对目标整体的影响,如对质量、投资目标的影响。

系统的相关性原则主要揭示了各要素之间的关系。既然系统是诸要素构成的整体,要素之间必然存在各种相互关系,而这些关系正是系统赖以存在的基础;如果要素之间的联系没有了,系统也就解体了。因此,任何一个要素在系统中的存在和有效运行,都与其他要素有关,某一个要素发生变化,其他相关要素也必须作相应变化,才能保证系统整体功能优化。相关性原则对于认识建设监理目标系统中各子目标的关系,有着重要的指导意义。

(1)投资控制监理工作目标　根据监理合同,投资控制目标是工程总造价不超过合同总价,防止不必要的工程索赔。

(2)进度控制监理工作目标　进度控制的目标是达到合同要求的关键工期和总工期。监理工作服务期直到工程缺陷责任期结束为止。

(3)质量控制监理工作目标　即工程质量达到施工承包合同约定的质量标准要求。

8.3　工程管理的发展趋势

随着项目管理理论与实践的不断发展,项目管理者不再被认为仅仅是项目的执行者,而是要求他们能胜任其他各个领域的更为广泛的工作,同时具有一定的经营技巧。美国项目管理学会已提出了关于一个有效的专业项目管理者必须具备的几个方面的基本能力:①范围管理;②人力资源管理;③沟通管理;④时间管理;⑤风险管理;⑥采购管理。

8.3.1　国外"6个重视"的项目管理特征

项目管理作为国外咨询市场的一个重要组成部分,无论是政府项目投资、组织和个人项目投资,项目管理公司都深入参与项目全过程。国外的项目管理有"6个重视"的特征。

(1)重视体系　项目投资绝大多数具有投资额大、建设周期长、建设环境复杂的特征,从方便控制的角度,根据项目管理生命周期特征,项目管理公司把项目从管理上分成若干个可控制的步骤,如项目设立和计划、组织和交流、采购和合同、设计、费用、时间、质量、风险、价值进度等若干管理流程,并把每个流程设计成若干个子流程,针对每个子流程制定实施和控制步骤,预先制定专家方案,努力使管理工作能够量化到指标上。通过这样的方法,既能保证项目在专家的管理控制下,又能使复杂的管理方案明确到可以实施的步骤和过程,也有利于业主和管理公司内部考评项目方案和管理绩效,避免项目管理工作方案和实践脱离的风险。

(2)重视目标　项目管理就是要完全实现业主的建设目标。这里所说的目标是指项目管理中围绕这个总体目标制定的在管理中体现出来的控制目标,这样的目标不是空洞的、抽象的目标,而是可以实施的、明确的目标,每个目标就是项目建设过程中要实现的价值或者要控制的风险,这样的目标要具体到时间和预算的框架中,使业主能够根据管理的建议作出正确的决策。

(3)重视交流　任何项目都是在一个特定的环境中建设的,根据业主构成特征和项目所在工业范围,项目将要和政府、投资人、建设人及社会大众发生千丝万缕的联系,这里涉及的每个环节和联系都可能对项目建设周期和成本发生潜在的影响,有的直接影响到项目建设的总体目标。在国外,项目管理公司通常把交流分为内部交流和外部交流,内部交流指项目管理团队、项目合同人及业主之间和他们自己内部的交流;外部交流指项目和政府、行业、项目未来的消费者及广大社会的交流。项目管理公司要针对每个交流环节制定交流方案,设立交流的控制流程,并建立信息传递和存储,使这些方案都能围绕项目建设的总体要求。

(4)重视评价　这里所说的评价是指对项目管理方案的回顾,也包括在项目实施过程中对每个管理环节和步骤进行审计。通常包括项目经理回顾和审计、公司回顾和审计、外部独立人的回顾和审计。审计人根据管理目标对管理环节进行审核和评价,主要是考核计划制订的科学性和针对性、计划实施的效率性,并提出问题和解决方案。通过这样的评价来保证项目在可控的目标下运行。

(5)重视风险　风险作为项目管理目标最具破坏性的因素,一直是项目管理中要重点控制的对象。项目管理公司一般对项目的每个环节都召集专家听取意见,把项目实施中可能出现的风险尽可能地找出来,针对每个风险因素提出解决或者应急方案,同时对风险可能造成的影响以及成本进行先评估,并列入项目预算成本。

(6)重视价值　这里所说的价值管理并不是指对项目的预算进行管理控制,而是指通过管理如何给客户带来额外管理价值。

总之,重视风险管理和重视价值管理目标都是一样的,通过剔除风险减少成本,通过价值管理给业主带来收益,以最大限度地实现业主的建设目标。

8.3.2　建设项目开发的主要模式

业主方更多地希望设计和施工紧密结合,倾向"设计+施工"(Design+Build,或称Design+Construction,即我国所称谓的项目总承包)的方式发包;希望建筑业提供形成建筑产品的全过程的服务,包括项目前期的策划和开发以及设计、施工,以至物业管理。

建筑业的服务对象是业主(无疑,包括代表国家投资、地方政府投资和国有企业投资

224

的业主以及私有企业、私人投资的业主)。全球业主对建筑业的要求和期望越来越高,希望建筑业产品的成本逐步降低、建筑产品的质量逐步提高、建筑产品和生产过程的确定性不断提高。这些要求将促进建筑业的变化和发展。不同的业主对管理模式的需求应运而生,例如 PFI 建设模式将成为全球政府建设项目开发的重要模式。

(1)PFI 模式　即 Private Finance Initiatives,其中 Private 为私人的,Finance 为资金,Initiative 为发端、创始,在尚无确切的中文译名前,暂称其为 PFI 建设模式。其含义是用私有资金(民间资金)来开发,实施建设项目。PFI 是个总概念、总模式,它涵盖了 BOT(Build-Operate-Transfer)和 BOOT(Build-Own-Operate-Transfer)等模式。

(2)D+D+B 模式　业主方对承发包模式需求变化的新模式 D+D+B(Develop+Design+Build),即承包方负责项目前期决策阶段的策划和管理+设计+施工。

(3)D+B+FM 模式　D+B+FM(Design+Build+Facility Management),即设计+施工+物业管理。

(4)F+P+D+B+FM 模式　F+P+D+B+FM(Finance+Procure+Design+Build+Facility Management),即融资+采购+设计+施工+物业管理。

(5)Program Management 模式　Program Management,负责整个建设项目前期决策阶段和项目实施阶段的全部管理工作。

建设工程项目管理相比于建设工程监理在服务对象、业务范围、行业准入等方面有了较大的扩展和延伸,是一种较为灵活的操作管理模式,可以根据建设单位的需求提供订单式的服务,以满足不同客户的不同需求。

从某种程度上说,建设工程项目管理代表了工程监理今后的发展方向。因此应鼓励和支持有条件的监理企业向工程项目管理企业过渡,以适应自身的发展和市场的需要。

 思考题

1.项目管理的特征有哪些?

2.项目管理与工程监理有什么不同?

3.D+D+B 模式可用于哪些类型的工程?

第9章 建设监理案例

9.1 建设工程监理文件的构成

建设工程监理文件由建设工程监理大纲、监理规划和监理实施细则构成。

9.1.1 建设工程监理大纲

监理大纲又称监理方案,它是监理单位在业主开始委托监理的过程中,特别是在业主进行监理招标过程中,为承揽到监理业务而编写的监理方案性文件。监理大纲有以下两个作用:一是使业主认可监理大纲中的监理方案,从而承揽到监理业务;二是为项目监理机构今后开展监理工作制定基本的方案(另外,监理大纲还是监理规划的编写依据)。监理大纲应该包括如下主要内容:

(1)拟派往项目监理机构的监理人员情况介绍。

(2)拟采用的监理方案。包括项目监理机构的方案、三大目标的具体控制方案、合同的管理方案、组织协调的方案等。

(3)将提供给业主的监理阶段性文件。

监理大纲是在总监理工程师的主持下编制,经监理单位技术负责人批准,用来指导项目监理机构全面开展监理工作的指导性文件。

9.1.2 监理规划

监理规划是监理单位接受业主委托并签订委托监理合同之后,在项目总监理工程师的主持下,根据委托监理合同,在监理大纲的基础上,结合工程的具体情况,广泛收集工程信息和资料的情况下制定,经监理单位技术负责人批准,用来指导项目监理机构全面开展监理工作的指导性文件。

从内容范围上讲,监理大纲与监理规划都是围绕着整个项目监理机构所开展的监理工作来编写的,但监理规划的内容要比监理大纲更翔实、更全面。

9.1.3 监理实施细则

监理实施细则又简称监理细则,其与监理规划的关系可以比作施工图设计与初步设计的关系。也就是说,监理实施细则是在监理规划的基础上,由项目监理机构的专业监理工程师针对建设工程中某一专业或某一方面的监理工作编写,并经总监理工程师批准实施的操作性文件。其作用是指导本专业或本子项目具体监理业务的开展。

9.1.4　三者的关系

三者之间存在着明显的依据性关系:在编写监理规划时,一定要严格根据监理大纲的有关内容来编写;在制定监理实施细则时,一定要在监理规划的指导下进行。

9.2　监理规划的编写与审核

监理规划应在签订委托监理合同,收到施工合同、施工组织设计(技术方案)、设计图纸文件后一个月内,由总监理工程师组织完成该工程项目的监理规划编制工作,经监理公司技术负责人审核批准后,在监理交底会前报送建设单位。

监理规划的内容应有针对性,做到控制目标明确、措施有效、工作程序合理、工作制度健全、职责分工清楚,对监理实践有指导作用。监理规划应有时效性,在项目实施过程中,应根据情况的变化作必要的调整、修改,经原审批程序批准后,再次报送建设单位。

9.2.1　监理规划的作用

建设工程监理规划有以下几方面作用:

(1)指导项目监理机构全面开展监理工作;

(2)它是建设监理主管机构对监理单位监督管理的依据;

(3)它是业主确认监理单位履行合同的主要依据;

(4)它是监理单位内部考核的依据和重要的存档资料。

9.2.2　编制监理规划的依据

建设工程监理规划编写的依据有以下几种。

(1)工程建设方面的法律、法规　工程建设方面的法律、法规具体包括三个层次:

①国家颁布的工程建设有关的法律、法规和政策;

②工程所在地或所属部门颁布的工程建设相关的法律、法规、规定和政策;

③工程建设的各种标准、规范。

(2)政府批准的工程建设文件　包括政府建设主管部门批准的可行性研究报告、立项批文以及政府规划部门确定的规划条件、土地使用条件、环境保护要求、市政管理规定等。

(3)建设工程监理合同

(4)其他建设工程合同

(5)监理大纲

9.2.3　监理规划编写的要求

(1)基本构成内容应当力求统一　监理规划基本构成内容的确定,应考虑整个建设监理制度对建设工程监理的内容要求和监理规划的基本作用。

(2)具体内容应具有针对性　每一个监理规划都是针对某一个具体建设工程的监理

工作计划,都必然有它自己的投资目标、进度目标、质量目标,有它自己的项目组织形式和项目监理机构,有它自己的目标控制措施、方法和手段以及信息管理制度和合同管理措施。

(3)监理规划应当遵循建设工程的运行规律　监理规划要随着建设工程的展开进行不断的补充、修改和完善,为此,需要不断收集大量的编写信息。

(4)项目总监理工程师是监理规划编写的主持人　监理规划应当在项目总监理工程师主持下编写制定,要充分调动整个项目监理机构中专业监理工程师的积极性,要广泛征求各专业监理工程师的意见和建议,应当充分听取业主的意见,还应当按照本单位的要求进行编写。

(5)监理规划一般要分阶段编写　监理规划编写阶段可按工程实施的各阶段来划分,例如,可划分为设计阶段、施工招标阶段和施工阶段。监理规划的编写还要留出必要的审查和修改的时间。

(6)监理规划的表达方式应当格式化、标准化　为了使监理规划显得更明确、更简洁、更直观,可以用图、表和简单的文字说明编制监理规划,从而体现格式化、标准化的要求。

(7)监理规划应该经过审核　监理单位的技术主管部门是内部审核单位,其负责人应当签认。

9.2.4　监理规划的审核

监理规划审核的内容主要包括监理范围,工作内容及监理目标,项目监理机构结构,监理工作计划,投资、进度、质量控制方法,监理工作制度审核。

9.2.5　监理规划的主要内容

施工阶段建设工程监理规划通常包括以下内容。

(1)建设工程概况　包括建设工程名称、地点、工程组成及建筑规模、主要建筑结构类型、预计工程投资总额、计划工期、工程质量要求、设计单位及施工单位名称、项目结构图与编码系统。其中,预计工程投资总额可以按建设工程投资总额和建设工程投资组成简表编列;建设工程计划工期以建设工程的计划持续时间或以开、竣工的具体日历时间表示。

(2)监理工作范围　监理工作范围是指监理单位所承担的监理任务的工程范围。

(3)监理工作内容　监理工作内容可按建设工程的阶段编写。

(4)监理工作目标　通常以建设工程的投资、进度、质量三大目标的控制值来表示。

(5)监理工作依据　包括工程建设方面的法律、法规、政府批准的工程建设文件、建设工程监理合同、其他建设工程合同。

(6)项目监理机构的组织形式　项目监理机构的组织形式应根据建设工程监理要求选择,用组织结构图表示。

(7)项目监理机构的人员配备计划　项目监理机构的人员配备应根据建设工程监理的进程合理安排。

（8）项目监理机构的人员岗位职责

（9）监理工作程序　可对不同的监理工作内容分别制定监理工作程序。

（10）监理工作方法及措施　建设工程监理控制目标的方法与措施应重点围绕投资控制、进度控制、质量控制这三大控制任务展开。三大目标控制的共同内容有风险分析、工作流程与措施、动态比较（或分析）、控制表格；合同管理与信息管理的共同内容是分类、工作流程与措施以及有关表格。

投资控制要按建设工程的投资费用组成，按年度、季度，按建设工程实施阶段，按建设工程组成分解投资目标并编制投资使用计划。进度控制还要编制建设工程总进度计划并将总进度目标分解为年度、季度进度目标，各阶段的进度目标和各子项目进度目标。质量控制要对设计质量、材料质量、设备质量、土建施工质量、设备安装质量等的控制目标进行描述。合同管理要用图的形式表示合同结构，明确对合同执行状况的动态分析，制定合同争议调解与索赔处理程序。管理要明确机构内部的信息流程。组织协调主要是明确需要协调的有关单位和协调工作程序。

（11）监理工作制度　应对施工招标阶段和施工阶段的经常性工作制定相应的制度并制定项目监理机构内部工作制度。

（12）监理设施　应明确规定由业主提供的满足监理工作需要的设施以及由监理单位配备的满足监理工作需要的常规检测设备和工具。

（13）安全监理措施　应明确执行《建筑工程安全生产管理条例》的组织措施，督促施工单位建立安全生产责任制和安全交底的措施，审核施工方案中的安全技术措施，落实各项安全检查的措施等一系列制度，以及发现安全隐患和安全事故的报告程序。对于重大危险源的识别和专项施工方案以及安全技术措施进行专家论证的审批要严格按规定审批认可。

在监理工作实施过程中，如实际情况或条件发生重大变化而需要调整监理规划时，应由总监理工程师组织专业监理工程师研究修改，按原报审程序经过批准后报建设单位。

9.3　工程建设监理实施细则

对于中型及以上技术复杂、专业性强的工程项目应编制"监理实施细则"，监理实施细则应符合监理规划的要求，并结合专业特点，做到详细、具体，具有可操作性，监理实施细则也要根据实际情况的变化进行修改、补充和完善，内容主要有专业工作特点、监理工作流程、监理控制要点及目标值、监理工作方法及措施。

9.3.1　工程项目监理实施细则的编制程序

监理实施细则的编制程序应符合下列规定：

（1）监理实施细则应在相应工程施工开始前编制完成；

（2）监理实施细则应由专业监理工程师编制；

（3）监理实施细则必须经总监理工程师批准。

9.3.2　工程项目监理实施细则的编制依据

工程项目监理实施细则的编制依据有：
(1)已批准的监理规划；
(2)与专业工程相关的标准、设计文件；
(3)施工组织设计；
(4)监理合同、施工合同、有关政府部门文件以及建设单位的要求。

9.3.3　监理实施细则主要控制内容

监理实施细则主要控制内容如下：
(1)专业工程的特点；
(2)监理工作的流程；
(3)监理工作的控制要点及目标值；
(4)监理工作的方法及措施。
在监理工作实施过程中,监理实施细则应根据实际情况进行补充、修改和完善。

9.4　建设监理案例

9.4.1　案例一　某工程监理大纲的编制

某职工住宅楼工程

监理大纲

某监理公司
年　月　日

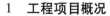
第一节　工程概况

1　工程项目概况

1.1　工程项目名称

职工集资楼工程。

1.2　工程项目地点

某市。

1.3　工程项目组成、结构、规模

职工集资楼工程共8栋,均为6层砖混结构,总建筑面积4万平方米,已具备开工条件。

1.4　现场条件

建设单位施工前期的准备工作业已就绪,建设资金已落实。

1.5　质量标准要求

工程质量达到合格。

2　监理工作内容及工作目标

根据国家、省、市相关规范、规程和规定,并结合业主招标文件的要求,本工程监理工作的内容为:施工图范围内的所有建筑工程,自工程施工准备(含施工图审查)开始至工程竣工验收、工程缺陷期结束期间全过程、全方位的监理工作。工程缺陷期的监理工作按照国家有关规定执行。

监理工作目标如下:

(1)质量监控目标　通过监理工程师对原材料和施工过程中的事前、事中、事后的严格控制,确保合同约定标准。

(2)工期监控目标　以业主与施工单位签订的合同工期为准,分析工程特点,协助施工单位制订合理可行的总进度计划和阶段计划;协调设计、施工和材料设备供应单位之间的关系,将工期控制在约定的范围内。

(3)投资控制目标　公正、科学、及时地核算工程实物量,实事求是地按规定审核工程签证,预防并严格控制工程索赔,控制在批准的概算范围内。

第二节　质量控制的措施和方法

1　原材料质量控制的措施和方法

1.1　原材料质量控制的监理工作内容、原则、方法和程序

1.1.1　原材料质量控制的监理工作内容

按照国家、省、市的相关规范、规程和规定,并结合工程的特点,原材料质量控制的内容可分为:

(1)材料供应商的选择,材料供应体系的建立;

(2)施工单位的材料供应计划;

(3)原材料的采购过程控制;

(4)材料进场的控制;

（5）实验室资质审查；

（6）不合格材料的处置。

1.1.2 原材料质量控制的监理工作原则

材料（包括原材料、成品、半成品、构配件）是工程施工的物质条件，材料质量是工程质量的基础，材料质量不符合要求，工程质量也就不可能符合标准。所以加强材料的质量控制，是提高工程质量的重要保证。由于原材料在整个工程中的特殊性，一旦有不合格的材料用于工程，轻则返工，给业主和施工单位的经济和人力、物力造成不必要的浪费，同时也延误工期。重则造成质量隐患。为此，原材料质量控制应坚持预防为主、严格过程控制的原则。遵照国家规范，凡进场的材料必须三证齐全，用于重要部位的材料必须送具备相应资质的第三方检测单位进行检测，合格后方可投入使用。对于证件不齐全或复试不合格的材料坚决不予进场、不予使用。

1.1.3 原材料质量控制的监理工作方法

工程材料的质量好坏，直接影响着整个建筑物质量等级、结构安全、外部造型和建成后的使用功能等。在实际工作中做好原材料的质量控制是项目监理工作中一个至关重要的内容。

（1）建立健全质量保证体系，加强合同管理 由于工程材料的质量低劣造成的工程质量事故和损失往往是非常严重并难以弥补和修复的，因此，工程中必须尽力避免发生此类问题，防患于未然。在材料的质量监理中，首先要求施工单位建立健全质量保证体系，使施工企业在人员配备，组织管理，检测程序、方法、手段等各个环节上加强管理，同时在施工承包合同和监理委托合同中要明确对材料的质量要求和技术标准，并明确监理方在材料监理方面的责任、权限以及建设单位的要求。在我们的监理委托合同中有关材料监理的内容是相似的，即监理方有权对材料进行必要的抽检，施工单位要在监理方的监督下，同时取样和试（化）验工作。在项目实施过程中，严格按合同办事，加强合同管理，以合同为依据，始终坚持施工单位自检和监理方独立抽、复检相结合，以施工单位自检为主，以监理方的复检作为评定自检结果的标准，同时还坚持目测和检测相结合、抽检和监测相结合、直接控制和间接控制相结合。改变过去只有施工单位自检为准，而没有第三方监督管理的状况。这样可以防止不合格的材料用于工程，保证了工程建设质量。

（2）明确材料监理程序，制定材料监理细则 作为国际惯例的建设监理制度引入我国，尚未形成规范的管理模式，因此在工程项目实施监理的过程中要使参建各方明确监理工作的性质、方法以及监理工作程序。具体做法就是针对每个工程实际情况，制定详细的材料监理规划和细则，明确材料监理程序。在材料监理细则中，明确材料监理工程师的职责、工作方法、步骤、手段以及对材料的质量要求和保证质量应采取的措施等。在材料监理过程中，监理工程师则严格按材料监理规划、细则开展工作，使材料监理工作逐步走向正规化的轨道。

（3）审核施工单位材料计划 如果我单位中标，在监理部进场开展工作后，首先要了解施工单位的材料总体计划，并审核其是否满足施工总进度的要求，对发现的问题提出改进建议，使材料总体计划与施工进度相一致。在此基础上，每月25日前，要求施工单位应向监理方提交下月的材料进场计划，包括进货品种、数量、生产厂家等，材料监理工程师根据工程月进度计划予以审核，使材料进场计划符合工程进度要求。

（4）材料采购的质量监理 由于建筑材料市场供求关系变化较大，个别特殊建材供不应求,有可能出现以次充好的现象,因此,凡是对计划进场的材料,监理方都要会同施工单位对其生产厂家资质及质量保证措施予以审核,并对订购的产品样品要求其提供质保书,根据质保书所列项目对其样品质量进行再检验。样品不符合规范、标准的,不能订购其产品。

(5)进场材料的质量监理 在材料监理实施细则中,明确提出要加强现场原材料的试(化)验工作。例如:对工程中使用的钢筋、水泥要求有出厂质保书,砂石、砖等要具有材质试验单,施工用水要有水质化验报告等,以掌握其技术参数资料。同时在监理委托合同中明确规定:为提高试(化)验数据的可靠性、准确性,确保工程质量,甲方同意监理方独立对国家建设部颁发的《建筑安装工程质量检验评定标准》中明确规定的质量保证内容进行必要的检查检验,施工单位的检验工作可在三方商定的具有相应实验资质的试验室中进行(主管部门有更高要求的,按主管部门要求)。监理方应与施工单位同步进行材料的取样和试(化)验工作,监理方负责提供准确、可靠的检验结果,当监理方提供的检验结果与施工单位的试验结果不相一致时,以监理方所提供的检验结果作为标准。监理方在对现场材料的质量监理中,应严格按照材料质量监控流程,严格按照国家规范、标准、设计文件、合同及材料监理细则办事。

几种主要材料的质量监理方法如下。

1)钢筋、水泥 钢材市场供货单位繁多,个别小厂供货质量难以保证,且随着季节的变化,有时钢材会供不应求,施工单位难以做到大批量进货,针对来料的多源头、多渠道,对进场的每批钢筋、水泥,要求施工单位分批、分品种堆放、储存,并及时提供出厂合格证。在此基础上,对每批钢筋均要求做机械性能试验,特殊部位所用钢筋或进口钢筋要另做化学成分分析试验。

水泥要求做强度、安定性等试验,并进行现场监督取样。未经检验的材料,不允许用于工程;质量达不到要求的材料,及时清退场外。

2)钢筋焊接制品 绝大多数进场钢筋均要进行现场加工后方可用于工程,如钢筋焊接、成型、张拉等。下面仅以钢筋对焊为例谈谈焊接制品的质量监理。钢筋验收合格后,监理方可通知施工单位进行加工。在施工之前,要求施工单位提供其内部质量保证体系、技术措施交底、质量监控程序等,监理方进行审核,并要求施焊人员必须具有焊工上岗证,杜绝无证人员上岗施焊。对待有焊接操作上岗证的人员,要求对不同品种、不同焊接工艺的钢筋接头,先做焊接试件,试件经检验合格,方可施焊。对焊接成品的质量检查是监理工作的重点,除施焊前对试件进行合格试验之外,对成品的质量监理要按监理方确认的监控程序进行。具体做法是:目测和检测相结合,首先从外观上,对如轴线位移、弯折角度、裂纹凹坑、烧伤等进行检查,随后作随机抽样,坚持每200根接头取一组样品进行试验,并且始终坚持抽测时间与材料加工进度基本吻合,发现不合格焊接头,退回施工单位,并分析原因,改进技术措施,然后重新焊接,使之全部达到规范、标准的要求,并严格按《建筑安装工程质量检验评定标准》进行验收。

3)混凝土 混凝土是工程中使用最为普遍的加工材料,它的质量不仅涉及各种原材料的质量,而且影响建筑物的工程质量。影响混凝土的因素很多,诸如各种组成材料的计量、配合比、搅拌、运输、振捣、养护等一系列环节,均是影响混凝土质量的重要因素,因此,材料监理的一大内容便是对混凝土的质量监理。在混凝土的质量监理中,必须要在水泥、砂、石、水、外加剂等均满足质量要求的前提下,首先审核混凝土的配合比是否正确,用于计量的各

234

种表具、量具等是否俱全,搅拌时间是否适中,运输中是否发生离析,振捣、养护、试块留置等各环节均有施工人员专管,对于大体积混凝土、重要结构必须采用自动计量设备或采用商品混凝土,并严格按照监理方提出的质量监控图进行。哪一道工序不符合规范、标准要求,立即通知施工单位质检人员组织整改,加强管理。在混凝土浇筑过程中,严格按照国家相关部门下发的旁站监理规定进行旁站监理,对后台上料、搅拌、出料质量、振捣以及混凝土试块留置等均设专人管理,层层把关。根据现场配合比和砂、石的含水率,随时调整搅拌用水量,并随时检测计量设备的计量准确度,发现偏差,立即通知施工单位加以整改。如果本工程使用的是商品混凝土,则要求商品混凝土厂家事先提供该单位的相关资质材料,审核其是否具备承担本工程混凝土供应的资质和能力,并根据工程实际设计要求提供配合比。在施工过程中严格按照规范规定,检查每一车砼的观感质量和随车料单,并留置试块。

(6)试验室资质检查 上文提到,材料的试(化)验在监理方监督下现场取样,在三方商定的具有相应实验资质的试验室中进行检验。重要的是保证实验室的资质水平和实验数据的准确可靠。监理方审核通过的检验单位要具有国家认可的试验资质,只有在符合要求后,方可开展工作。在我公司多年的监理工作中,我们深深体会到:对工程材料的质量监理要采取目测和检测相结合,抽检和检验相结合,直接控制和间接控制相结合;严格遵循监理程序,加强合同管理,以监为主,监、帮、促相结合,方可确保工程材料质量,为有效地控制工程质量奠定基础。

1.1.4 原材料质量控制的监理工作程序

原材料质量控制的监理工作程序见图9.1。

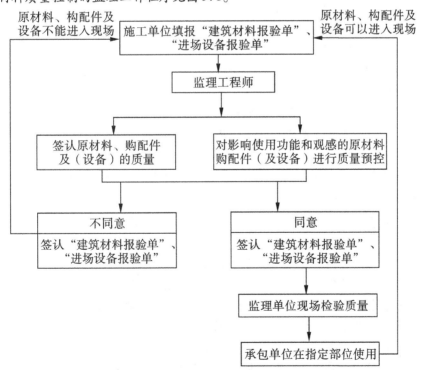

图9.1 原材料质量控制的监理工作程序

1.2 原材料质量控制的监理技术、组织、经济及合同措施

1.2.1 原材料质量控制的监理技术措施

(1)在材料订货前,承包单位必须事先经监理工程师认证同意。

(2)对于工程的主要材料,监理工程师在进场时必须检查其正式的出厂合格证和材质化验单。如不具备或对检验证明有怀疑时,应补做检验。

(3)对主要装饰材料及建筑配件,监理工程师应在订货前要求厂家提供样品或看样订货。

(4)监理工程师应对问题材料进行抽检或全部检验。

(5)监理工程师对于现场配制的材料事先提出试配要求,经试配检验合格后方能允许承包单位使用。

(6)对于高压电缆、电压绝缘材料进行耐压试验。

(7)对新材料的应用,必须通过试验和鉴定;代用材料必须通过计算和充分的论证,并符合结构构造的要求。

1.2.2 原材料质量控制的监理组织措施

(1)组织并落实专门的监理机构人员负责材料质量控制,按有关要求对材料质量进行严格的监控。

(2)协助承包单位合理地、科学地组织材料采购、加工、储备、运输;建立计划、调度、管理体系。

(3)健全现场材料管理制度;按定额计量使用材料,加强运输、仓库、保管工作。

1.2.3 原材料质量控制的监理经济措施

(1)对进口材料、设备,监理工程师应会同商检局检验,如核对中发现问题,应取得供方和商检人员签署的商务记录,按期提出索赔。

(2)对进场材料进行分析,严格控制材料价格。对重要材料及贵重材料单价必须履行业主签认手续。

1.2.4 原材料质量控制的监理合同措施

(1)监理工程师对材料采购合同进行统一编号管理。

(2)监理工程师要对材料采购合同的订立进行监督。

(3)监理工程师对材料采购合同的履行进行检查并分析合同的执行。

2 质量控制事前控制的措施和方法

2.1 质量控制事前控制的监理工作内容、原则、方法和程序

2.1.1 质量控制事前控制的监理工作内容

(1)核查承包单位的质量保证和质量管理体系。

(2)审查分包单位的资格,签发"分包单位资格报审表"。

(3)查验承包单位的测量放线,签认承包单位的"施工测量放线报验单"。

(4)检查材料的保证资料,签认工程中使用材料的报验。

(5)签认工程中使用建筑构配件、设备报验。

(6)检查进场的主要施工设备是否符合施工组织设计的要求。

(7)审查主要分部(分项)工程施工方案。

(8)施工前应报出创优计划和通病防治措施。

2.1.2 质量控制事前控制的监理工作原则

(1)以施工及验收规范、工程质量验评标准等为依据,督促承包单位全面实现工程项目合同约定的质量目标。

(2)对工程项目施工全过程实施质量控制,以质量预控为重点。

(3)对工程项目的人、机、料、法、环等因素进行全面的质量控制,监督承包单位的质量保证体系落实到位。

2.1.3 质量控制事前控制的监理工作方法

事前控制工作首先要注意对承包商所做的施工准备工作进行全面的检查和控制;另一方面应组织好有关工作的质量保证措施,还要设置工序活动的质量控制点,进行预控。

(1)核查承包单位的机构、人员配备、职责与分工的落实情况。

(2)督促各级专职质量检查人员的配备。

(3)检查承包单位质量管理制度是否健全。

(4)审查分包单位的资格及业绩情况。

(5)审查检验承包单位测量放线成果。

(6)审查确认承包单位的材料报验及新材料、新产品的确认文件。

(7)审核签认建筑构配件、设备报验并检查进场主要施工设备。

(8)审定承包单位开工前报送的"施工组织设计"及主要分部(分项)工程的施工方案。

(9)参与设计交底与图纸会审。

2.1.4 质量控制事前控制的监理工作程序

监理工作程序如下:确定质量标准,明确质量要求→建立本项目的质量监理控制体系→施工场地质检验收→建立完善质量保证体系→检查工程使用的原材料、半成品→施工机械的质量控制→审查施工组织设计或施工方案→协助建设单位做好技术交底,共签工程洽商及设计变更→检查开工前的准备工作,具备条件后签发开工令。

2.2 事前控制的监理技术、组织、经济及合同措施

2.2.1 事前控制的监理技术措施

(1)坚持样板引路。每一工序均要先确定一个样板块(段),由施工单位普通的施工班组施工,样板经甲方、监理方检验同意后,总结出最低的质量标准、施工方法和操作规程,组织所有施工人员进行观摩、学习,并充分掌握后,再进行大面积施工。监理公司按样板工程的标准进行监督、检查和验收。这个样板,不仅成品是施工的样板,而且施工工具、操作程序都是样板。

(2)中标后即进行编制指导监理工作的监理规划,对监理工作进行科学的目标规划,根据施工图纸的发放进度及时编写切实可行的专业监理细则,在监理细则中明确各工序的质量控制点及控制设施,做到规范化监理。

(3)在工程施工前,总监理工程师必须审查批准施工单位申报施工组织设计(施工方案),不符合要求,不得进行施工。

(4)参加图纸会审,做好设计交底记录。

(5)钢材、水泥必须采用具有国家检测部门认可的质检证明或合格证明文件的产品。

(6)承包人必须在专项开工之前的规定时间,将原材料试验和控制指标试验的结果报监理批准认可,作为开工应具备的条件之一,在试验结果未被认可之前不得开工。

2.2.2 事前控制的监理组织措施

(1)针对本工程重要性的特点,我公司将组成由公司直接领导的、由专家组成的顾问组,对工程重大技术问题进行研究和指导。

(2)现场的监理组织健全,职责分工清楚,各项规章制度完善。督促、帮助施工单位制订切实可行的创优计划和通病根治措施。

2.2.3 事前控制的监理经济措施

对施工设计文件进行严格细致的审查,利用我公司具有工程造价咨询的雄厚实力,对施工设计文件中可能存在的不合理之处,及时提醒业主做好防备预案,并做好预控工作,严格控制由于质量问题引起的工程费用增加和索赔事件的发生。

2.2.4 事前控制的监理合同措施

(1)监理工程师严格按监理合同质量目标控制施工质量,在工程施工中严格按照施工验收规范进行监理。

(2)监理工作中建立检验台账,对施工材料、设备、工序,尤其对关键部位如基坑开挖、支护混凝土、浇筑防水工程等部位严格按合同执行监理,并实施旁站监理。

3 质量控制事中控制的措施和方法

3.1 质量控制事中控制的监理工作内容、原则、方法和程序

3.1.1 质量控制事中控制的监理工作内容

(1)对施工现场有目的地进行巡视检查和旁站,做到在施工初期即把质量问题消灭在萌芽状态。

(2)核查工程预检,对合格工程准予进行下一道工序。对不合格工程下发"监理通知";要求施工单位整改;合格后准予进行下一道工序。

(3)验收隐蔽工程。施工单位在自检合格的基础上上报监理工程师请求验收,合格工程准予进行隐蔽,对不合格工程下发"监理通知",要求施工单位整改,合格后准予进行隐蔽。

(4)分项工程验收。施工单位在自检合格的基础上报监理工程师验收,

对合格分项工程进行签认并确定质量等级。对不合格分项工程下发"监理通知",要求施工单位整改,返工后按质量评定标准进行再评定和签认。

(5)分部工程验收。根据分项工程质量评定结果进行分部工程的质量等级汇总评定,对基础和主体分部工程还须核查施工技术资料;并进行现场质量验收。

3.1.2 质量控制事中控制的监理工作原则

(1)严格要求承包单位执行有关材料试验制度和设备检验制度。

(2)坚持不合格的建筑材料、构配件和设备不准在工程上使用。

(3)本工序质量不合格或未进行验收不予签认,下道工序不得施工。

3.1.3 质量控制事中控制的监理工作方法

(1)对施工现场有目的地进行巡回检查和旁站。及时地发现和纠正施工中存在的问

题;对工程的重点部位和关键控制点进行旁站监理。

（2）对承包单位进行自检合格的分项工程进行现场检测、核查,发现不合格的工程立即书面通知承包单位进行整改,合格后报监理工程师复查。

（3）承包单位在分部工程完成后,监理工程师应在签认的分项工程评定结果基础上进行分部工程的质量等级汇总评定。

3.1.4　质量控制事中控制的监理工作程序

施工工艺过程质量控制的监理工作程序为:现场检查、旁站、量测、试验→工序交接检查:坚持上道工序不经检查验收不准进行下道工序的原则,检验合格后签署认可才能进行下道工序→隐蔽工程检查验收→做好设计变更及技术核定的处理工作→工程质量事故处理:分析质量事故的原因、责任;审核、批准处理工程质量事故的技术措施或方案;检查处理措施的效果→进行质量、技术鉴定→建立质量监理日志→组织现场质量协调会。

进度控制监理服务程序分别见图9.2～9.6。

（1）三检报验程序（图9.2）

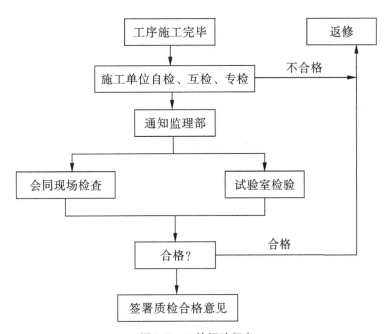

图9.2　三检报验程序

（2）隐蔽工程检验程序（图9.3）

（3）分项工程验收程序（图9.4）

（4）分部工程验收程序（图9.5）

（5）单位工程验收基本程序（图9.6）

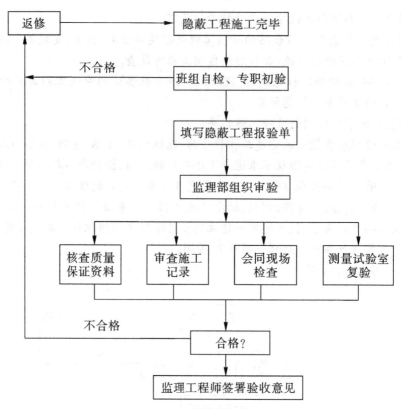

图9.3 隐蔽工程检验程序

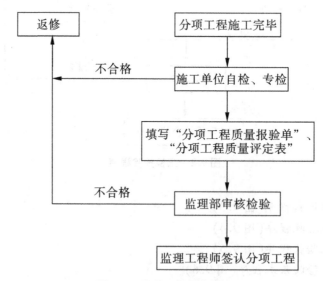

图9.4 分项工程验收程序

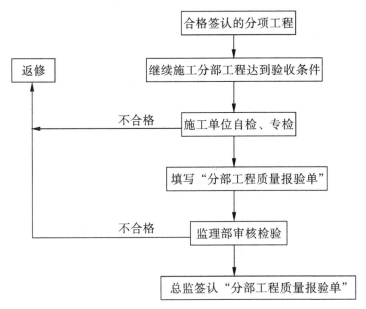

图9.5　分部工程验收程序

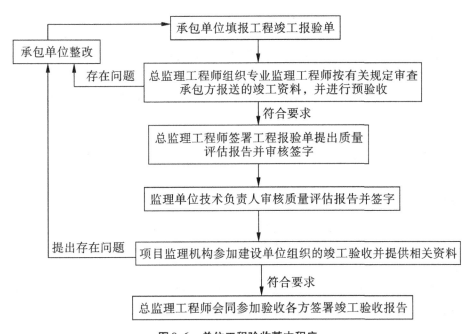

图9.6　单位工程验收基本程序

3.2　事中控制的监理技术、组织、经济及合同措施

3.2.1　事中控制的监理技术措施

（1）坚持重要分项工程旁站监理，由总监理工程师排班，落实到人，24小时跟班旁站。

（2）严格工序管理，每一工序完成必须经施工方自检，报验，经监理核验方可进行下道工序。特殊情况；质量确有保证，由于特定原因报验资料不齐，经监理工程师同意可先进行下道工序；施工单位应承担质量责任。

（3）装饰工程是工程是否优良的关键，对于装饰工程按部位、分阶段确定监理重点及相应监理措施。如重点的分项工程是内外装修。外装修的控制重点是规格、图案、结合层、接缝和固定；内装修的控制重点是基层处理、阴阳角、观感等。

3.2.2 事中控制的监理组织措施

（1）建立并坚持浇筑混凝土令制度，混凝土浇筑必须由钢筋、模板、水、电各施工班组长签字，质检员签字，对实验配合比、实际配合比、浇筑中应做混凝土试块的组数明确规定出来，经监理各专业检验签字后，由总监理工程师或总监理工程师代表签署浇筑令，方能浇筑混凝土。

（2）每月召开质量例会，会议由项目总监理工程师主持，要求各单位及质量负责人参加；重点解决本月质量问题，并提出下月质量要求。

3.2.3 事中控制的监理经济措施

对工程的工序活动实施跟踪控制，严格按照施工现场质量控制管理制度实施，对不按照程序进行、上道工序不合格就进行下道工序，严格按处罚制度进行处罚。在施工中严格控制工程变更签证，对工程质量问题造成的投资增加不予签批。

3.2.4 事中控制的监理合同措施

（1）监理工程师对下列产品或项目必须执行见证检验，并建立检验台账：

1）水泥及承重结构混凝土的强度、砌筑砂浆的强度；

2）墙体材料、防水材料；

3）建筑工程中的给、排水管材及管件，绝缘电工套管与低压电器中的电线、电缆、插座、开关接线盒；

4）土方工程中的压实系数。

（2）经常请市质监部门对监理工作及工程质量进行检查指导，沟通信息促进监理管理工作不断完善。

4 质量控制事后控制的措施和方法

4.1 质量控制事后控制的监理工作内容、原则、方法及程序

4.1.1 质量控制事后控制的监理工作内容

（1）组织工程竣工验收

1）当工程达到交验条件时，项目监理部组织各专业监理工程师对各专业工程的质量情况、使用功能进行全面检查，对发现影响竣工验收的问题，签发"监理通知"要求承包单位进行整改。

2）对需要进行功能试验的项目，监理工程师督促承包单位及时进行试验，监理工程师认真审阅试验报告单，并对重要项目亲临现场监督；必要时请建设单位及设计单位派代表参加。

3）建设单位代表组织竣工验收工作。

4）竣工验收完成后，由项目总监理工程师和建设单位代表共同签署"竣工移交证书"

并由监理单位、建设单位盖章后,送承包单位一份。

（2）质量问题和质量事故处理

1）监理工程师对施工中的质量问题除去在日常巡视,重点旁站,分项、分部工程检验过程中解决外,可针对质量问题的严重程度分别处理。

2）施工中发现的质量事故,承包单位应按有关规定上报处理;总监理工程师书面报告监理单位。

3）监理工程师对质量问题和质量事故的处理结果进行复查。

4.1.2　质量控制事后控制的监理工作原则

（1）在施工过程中严格实施复核性检验。

（2）严格进行对成品保护的质量检查。

（3）及时进行分部、分项工程验收。

4.1.3　质量控制事后控制的监理工作方法

（1）当工程达到交验条件时,项目监理部应组织各专业监理工程师对各专业工程的质量情况、使用功能进行全面检查,对发现影响竣工验收的问题签发"监理通知"要求承包单位进行整改。

（2）对需要进行功能试验的项目（包括无负荷试车）,监理工程师应督促承包单位及时试验;对重要项目亲临现场监督,必要时请业主及设计单位代表参加。

（3）项目总监理工程师参与竣工验收的初验,并组织核查质量保证资料及会同业主、设计单位、承包单位共同对工程进行检查。

（4）针对施工中质量问题的严重程度确定质量事故级别,分别处理。

（5）对质量问题和质量事故的处理结果进行复查。

4.1.4　质量控制事后控制的监理工作程序

监理工作程序为:

审核竣工图及其他技术文件资料,搞好工程竣工验收准备工作→组织各分项、子单位工程功能性试验→组织对工程各分部进行质量评定→组织单位、单项工程竣工验收→整理工程技术文件资料并编目建档→进入保修期监理。

4.2　质量控制事后控制的监理技术、组织、经济及合同措施

4.2.1　质量控制事后控制的监理技术措施

（1）按照公司作业手册,进入保修期监理流程,公司指派专人定期对业主进行回访,对建筑物在使用过程中发生的问题进行登记,要求施工单位按照国家规定进行维修。

（2）对建筑物内部的各种设备、设施、器材定期进行回访,了解使用情况,对可能发生的质量或事故隐患及早提请业主注意,或通知供货（施工）单位维修或予以更换。

（3）对需要定期更换或维修的部位或构配件,提前提醒业主单位注意或协助业主单位做好相关工作。

4.2.2　质量控制事后控制的监理组织措施

（1）在竣工验收之后,按照国家规定的保修期各参建单位职责,提请业主单位主持专题会议,共同协商建立保修期工程定期维修或应付突发事件的组织机构,各单位明确责任人,确保组织能运转灵活,把可能出现的问题落到实处。

（2）在竣工验收之后，按照公司作业手册，组织专人定期对业主进行回访，保修期所发生的一切与之有关的事务均由专人全权负责处理，事中保持与业主的联系渠道畅通。

（3）协助业主做好后期质量等级评定等工作。

4.2.3 质量控制事后控制的监理经济措施

（1）工程完工后，及时进行工程整体验收，并协助质监单位进行质量等级评定，按照施工单位与业主签订的合同规定，及时拨付工程款，并按照合同约定或国家相关法规的规定，足额留置工程保修金。

（2）一旦出现需要进行维修的事件，及时通知施工单位入场进行维修，所发生的费用从保修金中扣除；如果是更换定期需要更新的材料、配件，则按照业主与施工单位签订的合同的约定，或给予签证，或从保修金中扣除。

4.2.4 质量控制事后控制的监理合同措施

（1）工程竣工验收之后，及时提醒业主与施工单位签订保修期合同，约定双方保修期期限和保修期内双方责任，并协助业主制定详细的操作细则使其具备较强的可操作性，不至于在后期的具体操作中发生纠纷。

（2）督促施工单位及时整理竣工资料，按照国家现行规范规定，在规定的范围内向档案馆、业主和监理单位提交竣工资料，并做好工程移交手续。

第三节　进度控制的措施和方法

1　进度控制的监理工作内容

（1）审批进度计划。根据工程的条件全面分析承包单位编制的施工总进度计划的合理性、可行性。根据季度及年度进度计划，分析承包单位主要工程材料及设备供应等方面的配套安排。

（2）进度计划的实施监督。在计划实施过程中，对承包单位实际进度按周、月、季度进行检查，并记录、评价和分析。发现偏高及时要求承包单位采取措施，实现计划进度的安排，其中周计划的检查和纠偏作为重点来控制。

（3）工程进度计划的调整。发现工程进度严重偏离计划时，由总监理工程师组织各方召开协调会议，研究并采取各种措施，保证合同约定目标的实现。

（4）制定由业主供应材料、设备的需用量及供应时间参数，编制有关材料、设备部分的采供计划。

（5）为工程进度款的支付签署进度、计量方面认证意见。

（6）组织现场协调会，现场协调会印发协调会纪要。

（7）每周向建设单位报告有关工程进度情况，每月定期呈报监理月报。

2　进度控制的监理工作原则、方法和程序

2.1　进度控制的监理工作原则

进度控制管理的总任务就是为使工程建设实际进度符合项目总进度计划要求，审核不同阶段、工种的实施进度计划要求，审核不同阶段、工种实施进度计划并在执行过程中加以控制，对突破进度计划的提出调整、纠正措施，以保证工程项目按期竣工，其控制原则

如下：

(1)工程进度控制的依据是建设工程施工合同所约定的工期目标；

(2)在确保工程质量和安全的原则下，控制进度；

(3)应采取动态的控制方法，对工程进度进行调整控制。

2.2 进度控制的监理工作方法

(1)督促承包单位应根据建设工程施工合同的约定按时编制施工总进度计划、季度进度计划、月进度计划，并按时填写"施工进度计划报审表"，报项目监理部审批。

(2)监理工程师应根据工程的条件(工程的规模、质量标准、工艺复杂程度、施工的现场条件、施工队伍的条件等)，全面分析承包单位编制的施工总进度计划的合理性、可行性，审查进度网络计划的关键线路。

(3)对季度及年度进度计划，应分析承包单位主要工程材料及设备供应等方面的配套安排。有重要的修改意见应要求承包单位重新申报。进度计划由总监理工程师签署意见批准实施并报送业主。

(4)在计划实施工程中，监理工程师对承包单位实际进度进行跟踪监督，并对实施情况作出记录。根据检查的结果对工程进度进行评价和分析。

发现偏离应签发"监理通知"要求承包单位及时采取措施，实现计划进度的安排。

(5)当工程进度严重偏离计划时，总监理工程师应组织监理工程师进行原因分析，研究措施；并签发"监理通知"。

(6)召开各方协调会议，研究采取的措施，保证合同约定目标的实现。

(7)必须延长工期时，应填报"工期延期申请表"，报监理项目部审批。

2.3 进度控制的监理工作程序

进度控制的监理工作程序见图9.7。

(1)审批总工期控制计划。总承包单位在工程开工前应按施工合同的规定及建设单位要求，以及总监理工程师的指示编制施工总工期控制计划，填写"施工工期控制计划申报表"呈报监理部审批。分包单位也应在工程开工前编制施工工期控制计划，由总承包单位认可后呈报监理部审批。总监理工程师负责审批承包单位根据建设工程施工合同的要求按时编制的施工工期控制计划，全面分析其合理性和可行性。对承包单位提交的"施工工期控制计划申报表"，签署认可意见及注意事项，不同意的指出问题所在，要求承包单位修改后重新申报。施工总工期控制计划一经总监理工程师认可，即成为施工合同的附件，承包单位必须严格执行。对施工总工期控制计划的任何修改必须呈报总监理工程师进行认可。

(2)审批月度施工计划。施工工期控制计划实行分级管理，承包单位必须按总工期控制计划的要求编制月度施工作业计划，呈报监理部审查认可，分包单位通过总包单位进行协调报送监理部。月度施工进度计划的周期为上月26日至当月25日。承包单位每月26日前应填写"施工工期控制计划报审表"附主要资源进场安排计划及下一月度的施工作业计划，以及当月计划完成情况，呈报监理部审批。总监理工程师及时组织监理工程师对承包单位呈报的施工作业计划进行审查，分析当月计划进度完成情况，在"施工工期控制计划报审表"中签署认可意见，或指示承包单位进行补充，重新申报。

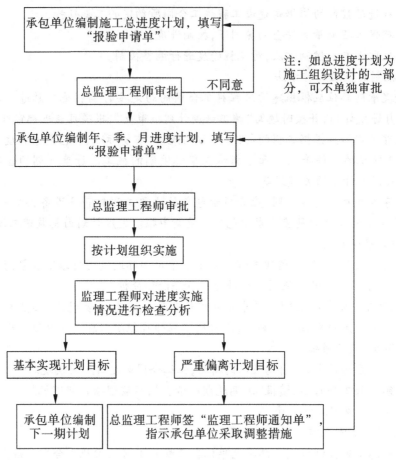

图9.7　进度控制的监理工作程序

（3）审查每周作业计划。每周作业计划按周协调例会的时间周期编制。监理部由总监理工程师组织监理工程师编制工作计划,承包单位应在每周协调例会前一天向监理部呈报本周施工作业计划完成情况及下周施工作业计划,监理部通过周例会予以协调、落实。每周作业计划一般是计划进度实施的基本单元,监理部根据工程进展的需要,可以决定召开每天进度协调会议,以确保周作业计划的顺利进行。

（4）工程进度计划的动态管理。监理工程师负责本专业施工进度的跟踪检查,总监理工程师负责收集进度的检查情况进行分析与评价。监理部在每周协调会前对月度施工进度计划检查对比一次,每周末对总监控计划检查对比一次,分析计划的完成情况,通过协调会议和月进度审批,落实控制措施。对工程总进度计划的检查,采用实际进度前锋线的方法进行跟踪;月度施工作业及周作业计划则采用实际进度进行跟踪对比检查,记录工程进度计划的实施情况。

（5）当发现工程实际进度严重偏离计划时,总监理工程师采取的对策如下:组织监理工程师进行原因分析、研究措施或提出建议并签发"监理通知"指示承包单位采取必要的措施。召开各方协调会议,研究相应的措施,保证合同约定目标的实现,并形成会议记录。必须延长工期时,对承包单位申报的"延长工期申请表"签署审批意见并对总监控计划作必要的调整。除非建设单位同意对工程建设工期进行延期,否则,监理部将督促承包单位采取一切可行的措施,包括调整工序与施工作业安排来实现总进度监控计划。

3 进度控制的监理技术、组织、经济及合同措施

3.1 进度控制的监理技术措施

(1)监理在和业主充分研究后确定的总进度控制计划,发给各施工单位,各施工单位、供货商按控制计划的要求编制实施进度网络计划;监理认真审核各计划的协调性和合理性。

(2)制定由业主供应材料设备的需用量及供应时间参数,编制有关材料、设备部分的采供计划。

(3)事中检查控制:每月进行进度检查、动态控制和调整。并建立反映工程进度的监理日志、月报、进度曲线。

(4)工程进度的动态管理:实际进度与计划进度发生差异时,应分析产生的原因;并提出调整的措施和方案,并相应调整施工、设计、材料设备供应和资金计划。

(5)组织好现场协调会。周协调会也相当于周计划检查会,重点解决各施工单位内部不能解决的问题。有问题必须抓住不放,务必解决。

3.2 进度控制的监理组织措施

(1)建立健全监理组织机构,专人协调控制工程进度,完善职责分工及有关制度,落实进度控制的责任。

(2)将进度目标分解。根据总进度目标编制年、季、月进度目标。

(3)确定进度协调工作制度;每周召开一次进度协调会。

(4)对影响进度目标实现的干扰和风险因素进行分析、预测,采取预防措施。

3.3 进度控制的监理经济措施

(1)编制进度目标计划,确定进度控制点,对按时或提前完成者给予奖励;拖期完工者给予处罚。

(2)合理支付赶工措施费。

(3)给业主编制详细的资金使用计划,使业主及早筹措资金,保证资金供应。

3.4 进度控制的监理合同措施

(1)协助业主签订一个好的合同,合同中涉及进度的条款,字斟句酌;不出现不利于业主的条款。

(2)做好工程施工记录;积累素材,为正确处理可能发生的工期索赔提供依据。参与处理工期索赔事宜。

(3)工作积极主动,为业主当好参谋;减少由于业主原因导致的工期延误。

(4)收集有关进度的信息,通过计划进度和实际进度的动态比较,定期向建设单位及有关单位提供比较报告,为正确的决策提供依据。

第四节　投资控制的措施和方法

1　投资控制的监理工作内容

工程项目投资控制监理的总任务就是在满足项目总投资计划要求下,明确各级投资控制目标,管理和审核不同阶段的工程量计量、工程款支付及审核,编制合理、高效的施工措施,并在执行过程中加以控制,对突破投资控制目标的提出调整、纠正措施,以求在项目建设中能合理使用人力、物力、财力,取得较好的经济效益和社会效益,以保证工程项目投资控制在批准的计划内。

(1)在施工招标阶段,准备与发送招标文件,协助评审招标书,拟出决标意见,协助建设单位与承建单位签订承包合同。

(2)在施工阶段,审查承建单位提出的施工组织设计、施工技术方案和施工进度计划,提出改进意见。

(3)督促检查承建单位严格执行工程承包合同,调解建设单位与承建单位之间的争议。

(4)检查工程进度和施工质量,验收分部分项工程,进行工程计量,签署工程付款凭证。

(5)审查工程结算,提出竣工验收报告等。

2　投资控制的监理工作原则、方法和程序

2.1　投资控制的监理工作原则

(1)应严格执行建筑工程施工合同中所确定的合同价、单价和约定的工程款支付方法。

(2)应坚持在报验资料不全、与合同文件的约定不符、未经质量签认合格或有违约时不予审核和计量的规定。

(3)工程量与工作量的计算应符合有关的计算规则。

(4)处理由于设计变更、合同补充和违约索赔引起的费用增减,应坚持合理、公正。

(5)对有争议的工程量计量和工程款,应采取协商的方法确定,协商无效时,由总监理工程师作出决定。

(6)对工程量及工程款的审核应在建设工程施工合同所约定的时限内进行。

2.2　投资控制的监理工作方法

(1)依据工程图纸、概预算、合同的工程量建立工程量台账。

(2)审核承包单位编制的工程项目各阶段及各年、季、月度资金使用计划。

(3)通过风险分析,找出工程投资最易突破的部分、最易发生费用索赔的原因及部位,并制定防范性对策。

(4)经常检查工程计量和工程款支付的情况;对实际发生值与计划控制值进行分析、比较。

(5)严格执行工程计量和工程款支付的程序和时限要求。

(6)通过"监理通知"与建设单位、承包单位沟通信息,提出工程投资控制的建议。

（7）严格规范地进行工程计量：

1）工程量计量原则上每月计量一次，计量周期为上月 26 日至本月 25 日。

2）承包单位每月 26 日前，根据工程实际进度及监理工程师签认的分项工程，填写"×月完成工程量报审表"，报项目监理部审核。

3）监理工程师对承包单位的申报进行核实（必要时与承包单位协商），所计量的工程量经总监理工程师同意，由监理工程师签认。

4）对某些特定的分项（分部）工程的计量方法，由项目监理部、建设单位和承包单位协商约定。

5）对一些不可预见的工程量，监理工程师会同承包单位如实进行计量。

（8）加强工程款的支付控制：

1）根据承包单位填写的"工程预付款报审表"，由项目总监理工程师审核签发"工程预付款支付证书"，并按合同的约定，及时抵扣工程预付款。

2）监理工程师依据合同按月审核工程款（包括工程进度款、设计变更及洽商索赔款等），并由总监理工程师签发"工程款支付证书"，报建设单位。

（9）及时完成竣工决算：

1）工程竣工，经建设单位、监理单位、承包单位验收合格后，承包单位在规定的时间内向项目监理部提交竣工结算资料。

2）监理工程师及时进行审核；并与承包单位、建设单位协商、协调，提出审核意见。

3）总监理工程师根据各方协商的结论，签发竣工结算"工程款支付证书"。

4）建设单位收到总监理工程师签发的结算支付证书后，应及时按合同约定与承包单位办理竣工结算有关事项。

2.3　投资控制的监理工作程序

2.3.1　月工程计量和支付程序

月工程计量和支付程序见图9.8。

2.3.2　工程款竣工结算的基本程序

工程款竣工结算的基本程序见图9.9。

3　投资控制的监理技术、组织、经济及合同措施

3.1　投资控制的监理技术措施

（1）审核施工组织设计和施工方案，合理开支施工措施费，对主要施工方案进行技术经济分析以及按合理工期组织施工，避免不必要的赶工费。

（2）熟悉设计图纸和设计要求，针对量大、质量高、价款波动大的材料的涨价预测，采取对策；减少施工单位提出索赔的可能。

（3）对设计变更进行技术经济比较，严格控制设计变更。

3.2　投资控制的监理组织措施

（1）建立健全监理组织机构，完善职责分工及有关制度，落实造价控制的责任。

（2）编制本阶段造价控制工作计划和详细的工作流程图。

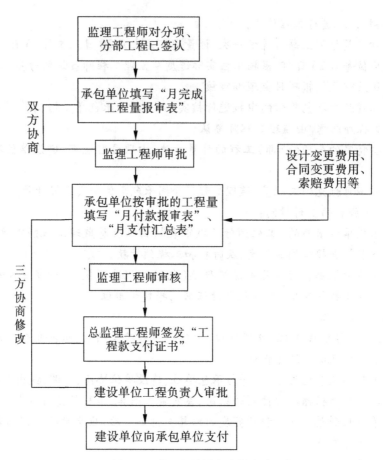

图9.8　月工程计量和支付程序

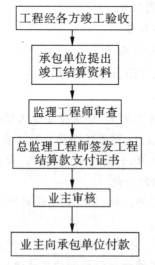

图9.9　工程款竣工结算的基本程序

（3）建立工程款计量和支付制度、设计变更和签证监理工作制度，工程计量和支付、设计变更和签证均由专业监理工程师负责技术审核，造价监理师负责单价和取费的审核，最后由总监审核签字的三级责任制。

（4）若业主同意，建立工程签证必须经业主和监理双方人员签字方为有效的制度。

3.3　投资控制的监理经济措施

（1）编制资金使用计划；确定、分解投资控制目标。

（2）严格进行工程计量。

（3）复核工程付款账单，签发付款证书。

（4）在施工过程中进行投资跟踪控制，定期进行投资实际支出值与计划目标值的比较；发现偏差，分析产生偏差的原因，采取纠偏措施。

（5）对工程施工过程中的投资支出做好分析与预测，经常或定期向业主提交项目投资控制及其存在问题的报告。

3.4　投资控制的监理合同措施

（1）协助业主签订一个好的合同，合同中涉及投资的条款字斟句酌，不出现不利于业主的条款，并参与合同修改、补充工作。

（2）做好工程施工记录，保存各种文件图纸，特别是注有实际施工变更情况的图纸；注意积累素材，为正确处理可能发生的索赔提供依据。参与处理索赔事宜。

（3）按合同条款支付工程款，防止过早、过量的现金支付。

（4）收集有关投资信息，进行动态分析比较，提供给建设单位，为他们的决策提供依据。

4　工程变更控制、预算外费用签证控制与处理、费用索赔的处理方法

4.1　工程变更投资控制

首先应力求使工程变更在设计阶段解决，严格控制施工过程中的设计变更，对工程变更、设计修改等事项，应事先进行技术经济合理性预分析，如发现与原投资控制计划有较大差异时，应书面向业主报告，并与业主及设计人员协商处理。

（1）工程合同变更的要求可以由业主、监理工程师、承建方提出，但必须经过业主的批准签字后才能生效。根据合同条款，如监理工程师认为确有必要变更部分工程的形式、质量或数量或处于合适的其他理由，应在征得业主同意后由项目总监向承建商发出变更指令，如果这种变更是由于承建商的过失或违约所致，则所引起的附加费用由承建商承担。

（2）工程变更的指令必须是书面的，如因某种特殊原因，监理工程师可口头下达变更令，但必须在48小时内予以书面确认。项目总监在决定批准工程变更时，要求征求业主的意见并确认此变更属于本工程项目合同范围，此项变更必须对工程质量有保证，必须符合规范。

（3）凡一般因图纸不完善所造成的设计变更，或分项工程变更所引起的投资增减，由项目总监会同项目监理部处理，并由项目总监征求业主意见后发出变更指示，对设计漏项、变更技术方案和技术标准，以及因地质条件引起的基础、结构设计的变更等，不论其投资增减情况，均应由项目总监上报业主共同处理，并报监理部备案。

（4）合同变更的估价由项目总监按合同条款的有关规定会同项目监理部进行，并报

业主认可,由项目总监书面通知承建商并留两本副本。为了中期进度付款方便,项目总监可根据合同条款规定定出临时单价或合价,但必须经业主同意批准。

(5)工程变更的内容必须符合有关规范、规程和技术标准。工程变更必须经监理单位签认后,承包单位方可执行。工程变更填写的内容必须表述准确、图示规范。工程变更的内容及时反映在施工图纸上。分包工程的工程变更通过总承包单位办理。工程变更的费用由承包单位填写"工程变更费用报审表"报项目监理部,由监理工程师进行审核后,总监理工程师签认。工程变更的工程完成并经监理工程师验收合格后,按正常的支付程序办理变更工程费用的支付手续。

4.2　预算外费用签证控制与处理

(1)严格按投资计划进行施工,严禁擅自提高建设标准,严禁计划外开工项目。有些对原设计影响很小的修改项目,只经甲、乙双方确认就可执行。对某些有可能引起造价较大的变更,如设计不适合使用要求,平面布局、建筑结构及装修标准有大的变动,需要召开建设方、承建方和设计方三家参加的联席会议,从技术、经济等方面进行论证商定,达成一致意见并形成文字纪要备案。

(2)严格设计变更签证审批程序。一般性变更由甲方现场代表起草,交施工负责人及工程指挥部领导审批;大项的变更,应先做概算,报主管领导批准后实施。同时要注重变更的合理性,对于不必要的变更坚决不予通过,对于某些不合理或保守设计,在满足使用要求的前提下,通过优化设计,可降低工程造价。

(3)加强对设计变更工程量及内容的审核监督。对于变更中的内容及工程量增减,由施工、预算人员进行现场抽项实测实量,以保证变更内容的准确性。

(4)制定统一的设计变更管理办法,要求变更单编号连贯一致,提高变更单的内容质量,同时变更要准确及时。

(5)审查签证是否准确。有无把不属签证范畴的内容列入签证参与决算的情况,诸如施工单位自身原因返工的项目、施工现场临时设施项目,及施工单位现场用工等。

(6)提醒业主在与施工单位签订施工合同时注意细节问题,对于可能遇到的停水、停电、雨季等特殊情况和季节,要求施工单位拿出预案,以保证在此类情况发生时仍能够继续施工,从而避免因此而引发的签证。

4.3　费用索赔的处理方法

(1)项目监理部对合同规定的原因造成的费用索赔事件给予受理。

(2)项目监理部在费用索赔事件发生后,承包单位按合同约定在规定期限内提交费用索赔意向和费用索赔事件的详细资料及"费用索赔申请表"的情况下,受理承包单位提出的费用索赔申请。

(3)监理工程师对费用索赔申请报告进行审查与评估。

(4)总监理工程师根据审查与评估结果,与建设单位协商、确认索赔金额,签发"费用索赔审批表"。

(5)索赔费用批准后,承包单位按正常的支付程序办理费用索赔的支付。

第五节 合同管理、信息管理的措施和方法

1 合同、信息管理的监理工作内容、原则、程序和方法

1.1 合同、信息管理的监理工作内容

（1）合同管理的监理工作内容

1）协助业主确定本工程项目的合同结构。

2）协助业主起草与本工程项目有关的各类合同（包括施工、材料和设备订货合同），并参加与各类合同谈判。

3）进行上述各类合同的跟踪管理，包括合同各方执行合同情况的检查。

4）协助业主处理与本工程项目有关的索赔事宜及合同纠纷事宜。

5）向业主递交有关合同管理的报表和报告。

（2）信息管理的监理工作内容 质量信息管理是对质量信息收集、加工处理、传递、输出、存储等活动的总称，它是信息流的全部活动过程。具体要做好以下几方面的工作。

1）收集质量信息 它是质量信息管理的第一项活动。收集的对象包括动态信息和反馈信息。收集的质量信息必须真实、可靠、准确、有用，并保持信息的完整性。

2）加工处理质量信息 将收集的信息，用手工或借助电子计算机进行加工处理，形成新的、用于管理的信息。要对这些信息进行分类、排队、筛选、计算处理、分析、比较、判断。

3）传递质量信息 加工处理后的信息，即可传递给需要该项质量信息的部门或人员。

4）存储 为了以后调用检索加工后的正常信息，所有可使用的信息都要存储起来，建成信息档案。

5）检索 检索是把存储的质量信息迅速找出来的科学的方法和手段。

6）输出 质量信息要以一定的形式提供给需要信息的部门和人员，以报表、报告、备忘录、通知书等形式输出。

1.2 合同、信息管理的监理工作原则

合同和信息管理是指监理工程师对工程项目建设中业主与设计、材料设备、施工承包商签订的合同的管理工作，从合同条件的拟订、协商、签署、执行情况的检查和分析等环节进行的组织管理工作，以期通过合同体现"三大控制"的任务要求，维护合同订立双方的正当权益。在业主签订上述合同时，项目总监应注意在这些合同中应明确的关于监理工程师地位、管理权限及协调关系的内容，以便监理工程师按合同条件对合同的执行进行监督管理。合同管理的原则是要求监理工程师从监理目标控制角度出发，依据有关政策、法律、规章、技术标准和合同条款处理合同问题。

1.3 合同、信息管理的监理工作程序

（1）设计变更、洽商程序（图9.10）

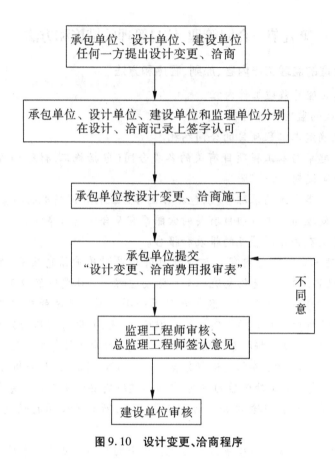

图9.10 设计变更、洽商程序

(2)合同争议调解的基本程序(图9.11)

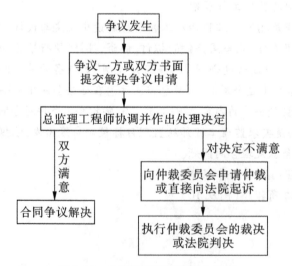

图9.11 合同争议调解的基本程序

（3）工程延期程序（图 9.12）

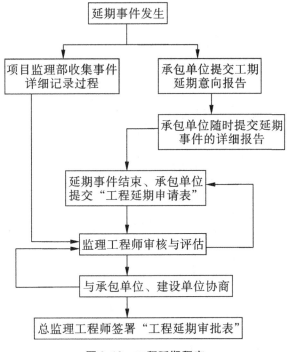

图 9.12　工程延期程序

（4）费用索赔程序（图 9.13）

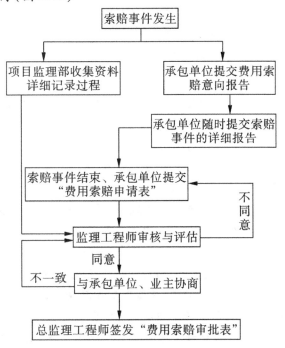

图 9.13　费用索赔程序

(5)违约处理程序(图9.14)

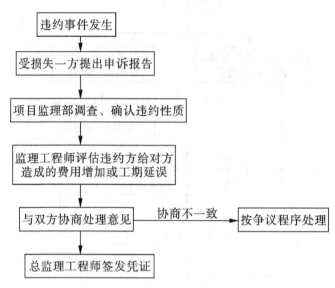

图9.14 违约处理程序

1.4 合同、信息管理的监理工作方法

监理工程师在工程建设合同管理中需要执行合同管理目标制,合同管理目标制是各项合同管理活动应达到的预期结果和最终目的。而合同目标管理的过程有个适宜动态过程,可分为工程项目合同管理机构和管理人员为实现预期的监理控制,对工程合同订立时的管理、合同履行中的管理以及合同发生纠纷时的管理等。

2 合同、信息管理的监理工作措施

2.1 合同管理措施

(1)合同订立前的管理 合同签订意味着合同生效和全面履行,所以必须采取谨慎、认真的态度,做好签订前的准备工作,具体内容包括市场预测、资信调查和决策。

(2)合同订立时的管理 合同订立阶段,意味着当事人双方经过工程招标投标活动,充分酝酿、协商一致,从而建立起工程合同法律关系。订立合同是一种法律行为,双方应认真、严肃地拟订合同文本,做到合同合法、公平、有效。

(3)合同履行中的管理 合同依法订立后,当事人应认真做好履行过程中的组织和管理工作,严格按照合同条款,享有权利和承担义务。

(4)合同发生纠纷时的管理 在合同履行中,当事人之间有可能发生纠纷,当争议、纠纷出现时,有关双方首先应从整体、全局利益的目标出发,做好有关的合同管理工作,以利纠纷的解决。为实现上述目标的管理,在监理软件编制中,设立专用表式;对合同进行登记、动态管理、目标分析、评审、实施计划及监督检查。

(5)合同变更的处理 工程合同变更的要求可以由业主、监理工程师、承建方提出,但必须经过业主的批准签字后才能生效。根据合同条款,如监理工程师认为确有必要变更部分工程的形式、质量或数量或处于合适的其他理由,应在征得业主同意后由项目总监向承建商发出变更指令,如果这种变更是由于承建商的过失或违约所致,则所引起的附加费用由承建商承担。工程变更的指令必须是书面的,如因某种特殊原因,监理工程师可口头下达变更令,但必须在48小时内予以书面确认。项目总监在决定批准工程变更时,要求征求业主的意见并确认此变更属于本工程项目合同范围,此项变更必须对工程质量有保证,必须符合规范。

凡一般因图纸不完善所造成的设计变更,或分项工程变更所引起的投资增减,由项目总监会同项目监理部处理,并由项目总监征求业主意见后发出变更指示;对设计漏项、变更技术方案和技术标准,以及因地质条件引起的基础、结构设计的变更等,不论其投资增减情况,均应由项目总监上报业主共同处理,并报监理部备案。合同变更的估价由项目总监按合同条款的有关规定会同项目监理部进行,并报业主认可,由项目总监书面通知承建商并留两本副本;为了中期进度付款方便,项目总监可根据合同条款规定定出临时单价或合价,但必须经业主同意批准。

(6)合同延期的处理 由于增加额外工作与附加工作、异常恶劣的气候条件,或由于不是承包商的过失、违约或超出责任范围内的特殊情况,造成工程不能按原定工期完成,承包商可按合同有关规定要求工程延期。当项目总监理工程师收到承包商"延长工期报审表",要组织有关监理人员做好工地实际情况调查和记录,提出审核意见,报业主审定。

(7)争端与仲裁 工程实施期间,业主与承包商之间或监理工程师如在指令、决定、证书或价值方面产生争端,监理工程师应在收到争议通知后14天之内,完成对争议事件的全面调查与取证,并由项目总监作出对争端的处理意见。监理工程师发出书面通知14天之内,如果业主或承包商不要求仲裁,则监理工程师的处理意见为最终裁定。如上述情况中业主与承包商收到书面通知14天或之前,如一方不服,可要求仲裁。

仲裁意向发出后,如双方对解决争端没有进行一次友好解决的过程则仲裁不能开始。除双方另有协议以外,无论是否进行了友好解决的过程,在仲裁意向发出56天之后即可开始仲裁。当监理工程师裁定不能成为最终裁定,或对业主和承包商不具有约束力,以及上述规定期限内没有达成友好解决则应该进行仲裁。关于仲裁机构的选择,在合同中应有明确规定。

2.2 信息管理措施

监理的方法是控制,控制的基础是信息,而信息管理就是信息的收集、整理、处理、存储、传递与应用等一系列工作的总称,信息管理的目的是通过有组织的信息流通,使决策者能及时、准确地获得相应的信息,作出科学的决策。健全的信息管理表现在四个方面,即建立信息的编码体系、明确信息流程、制定信息采集制度、利用高效的信息处理手段。质量信息是反映质量状态和服务于质量控制的信息,包括质量控制活动中产生的或为质量控制服务的,可以被传递、储存、处理及应用的数据、报表、资料、文件、图纸、图形,以及其他可以识别的信号。质量信息服务于质量方针、目标、决策,服务于质量计划,服务于质量控制,服务于工程用户,也是改进工程质量和各环节工作质量的最直接的原始数据和依据。

3 计算机管理软件在本工程中的应用

　　监理合同、信息管理工作是工程项目监理工作的一个重要组成部分,它为监理目标实现服务,文档管理优劣直接影响监理工作成效,搞好监理合同信息管理工作对提高监理人员管理水平、及时掌握项目动态、提高监理工作效率、改善监理形象及积累监理成果等方面都具有重要意义,因此本公司将在该项目监理中应用建设工程监理计算机管理系统进行文档管理,充分发挥计算机辅助管理作用。

第六节　文明、安全控制的措施和方法

1　文明、安全控制的监理工作内容、原则、程序和方法

1.1　文明、安全控制的监理工作内容

　　(1)文明施工控制

　　1)施工现场必须在明显处设置"五牌一图"和其他标牌。

　　2)施工围墙、道路、场地的设置。

　　3)临设工程的设置。

　　4)环境保护。

　　5)现场堆放。

　　6)班组管理。

　　7)防火管理。

　　(2)安全生产控制

　　1)督促承包商建立和完善安全生产责任制度、管理制度、教育制度及有关安全生产的科学管理规章和安全操作规程,实行专业管理和群众管理相结合的监督检查管理制度。

　　2)审核承包商的安全专项方案。

　　3)在安全控制中应重点控制"人的不安全行为"和"物的不安全状态",而又应以人为安全控制的核心。

　　4)检查特种作业人员持证上岗情况。

　　5)安全检查:

　　①高处作业;

　　②脚手架;

　　③"三宝""四口"防护;

　　④模板工程;

　　⑤物料提升机;

　　⑥施工用电;

　　⑦搅拌机、电焊机、潜水泵等其他机具;

　　⑧防护棚。

　　6)事故处理。

1.2　文明、安全控制的监理工作原则

　　(1)以防为主的原则。

（2）责任落实原则。

（3）奖罚结合原则。

1.3　文明、安全控制的监理工作程序

文明、安全控制的监理工作程序见图9.15。

```
        ┌─────────────────┐
        │  安全专项方案报审  │◄─────────────┐
        │   （承建商）      │              │
        └─────────────────┘              │
                │                        │
                ▼                        │
        ┌─────────────────┐              │
        │  安全专项方案审核  │              │
        │  （监理工程师）    │              │
        └─────────────────┘              │
                │                        │
                ▼                        │
          ┌───────┐  不符合要求  ┌───────────┐
          │ 结果  │───────────►│   整改     │
          └───────┘            │ （承建商） │
                │              └───────────┘
                ▼
        ┌─────────────────┐
        │ 安全专项方案的实施、│
        │ 自验（承包商）     │
        └─────────────────┘
                │                        
                ▼                        
        ┌─────────────────┐              
        │ 巡视、平行检验、旁站│◄────────────┐
        │  （监理工程师）    │             │
        └─────────────────┘             │
                │                       │
                ▼                       │
          ┌───────┐  发现问题，提出意见   │
          │ 结果  │─────────────────────┘
          └───────┘
                │    发现问题，提出意见  ┌───────────┐
                ▼                     │   整改     │
        ┌───────────┐───────────────►│ （承建商） │
        │ 监理工程师 │                └───────────┘
        └───────────┘
```

图9.15　文明、安全控制的监理工作程序

1.4　文明、安全控制的监理工作方法

（1）审查施工单位的安全施工资质和安全生产责任制。

（2）审查施工单位提交施工组织设计中的安全技术措施。

（3）审查进驻现场的分包单位资质和证明文件。

（4）审查现场项目部的安全组织系统和安全人员的配备。

（5）审查新技术、新材料、新机构的使用安全技术方案及安全措施。

（6）审查施工单位提交的有关安全技术签证文件。

（7）日常跟踪监理，检查施工人员是否按照安全技术防护措施和规程施工。

（8）对主要结构、关键部位的安全状况进行抽检和检测工作。

（9）文明、安全控制的措施主要有技术措施、组织措施、经济措施和合同措施。

2　文明、安全控制的监理工作措施

2.1　文明、安全控制的监理技术措施

（1）审核施工现场项目部的安全保证体系和安全生产责任制。

（2）审核施工单位提交的施工组织设计的安全可靠性；重点对土方开挖及边坡支护、脚手架、模板、高空作业、交叉作业、塔式起重机、龙门架、井字架、垂直提升机、临时用电等工程或部位进行审查。

（3）建立安全文明检查制度和安全会议制度，项目安全生产组每周召开各方参加的项目安全例会；对本周的安全检查情况予以审查，并核查已发现的安全问题是否已按要求进行改正，同时总结经验不断改进施工。

（4）通过"合理定置，进行目视检查"的辅助措施搞好安全文明施工、环境保护。

2.2　文明、安全控制的监理组织措施

（1）建立健全监理组织，完善职责分工及有关制度，落实安全控制的责任。

（2）监理部设安全文明生产安全文明负责人，常抓不懈。

（3）编制本工程安全控制工作计划和详细的工作细则。

（4）大张旗鼓宣传、树立文明工地的意识。

2.3　文明、安全控制的监理经济措施

（1）制定公约，明确要求、责任，明确奖惩规定。

开工前期，监理组织业主、施工各方召开会议；制定"本工地安全文明管理规定（或公约）"，提出具体的文明工地的要求，要求应具体，能办到，不搞花架子。并制定具体的奖惩条款，如一次发现不戴安全帽罚款多少，等等。

（2）组织联合检查组，不定期（每月不少于两次）对工地突击检查，有违规者严格执行奖罚。

2.4　文明、安全控制的监理合同措施

（1）协助业主签订一个好的合同；合同中涉及安全的条款字斟句酌，不出现不利于业主的条款。

（2）做好工程安全施工记录，保存各种安全控制文件。

（3）对发生的安全事故按国家和地方有关规定上报和处理。

（4）平时注意收集有关安全信息的资料，进行分析，提交给有关部门参考，便于他们作出正确决策。

第七节　工作协调的措施和方法

1　工作协调的监理工作内容、原则、程序和方法

1.1　工作协调的监理工作内容

（1）协调工程建设各参加单位之间的关系　包括建设单位、监理单位、设计单位、施工单位、材料和设备供应单位、施工单位等。

（2）协助建设单位协调与工程建设相关的外部关系　包括与当地建设行政主管部门的关系，与当地质量监督部门的关系，与当地市政、煤气、热力、给排水、电力、电信、消防、公安人防、规划等部门的关系，与工程规划、设计部门的关系，与工程建设相关的其他外部部门的关系。

1.2　工作协调的监理工作原则

（1）公平合理原则　坚持"公开、公平、公正"的原则开展协调工作，公平维护各参建

单位的合法权利。

（2）主动服务原则　外层关系是业主协调的范畴,监理要利用自己的技术和人文优势,协助业主协调这些关系。

（3）协调的基础是沟通　监理在协调中,要虚心听取各方意见,并把自己的想法、打算经常主动和业主、相关单位沟通。

1.3　工作协调的监理工作方法

（1）利用技术手段的协调　利用监理的技术优势,为协调单位出主意、想办法,帮助他们解决问题,达到协调的目的。

（2）利用关系的协调　监理公司长期从事监理工作,与工程相关的各部门（包括施工单位、外部关系等)都有良好的信任基础,便于搞好协调工作。

2　工作协调的监理工作措施

2.1　工作协调的监理技术措施

（1）树立主动协调的意识:监理工程师树立主动协调的意识,总监是各方协调的核心。

（2）协调的基础是沟通。首先是和业主代表的沟通;交流对工地发生的情况的意见;监理工程师的想法、建议,要经常主动和业主沟通,同时虚心听取各单位的意见,每周例会前可和业主先开协调会预备会。

（3）做好第一次工地例会（监理交底会),这次会由业主、施工各方参加,要把监理的管理程序、规定,各方的职责、权限等交代清楚,可以讨论修改再确定。并做好纪要,发出监理交底文件,作为统一管理的依据。

（4）开好每周协调会,监理工程师应有准备;有矛盾时以工程大局为重,商量解决。

（5）抓计划。抓计划的执行、计划的调整是协调的主要手段。包括设计出图计划、甲方供应材料和设备的计划,均应按计划执行。如有偏差,及时调整。

2.2　工作协调的监理组织措施

（1）建立健全监理组织机构;专人负责协调工作,完善职责分工及有关制度;落实组织协调工作的责任。

（2）制定协调工作目标;将目标分解,落实到人。

（3）制定工地协调例会工作制度,每周召开一次工地协调会。

（4）对影响工程目标实现的干扰和风险因素进行分析、预测,采取预防协调措施。

2.3　工作协调的监理经济措施

（1）编制协调目标计划,建议业主对提前完成者给予奖励;对拖期完工者给予处罚。

（2）畅通沟通协调渠道,如因协调沟通而节约开支,建议业主按一定比例对当事人或单位进行奖励。

2.4　工作协调的监理合同措施

（1）协助业主签订一个好的合同,合同中涉及工作关系协调的条款字斟句酌,不出现不利于业主的条款。

（2）做好工程施工记录,积累素材,为正确处理可能发生的各种协调问题提供现场原始资料。

（3）积极主动为业主当好参谋，减少由于业主原因导致的工期延误。

（4）收集有关工作关系协调的信息，分析总结；定期向有关单位提供报告，为正确的决策提供依据。

第八节　保证旁站监理措施

我公司在编制监理规划时，将制定旁站监理方案，明确旁站监理的范围、内容、程序和旁站监理人员职责等。旁站监理方案应当送建设单位施工企业各一份。要求施工企业根据监理企业制定的旁站监理方案，在需要实施旁站监理的关键部位、关键工序进行施工前24 小时内，书面通知监理企业派驻工地的项目监理机构。旁站监理在总监理工程师的指导下，由安排常驻现场监理人员负责具体实施，由监理助理人员监督。

1　工程旁站监理部位（过程）

根据本工程的特点，遵照国家旁站监理的相关规定，经研究，我们认为本工程需要旁站的部位和过程如下：

（1）所有现浇混凝土工程；

（2）屋面防水层的施工过程；

（2）现场试配、试验的过程；

（3）管道试压过程；

（4）调试阶段的设备运行。

具体情况见表9.1。

表9.1　旁站部位表

旁站监理的范围		旁站监理的内容
基础工程	钢筋混凝土基础；基础土方回填	1. 定位放线和沉降观测可采用两种办法：监理人员共同参与；施工单位做好后，监理机构复测 2. 有没有按照技术标准、规范、规程和批准的设计文件、施工组织设计施工 3. 检查使用的材料、构配件和设备合格不合格 4. 检查施工单位有关现场管理人员、质检人员有没有在岗
结构工程	混凝土浇筑；施工缝处理；结构吊装	5. 施工操作人员的技术水平、操作条件是否满足施工工艺要求，特殊操作人员是否持证上岗 6. 施工环境是否对工程质量产生不利影响 7. 施工过程是否存在质量和安全隐患。对施工过程中出现的较大质量问题或质量隐患，旁站监理人员应采用照相、摄像等手段予以记录
	屋面工程	1. 检查质量是否符合设计及施工规范要求 2. 检查搭接是否满足设计及施工规范要求

续表9.1

旁站监理的范围	旁站监理的内容
水电安装	1. 检查安装施工准备情况,特别是设备预留空洞、预埋件及设备基础标高、尺寸的校核,设备的开箱、验收等 2. 审核安装施工单位和主要安装人员的资质;审核并协助安装单位制定合理、可行的安装方案 3. 检查安装条件、程序及安装机械的使用状态 4. 对重要设备的安装实行全过程监理,确保设备一次安装、调试成功 5. 检查水源、试压设备及量测设备是否妥当和安全以及试压条件是否成熟 6. 检查试压记录,检查管线的强度和严密性
隐蔽工程的验收过程	全程跟踪监督
建筑材料的见证、取样、送样	全程跟踪监督
新技术、新工艺、新材料、新设备试验过程	全程跟踪监督
合同规定的其他应旁站的部位和工序	从其规定

2　旁站监理措施

2.1　旁站监理制度

(1)旁站监理人员应当认真履行职责,对需要旁站的关键部位、关键工序在施工现场跟班监督,及时发现和处理旁站监理过程中出现的质量问题,如实地做好旁站监理记录。凡旁站监理人员和施工单位现场质检员未在旁站记录上签字的不得进行下一道工序施工。

(2)旁站监理人员发现施工企业有违反工程建设强制性标准行为的,有权责令施工单位立即整改;发现其施工活动已经或者可能危及工程质量的,应当及时向监理工程师或总监理工程师汇报,由总监理工程师下达局部暂停令或采取相应的应急措施,确保工程质量。

(3)旁站监理记录是监理工程师依法行使有关签字权的重要依据。对于需要旁站而没有实行旁站的部位,监理工程师不得在相应文件上签字。在工程竣工验收后,应将旁站监理记录存档备查。

2.2　旁站监理人员主要职责

(1)检查施工企业现场质检人员到岗、特殊工种人员持证上岗以及施工机械、建筑材料准备情况。

(2)在现场跟班监督关键部位、关键工序的施工方案以及工程建设强制性标准情况。

(3)核查进场建筑材料、建筑构配件、设备和商品混凝土的质量检验报告等,并可在现场监督施工企业进行检验或者委托具有资格的第三方进行复验。

(4)做好旁站监理记录和监理日记,保存旁站监理原始资料。

2.3 旁站监理重点控制内容

(1)严格按照技术标准、规范、规程和批准的设计文件、施工组织设计施工。

(2)严格使用合格的材料、构配件和设备。

(3)承包人有关现场管理人员、质检人员是否在岗。

(4)施工操作人员的技术水平、操作条件是否满足施工工艺要求,特殊操作人员是否持证上岗。

(5)施工环境是否对过程质量产生不利影响。

(6)施工过程是否存在质量或者安全隐患,对施工过程中出现的较大质量问题或者质量隐患,旁站监理人员采用照相、摄像等手段予以记录。

2.4 旁站监理的措施

(1)项目监理机构应根据监理规划编制旁站监理计划,明确旁站监理人员及其职责、工作内容和程序、工程部位或工序,送建设单位的同时通知承包人。

(2)项目监理机构应建立和完善旁站监理制度,督促旁站监理人员到位,定期检查旁站监理记录和旁站监理工作质量。

(3)对需要旁站监理的部位和工序,承包人应在施工前24小时内书面通知项目监理机构。项目监理机构应根据旁站监理工作方案安排旁站监理人员在预定的时间内到达施工现场。

(4)旁站监理应按照以下程序进行:

1)落实旁站监理人员,进行旁站监理技术交底,配备必要的旁站监理设施。

2)对承包人员、机械、材料、施工方案、安全措施及上一道工序质量报验等进行检查。

3)做好旁站监理记录。

4)旁站监理过程中,旁站监理人员发现施工质量和安全隐患时,按规定及时上报。

5)旁站结束后,旁站监理人员在旁站监理记录上签字。

6)旁站监理人员应及时、准确地记录旁站监理内容。承包人应在旁站监理记录上签字确认。

(5)确保监理部人员昼夜驻施工现场。实行轮流值班,次日,由总监理工程师检查旁站记录。如记录不详、不实,将报监理公司严肃处理。

××工程建设监理公司

×××工程监理项目部

9.4.2 案例二 工程监理规划的编制

某综合楼工程监理规划

编　制：

审　核：

批　准：

某工程建设监理公司

年　月　日

综合楼工程监理规划

1 工程项目概况

　　某综合楼位于某市某路以东,某路以南。工程设计运用现代建筑空间处理手法,遵循"丰富城市景观、美化城市形象"的宗旨,造型新颖,富有清新时尚的现代气息。本工程地下2层,地上12层,总建筑面积12915 m^2,钢筋混凝土框架结构,钢筋混凝土片筏式筏板基础,2层以下设有裙房。室外布有花坛、草坪等绿化人工景点,环境优美,衬托主楼更为醒目壮观。

2 监理范围及内容

　　监理工作范围:按工程承包合同中规定的工程项目进行监理,包括土建、水、电、暖、消防等工程的全过程监理。

　　监理工作内容如下。

2.1 施工准备阶段

(1)编制监理规划(含细则)及工作程序。

(2)编制旁站监理方案。

(3)协助建设单位进行设计交底和图纸会审。

2.2 施工阶段

(1)协助施工单位做好开工准备工作。

(2)组织设计交底和图纸会审。

(3)审查承包商提出的施工技术方案和进度计划。

(4)确认承包商选择的分包单位,并报业主同意。

(5)审核、检查施工准备条件,并上报业主同意后,下达开工令。

(6)审查承包商或业主提供的建筑材料、构件、设备、建筑结构制品等的采购清单,并核验其价格、规格和质量。

(7)检查施工技术措施和安全防护设施,监督施工单位做好文明施工。

(8)审查设计变更,凡涉及增加投资和影响建筑物功能和增减建筑面积的变更,必须事先向业主报告,经同意后实施。

(9)督促履行承包合同,协商合同条款的变更,调解合同双方争议,公正地处理索赔事项。

(10)审查施工单位的质量保证体系,监督检查施工单位严格按照设计施工图纸及施工规范、标准进行施工,严格执行国家和地方有关建设文件规定及验收评定标准,对施工依据的设计图纸、技术标准进行审查认可,对单位工程的分项、分部工程,隐蔽工程进行及时的检查、验收,并办理验收认可签证。

(11)严格按照施工合同的工期、承包总价和承诺的质量目标,控制工程进度、工程质量、工程造价。

(12)督促整理合同文件和档案资料。

(13)协助业主组织工程竣工预验收,审核施工单位竣工验收报告和竣工图。

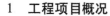

（14）参加工程验收,协助业主审查工程结算。

2.3　保修阶段

在规定的保修期限内,负责检查工程质量状况,鉴定质量问题责任,督促责任单位修理。

3　监理依据及监理目标

3.1　施工阶段监理依据

（1）设计施工图纸及说明。

（2）我公司与业主签订的《建设工程委托监理合同》。

（3）业主与承包单位签订的合同或协议。

（4）国家或地方现行的建筑工程质量评定标准、施工验收规范,以及适用于本项目的行业标准。

3.2　保修阶段监理依据

建设部《建筑工程保修办法》、《建筑工程质量责任暂行规定》、《关于加强住宅工程质量管理的若干意见》、《平顶山建设工程质量管理办法》。

3.3　监理控制目标

（1）总投资　以业主与承包单位签订的工程承包合同中的合同总价为控制目标。

（2）工期　以业主与承包单位签订的总承包合同工期为控制目标。

（3）质量

1）工程质量全部达到国家现行规范规定的标准。

2）建筑工程承包合同中约定的质量目标。

4　监理组织机构及岗位责任制

4.1　监理组织机构

监理组织机构框图见图9.16。

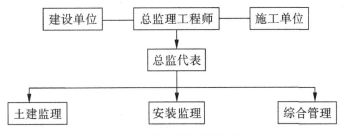

图9.16　监理组织机构框图

4.2　监理机构人员情况

本工程监理机构人员情况一览表见表9.2。

表 9.2　本工程监理机构人员情况一览表

分工	姓名	职称	专业	拟担任职务	监理资格
土建	张××	高级工程师	工民建	总监	国家注册监理工程师
	李××	高级工程师	工民建	总监代表	国家注册监理工程师
	王××	建筑经济师	工程造价	监理员	
安装	赵××	工程师	电气	监理工程师	
顾问	高××	高工	工民建	技术顾问	

4.3　监理部工作基本指导思想和工作方法

根据当前工程建设监理制发展的水平、多数建设单位的要求,我们在监理工作实践中,总结和概括出监理部工作基本指导思想和工作方法如下。

(1)一条原则　工程质量控制是整个监理工作的"核心",与进度控制、投资控制互相制约。监理单位监督施工单位按合同、技术规范、设计要求施工,这是监理工作的原则。为此,施工现场必须做到"三有":有标准、有质保体系、有科学而严格的规章制度;认真抓好"三个环节":材料检验,工序检查验收,自检、专检和交接检查的"三检制";十分重视解决质量通病,特别是渗水、裂缝等。这就要求监理工程师必须有"铁面无私、铁石心肠、严格要求、一丝不苟、实事求是、热情服务"的态度,必须坚持"超前监理、预防为主、动态管理、跟踪监控"的方法。

(2)两个重点　即主要的分部分项工程和关键部位。重要分部工程是基础工程、主体工程、装饰工程;重要分项工程是钢筋制作、钢筋砼、承重墙体、防水工程。关键部位是现浇梁、柱、板节点,钢筋焊接搭接要求,厨、卫间防水施工等。

(3)三个阶段　包括施工准备阶段、施工阶段、成品验收阶段。

1)施工准备阶段　审核施工单位人员配备、材料、设备是否合理,审核拟定的施工方案,技术、质量、安全保证体系和措施,原材料的检验、配比是否合乎要求。

2)施工阶段　旁站和巡视,检查施工单位工艺是否按规范和经审批的方案进行,并对施工过程的原材料、半成品和成品进行抽查。

3)成品验收阶段　检测和评验分项或分部已完工程是否达到规范要求的质量标准和误差允许范围。

(4)四个手段　即对施工质量进行检查的四个手段。

1)旁站　在施工过程中,对关键部位和关键工序实施旁站监理。检查材料及混合料与批准的是否符合;检查是否按批准的方案、施工技术措施、技术规范施工,检查主要工种的人员是否持证上岗、施工安全措施是否到位。

2)测量　监理工程师对完成的工程几何尺寸进行实测实量验收,不符合要求的要进行整修或返工。

3)试验　对各种材料、混合材料配比,以及混凝土、砂浆等级等,除由检测中心检测外,监理人员可随机取样试验。

4)指令　监理单位同施工单位的工作往来,必须以文字为准。监理工程师通过书面指令对施工单位进行质量控制,指出发生或可能发生的质量问题,提请施工单位重视或整改。

4.4　监理人员岗位责任制

根据本工程的实际情况,项目监理部由总监、监理工程师、监理员组成,为加强监理工作增设专业技术顾问组。

(1)总监理工程师职责

1)确定项目监理机构人员分工和岗位职责。

2)主持编写项目监理规划,审批项目监理细则,并负责管理监理机构的日常工作。

3)审查分包单位的资质,并提出审查意见。

4)检查和监督监理人员的工作,根据工程的进展情况可进行人员调配,对不称职的人员应调换其工作。

5)主持监理工作会议,签发项目监理机构的文件和指令。

6)审定承包单位提交的开工报告、施工组织设计、技术方案、进度计划。

7)审核控制施工过程中造价目标,签署承包单位的申请、支付证书和竣工结算。

8)审查和处理工程变更。

9)根据进度向甲方提供工程款支出情况,严防突破控制目标。

10)主持或参与工程质量事故的调查。

11)调解建设单位与承包单位的合同争议,处理索赔,审批工程延期。

12)组织编写并签发监理月报、监理工作阶段报告、专题报告和项目监理工作总结。

13)审核签认分部工程和单位工程的质量检验评定资料,审查承包单位的竣工申请,组织监理人员对待验收的工程项目进行质量检查,参与工程项目的竣工验收。

14)主持整理工程项目的监理资料。

(2)监理工程师职责

1)负责编制本专业的监理实施细则。

2)负责本专业监理工作的具体实施。

3)组织、指导、检查和监督本专业监理员的工作,当人员需要调整时,向总监理工程师提出建议。

4)审查承包单位提交的涉及本专业的计划、方案、申请、变更,并向总监理工程师提出报告。

5)负责本专业分项工程验收及隐蔽工程验收。

6)定期向总监理工程师提交本专业监理工作实施情况报告,对重大问题及时向总监理工程师汇报和请示。

7)根据本专业监理工作实施情况做好监理日记。

8)负责本专业监理资料的收集、汇总及整理,参与编写监理月报。

9)核查进场材料、设备、构配件的原始凭证、检测报告等质量证明文件及其质量情况,根据实际情况认为有必要时对进场材料、设备、构配件进行平行检验,合格时予以签认。

10)负责本专业的工程计量工作,审核工程计量的数据和原始凭证。

（3）监理员职责

1）在专业监理工程师的指导下开展现场监理工作。

2）检查承包单位投入工程项目的人力、材料、主要设备及其使用、运行状况，并做好检查记录。

3）复核或从施工现场直接获取实际工程进度的工程计量相关数据，按照承包总价甲、乙方协定的进度拨款办法是否超出造价及时向总监汇报。

4）按设计图及有关标准，对承包单位的工艺过程或施工工序进行检查和记录，对加工制作及工序施工质量检查结果进行记录。

5）担任旁站工作，发现问题及时指出并向专业监理工程师报告。

6）做好监理日记和有关的监理记录。

（4）监理人员守则

1）维护国家利益和公司的荣誉，按照"守法、诚信、公正、科学"的准则执业。

2）认真执行有关工程建设的法律、法规、规范、标准和制度，自觉履行监理合同约定的职责和义务。

3）不以个人名义承揽工程监理业务。

4）不同时在两个或两个以上监理单位注册和从事监理活动。

5）不为所监理的项目指定承包商、建筑构配件、设备、材料及施工方法。

6）不收受任何单位的礼金。

7）不泄露所监理工程信息及各方需要保密的事项。

8）现场有工人作业，就有监理人员值班，不迟到、早退和空岗。

5 质量目标控制方案

5.1 质量目标分解

依据工程承包合同中约定的质量目标拟定各分项、分部工程的质量标准，按各个分项、分部工程质量标准进行控制。

5.2 质量控制原则

建设工程质量不仅关系到工程适用性和建设项目投资效果，而且关系到人民群众生命财产的安全，我们在进行投资、进度、质量三大目标控制和处理三者关系时，坚持"百年大计，质量第一"，在建设过程中始终把"质量第一"作为工程质量控制的基本原则，特别是主体结构安全是监理工作的核心，与进度控制、投资控制互相制约。

5.3 抓好质量控制三阶段

（1）施工准备阶段质量控制　该工程建设单位已招标完毕，我们在开工前必须对承包单位现场组织机构进行认真审核。

1）对现场项目管理机构的质量管理体系、技术管理体系和安全保证体系进行审核。

2）审核基本内容如下：

质量管理、技术管理和安全管理保证的组织机构；

质量管理、技术管理、安全管理制度；

专职管理人员和特种作业人员的资格证、上岗证；

分包单位审核：如有分包单位，专业监理工程师应审查承包单位报送的分包单位资格报审表和分包单位有关资料,符合有关规定后,由总监理工程师予以签认。

3)施工组织设计的审查:由总监理工程师组织专业监理工程师对承包单位呈报的施工组织设计(方案)进行审核,审核包括 PDCA 循环的相关内容,包括项目概况、质量目标、组织结构、质量控制及管理组织协调的系统描述,必要的质量控制手段,检验、试验程序等;确定关键工程和特殊工程及作业指导书;与施工过程相应的检验、试验、测量、验证要求及施工总平面布置等。

4)施工图纸的质量控制:施工图是工程施工的直接依据,我们不但要对施工图作全面审核,也要敦促承包单位认真熟悉图纸,监理要主动与建设单位联系,尽早进行图纸会审,把施工图中的质量隐患解决在开工以前,并认真写出图纸会审纪要,各方签字盖章。

5)工程定位及标高基准控制:工程测量控制是质量控制的基础工作,是保证工程质量的一项主要内容,专业监理工程师对承包单位报送的测量放线控制成果及保护措施进行检查、复核,符合要求时,予以签认。

6)技术交底的控制:关键部位或技术难度大、施工复杂的检验批,分项工程施工前,承包单位的技术交底书要报监理部,经监理工程师审查符合要求后,监督承包单位进行技术交底,没有做好技术交底的工序或分项工程不准进入正式实施。

7)材料构配件采购订货的控制:由承包单位负责采购的原材料、半成品和构配件,在采购订货前应向监理工程师申报产品有关质量文件,包括质量检验证明、检测与试验者的资质证明,经监理工程师审核后,方可采购。

8)施工机械配置的控制:承包单位必须根据该工程的建筑特点、工期要求,认真考虑机械的技术性能、工作效率、质量、可靠性、能源消耗及安全情况进行选型配备,并呈报监理工程师进行审核,按批复后的"机械配备表"组织进场。

9)认真制定监理规划、监理工作程序及各项监理工作制度和工地例会制度。

(2)施工过程质量控制

1)见证取样送检工作的监控:为确保工程质量,建设部规定,在建设工程项目中,对工程材料、承重结构的砼试块、承重墙体砂浆试块、结构工程受力钢筋(包括接头)实行见证取样,经监理工程师见证取样后,必须送具有相应资质、具有法定效果的试验或检测机构进行检测,出具试验报告。我们特别强调实行见证取样绝不能代替承包单位对材料、构配件进场时的自检,监理要加强材料、构配件进场的监督和控制。

2)严把工序分项工程检查验收关:抓好工序管理控制,每道工序完成后,要认真进行报验,经监理工程师验收合格后,方可进行下道工序。对检验批、分项、分部工程子分部,也要求施工单位及时报验,确保质量监督的连续性。

①建筑物的平面及高程 根据施工单位申报的测量结果,经监理部认真复核无误后,方可进行基槽开挖施工。

②基础工程 为确保建筑物的稳定性,地基工程必须作为监理控制重点,严格按图纸和规范进行监督,本工程采用筏板基础,浇筑前严格检查轴线、标高、预留孔洞、预埋件、钢筋绑扎情况、模板安装质量,严格砼配合比计量,实行旁站监理,确保工程质量。

③钢筋砼工程 钢筋砼工程是结构的重中之重,必须严格轴线、高程、垂直度及截面尺寸的控制,按设计及规范要求仔细检查钢筋型号、数量及锚固搭接长度、预留孔洞、预埋

件位置、砼配合比、坍落度、试块制作，并做好旁站监理记录。

④砌体工程 根据设计要求监督施工单位选好加砌混凝土砌块的种类和黏土砖强度，施工中注意砌体与柱梁相交处的钢筋和锚拉筋布置，保证砂浆标号、灰缝、门窗位置及预留孔洞。

⑤屋面防水工程 注意监督保温层、找平面厚度坡向、平整度、防水层卷材黏结牢固平整、水落管安装顺直牢固、排水顺畅。

⑥室内外装饰工程 严格按图纸要求施工，必须先做好样板间、样板墙面，注意装修材质的监督，控制平整度、厚度、光洁度、色泽、质感，接搓顺畅、交圈美观。选择合格门窗材料，检查边框嵌填，安装开启情况。

⑦水电工程 施工前要求施工单位必须编制具体的施工方案，有针对性地进行技术交底，准备好施工机具，搞好技术培训，特别是要完善质保体系和管理制度。注意管道阀门位置、坡度、接头、坡向，严格按规范的规定，监督施工单位试压。对于穿线管预埋、穿墙、穿楼板和管线、灯具、开关位置，要严格按操作规程、规范施工，按要求测试。

3）严把"三检"关：要求施工单位必须发挥质保体系作用，做好自检、专检和交接检，并及时向监理呈报报验单。

4）严把隐蔽工程验收关：未经监理工程师检查办理签认手续，钢筋、基础、保温层、预埋管线等隐蔽工程，不得覆盖和进入下道工序。

5）设计变更必须经业主同意、监理工程师签发后，施工方可实施。

6）监督施工单位严格遵守有关环保方面的法律、法规，并采取有效措施控制现场各种粉尘、废气、废弃物、噪声、震动等对周围环境造成的影响。

7）按进度随时检查工程质量保证资料，确保真实性、准确性、及时性，竣工初验前，施工单位应系统整理好保证资料，送交监理部审查。

8）工程质量事故的处理：施工中发生质量问题，首先暂缓施工，责令施工单位分析原因，提出处理方案，书面报告监理工程师审核，施工单位按监理批准的方案处理，处理后报监理检验。重大质量事故，及时报上级主管部门。

9）监督检查施工单位严格按国家技术规范、标准、地方规章及设计图纸、文件要求组织施工，特别强调国家强制性标准的执行。

10）认真做好监理部日常工作。

（3）竣工验收阶段质量控制

1）按有关验收规范、标准及时对已完成分项、分部工程和单位工程进行检查验收。

2）检查未完工程的缺陷，审查施工单位关于未完工程计划和保证。

3）会同业主做好工程竣工验收工作，审查、签署由施工单位提出的竣工验收报告，并按规定向市建设主管部门备案。

4）督促检查承包单位将全套竣工图及竣工资料，及时送交业主。

5）缺陷责任期内，监督施工单位完成未完工程和缺陷修补，直至达到设计和规范要求。

6）检查工程保修措施，检查工程保修期间的使用状况，督促施工单位及时维修。

（4）质量控制措施 见表9.3。

表9.3　质量控制措施表

表名	质量控制措施
组织措施	1. 确定质量控制负责人 2. 监督检查承包单位的质保体系
技术措施	1. 加强设计文件、图纸的技术交底,严格按图施工 2. 认真贯彻有关规范、规程及技术标准 3. 做好现场质量监督检查,建立现场质量监督检查验收制度
经济措施	检查落实不合格工程、设备、材料产品的返工和退换
合同措施	按合同规定进行质量检查监督、签认,合格工程按时付款,不合格工程按合同规定处理

6　进度目标控制方案

6.1　进度目标控制的任务

进度控制的总任务,就是按合同工期的要求,认真审核承包单位申报的施工进度计划,并对其执行情况进行动态控制,确保工程项目按期竣工或提前交付使用。

6.2　施工进度目标的确定

依据建设单位和承包单位签订的《工程承包合同》中约定的工程工期作为进度控制的总目标,在确定施工进度控制目标时,全面分析与工程进度有关的有利因素和不利因素,订出一个科学、合理的进度控制目标。

6.3　进度控制的主要内容

(1)编制施工进度控制工作实施细则:要保证施工计划的实施,监理工程师在工程监理规划的指导下编制更有实施性和操作性的施工进度控制工作实施细则,其内容包括施工控制目标分解图表、施工控制主要工作内容和深度、人员分工、进度控制方法、时间安排和工作流程、进度控制措施及尚待解决的问题。

(2)严格审查施工单位呈报的总施工进度计划和年、季、月度施工作业计划(如工期紧迫可令其编制旬作业计划)。

(3)严格监督施工单位实施进度计划,并对执行情况进行跟踪,当发现实际进度与计划不符合时,及时提醒施工单位,并帮助其分析查找原因,及时指导施工单位调整进度计划。

(4)监理工程师根据网络进度计划关键线路中的关键工序,要求施工单位配备足够的人力、物力,保证关键工序不拖工期。

(5)组织召开进度协调会,解决进度控制中存在的问题,督促施工单位采取切实有效的措施,如加强管理、增加设备、及时采购材料、加班赶工等。

(6)要求施工单位提高一次合格率,每道工序都要保证一次合格,避免因质量问题造成返工而影响进度。

(7)及时向建设单位汇报工程进度情况及存在的问题,提出进度控制的对策,供业主采取措施或作出决定。

（8）根据建筑承包合同中有关工程延期的条款，严格工程延期申报和审批程序，监理工程师在作出临时工程延期批准或最终工程延期批准之前，必须与业主、承包单位进行协商后，再予以签认。

（9）进度控制措施见表9.4。

表9.4　进度控制措施表

表名	进度控制措施
组织措施	确定进度控制负责人，确立进度协调制度和会议制度，对影响进度的因素进行分析，采取对策
技术措施	1.认真审查施工组织设计和工程施工进度计划 2.认真审查年、季、月作业计划并监督执行
经济措施	严格按实际进度付款
合同措施	1.按合同要求协调施工进度 2.严格按合同规定处理

7　投资控制方案

工程投资控制直接关系到业主和承包单位双方的经济利益，按工程计量合理地拨付工程款是加强工程管理的重要经济杠杆，监理工程师应责无旁贷，认真、公正、科学地把投资目标控制好。

7.1　工程造价的监督和控制

（1）以合同价款作为投资控制的总目标。对确立的控制总目标，按进度要求和项目划分层层分解到各单位工程和分部、分项工程。监理工程师对实际完成的分部、分项工程量进行计量和审核，对承建单位提交的工程进度付款申请进行审核并签发工程款拨付单，控制合同价款。

（2）严格控制工程变更，按合同规定的控制程序和计量方法确定工程变更价款，及时分析工程变更对控制投资的影响。

（3）在施工进展过程中进行投资跟踪、动态控制，对投资支出做好分析和预测，收集的实际支出数据整理后与投资控制值比较，并预测尚需发生的投资支出值，按投资目标的分解，控制好工程项目总投资。

（4）做好施工监理记录和收集保存有关资料，依据合同条款，处理承包单位和建设单位提出的索赔事宜。

（5）对施工组织设计或施工方案进行认真审查和技术经济分析，积极推广应用新工艺和新材料，节省总投资。

（6）促进承建单位推行项目法人施工，形成项目经理对项目建设的工期、质量、成本三大目标全面负责制，协助承建单位改革施工工艺技术，优化施工组织，降低工程成本。

(7)进行主动监理,帮助承建单位加强成本管理,使工程实际成本控制在合同价款之内。

7.2　施工阶段投资控制措施

（1）组织措施

1）建立项目监理的组织保证体系,在项目监理部落实投资跟踪的现场监督和控制人员,明确任务及职责,如发布工程变更指令、对已完工程的计量、支付款复核、处理索赔事宜、进行投资分析和预测等项工作。

2）编制本阶段投资控制详细工作流程。

（2）经济措施

1）进行已完实物工程量的计量或复核,未完工程量的预测。

2）工程价款预付,工程进度付款,工程款结算,备料款和预付款的合理回扣等审核、签署。

3）在施工全过程中进行投资跟踪、动态控制和分析预测,对投资目标计划值按费用构成、工程构成、实施阶段计划进度分解。

4）定期向建设单位提供投资控制情况。

5）依据投资计划的进度要求编制施工阶段详细的费用支出计划并控制其执行。

6）及时办理和审核工程结算。

7）协助建设单位制定行之有效的节约投资的激励机制和约束机制。

（3）技术措施

1）对设计变更严格把关,并对设计变更进行经济分析和审查认可。

2）进一步寻找通过设计、施工工艺、材料、设备、管理等多方面挖掘节约投资的潜力,组织"三查四定",对查出的问题制定降低造价的技术措施。

3）加强设计交底和施工图会审工作,把问题解决在施工之前。

（4）合同措施

1）处理索赔事宜要以合同为依据。

2）合同的修改、补充,要分析研究给投资控制带来的影响。

3）以合同为依据监督、控制、处理工程建设中有关工程造价、投资方面的有关问题。

7.3　竣工结算过程的控制

工程竣工验收报告经发包人认可后28天内,承包单位向建设单位递交竣工结算报告及完整的结算资料,双方按照协议书约定的合同价款及专用条款约定的合同价款调整内容进行竣工结算,专业监理工程师负责审核承包单位报送的竣工结算报表,并报总监理工程师最后审定竣工结算报表,总监理工程师与建设单位、承包单位协商一致后,签发竣工结算文件和最终的工程款支付证书。

8　合同管理措施

建筑工程施工阶段的合同主要有建筑工程施工承包合同、供货合同和监理合同。在施工过程中管理好这三类合同,使各方严格按合同约定办事,是实现工程质量目标控制、进度目标控制、投资目标控制,圆满完成工程建设任务的重要保障。

8.1 合同管理内容

(1)主动向有关方索取合同文件(复印件),认真编码保管,并熟悉合同内容,追踪管理,及时准确地向有关方提供合同信息。

(2)监理工程师要认真研究合同条文,真正弄清楚合同中每项内容,明确各方的责、权、利,正确处理各方关系。

(3)掌握工程进行中的各种文件资料和细节,作为公正处理合同纠纷、协调解决问题的依据。

(4)合同管理工作要有超前意识,预见到可能发生的矛盾和纠纷,提前做好有关资料的准备。

(5)对合同中用词含混的字句及时作出正确的解释,并将解释的内容记录在案。

(6)有关合同解释、执行、争议的问题,监理工程师要用书面文字下达。

8.2 合同管理制度

(1)审核工程设计变更和核定承包单位申报的实物工程量。

(2)计划执行中进行实际完成值与计划值的比较、分析,提出意见。

(3)随时向总监报告工作,并及时准确地提供有关资料。

(4)合同执行情况按月在工程监理月报中反映。

(5)各专业监理工程师分别负责本专业合同管理工作。

8.3 处理索赔

为确保合同顺利执行、工程施工顺利进展,减少合同纠纷和索赔事项,是合同管理工作的一项重要任务。

(1)协助建设单位审查建设单位与各方签订的合同条款,有无含混字句及责任不清的地方,索赔条款是否明确,以便控制索赔事宜发生。

(2)协助建设单位要求有关各方严格按合同办事,以达到控制质量、控制进度、控制投资的目的。

(3)在施工过程中严格控制设计变更,要特别控制有可能发生经济索赔的洽商。

(4)对有可能发生经济索赔的变更和洽商,监理工程师应事先报告建设单位,征得业主同意后再予签认。

9 安全管理措施

监理工程师必须重视施工安全管理工作。认真督促施工单位贯彻执行党的安全生产方针"安全第一,预防为主",切实做到安全为了生产,生产必须安全,不安全不生产,认真贯彻《建设工程安全生产管理条例》。

(1)监理工程师在审批施工单位提交的施工组织设计、施工技术方案、规章制度等文件时,要切实重视审查安全方面的内容,具体如下:

1)有无可靠的安全技术措施;

2)有无行之有效的安全管理制度;

3)有无健全的安全保证体系;

4)施工方法有无不安全的因素。

凡有上述情况之一的施工文件,监理工程师不予批准,提出意见,退回重做。

（2）督促施工单位必须按规定的要求做好施工过程中的安全管理工作。认真贯彻安全生产方针和建筑安装工程安全规程等一系列安全文件精神。施工单位必须建立健全安全保证体系，做到组织体系健全、制度体系完善、技术体系有力、有足够的安全投入，并能贯彻落实，定期不定期组织安全大检查，查违章，堵漏洞，定措施，抓整改。对发现的安全事故做到"三不放过"：事故原因不清不放过，本人和群众不受教育不放过，不制定出防范措施不放过，做到警钟长鸣，常备不懈！

（3）监理进入施工现场一月之内，根据施工单位和现场施工的实际情况，制定现场安全管理监理实施细则，按细则的要求帮助施工单位完善安全保证体系，为安全施工创造条件。

（4）将安全施工列入每周监理例会检查的重要内容之一。在检查工程进度、工程质量的同时检查安全工作情况，对安全隐患，责令施工单位限期解决并写入会议纪要，跟踪检查，督促参建各方将安全工作列入工作日程。

（5）监理工程师在巡检、旁站过程中，发现不安全的情况或预见到可能发生不安全事故的情况，要及时以口头或书面通知施工单位，责令整改。在紧急情况下，监理工程师可立即责令现场施工人员停工，撤出人员，不消除不安全因素，不许复工。

（6）协助施工单位和安全主管部调查处理施工安全事故。

10 监理工作制度

为搞好该项目的监理工作，必须建立健全一系列的工作制度，以保障各项工作的顺利开展。

本项目将制定的工作制度如下。

10.1 监理组织内部工作制度

（1）监理规划、监理细则的编制与审批制度。

（2）监理日志制度。

（3）监理报告（现场指令）制度。

（4）工程报验、认可制度。

（5）监理月报制度。

（6）监理组织会议制度。

（7）技术资料及档案管理制度。

10.2 施工监理工作制度

（1）施工图纸会审与设计交底制度。

（2）施工组织设计审核制度。

（3）工程开工申请审查制度。

（4）工程材料、半成品质量报验、验收制度。

（5）隐蔽工程、分项（部）工程质量报验、验收制度。

（6）技术复核制度。

（7）单位工程中间验收制度。

（8）技术经济签证制度。

（9）设计变更处理制度。

(10)现场协调会制度。

(11)技术专题会制度。

(12)施工现场紧急情况处理制度。

(13)工程款审核签认制度。

(14)工程索赔签审制度。

(15)工程竣工验收程序制度。

11 该项目建设监理施工阶段用表

11.1 承包人用表

(1)工程开工/复工报审表。

(2)施工组织设计(方案)报审表。

(3)分包单位资格报审表。

(4)分包单位报验申请表。

(5)工程款支付申请表。

(6)监理工程师通知回复单。

(7)工程临时延期申请表。

(8)费用款索赔申请表。

(9)工程材料/构配件/设备报审表。

(10)工程竣工报验单。

11.2 监理用表(包括监理指令)

(1)监理工程师通知书。

(2)工程暂停令。

(3)工程款支付证书。

(4)工程临时延期审批表。

(5)工程最终延期审批表。

(6)费用索赔审批表。

11.3 各方通用表

(1)监理工作联系单。

(2)工程变更单。

××工程建设监理公司

×××工程监理项目部

参考文献

[1]《全国监理工程师培训考试教材》编委会.建设工程进度控制[M].北京:中国建筑工业出版社,2008.

[2]《全国监理工程师培训考试教材》编委会.建设工程投资控制[M].北京:知识产权出版社,2008.

[3]《全国监理工程师培训考试教材》编委会.建设工程质量控制[M].北京:中国建筑工业出版社,2008.

[4]常振亮.建设工程监理基本理论与相关法规[M].北京:化学工业出版社,2008.

[5]范秀兰,张兴昌.建设工程监理[M].武汉:武汉理工大学出版社,2006.

[6]韩东锋.园林工程建设监理[M].北京:化学工业出版社,2005.

[7]赖一飞.工程建设监理[M].武汉:武汉大学出版社,2006.

[8]李京玲.建设工程监理[M].武汉:华中科技大学出版社,2007.

[9]李清立.工程建设监理[M].北京:北方交通大学出版社,2003.

[10]刘光忱.建设工程监理概论[M].北京:化学工业出版社,2008.

[11]刘红艳,王利文,姚传勤.土木工程建设监理[M].北京:人民交通出版社,2005.

[12]刘再辉.监理员专业管理实务[M].北京:中国建筑工业出版社,2003.

[13]全国一级建造师执业资格考试用书编写委员会.建设工程法规及相关知识[M].北京:中国建筑工业出版社,2004.

[14]石元印,徐晓阳.土木工程建设监理[M].重庆:重庆大学出版社,2001.

[15]石元印.建设工程监理概论[M].重庆:重庆大学出版社,2007.

[16]孙犁.建设工程监理概论[M].郑州:郑州大学出版社,2006.

[17]徐帆.监理工程师手册[M].北京:中国建筑工业出版社,2003.

[18]杨善林,李兴国,何建民.信息管理学[M].北京:高等教育出版社,2003.

[19]詹炳根,殷为民.工程建设监理[M].北京:中国建筑工业出版社,2006.

[20]赵雷.建设工程监理概论[M].北京:中国环境科学出版社,2007.

[21]赵汝斌.工程建设监理知识问答[M].北京:化学工业出版社,2007.

[22]郑新德.建设工程监理[M].重庆:重庆大学出版社,2006.

[23]中国建设监理协会.建设工程监理相关法规文件汇编[M].北京:知识产权出版社,2006.

[24]中国建设监理协会.工程建设监理[M].北京:中国建筑工业出版社,2003.

[25]中国建设监理协会.建设工程合同管理[M].北京:知识产权出版社,2007.

[26]中国建设监理协会.建设工程监理概论[M].北京:知识产权出版社,2008.

[27]中国建设监理协会.注册监理工程师继续教育培训教材:必修课[M].北京:知识产权出版社,2008.

[28]中国建筑工业出版社.新版建筑工程施工质量验收规范汇编[M].北京:中国建筑工业出版社,2003.

[29]中华人民共和国建设部.GB 50319—2000 建设工程监理规范[S].北京:中国建筑工业出版社,2001.